中等职业教育课程改革创新教材
中等职业教育机电系列教材

电工电子基础

主编　李广明　卢永强

DIANGONG
DIANZI JICHU

哈尔滨工程大学出版社
Harbin Engineering University Press

内 容 简 介

本书共8章，内容包括直流电路、交流电路、常用电气设备基本知识、常用半导体元器件应用、运算放大器及其应用、数字逻辑电路、时序逻辑电路、安全用电。

本书可作为中等职业学校机电类、自动化类、电子信息类等专业的教材，也可供相关技术人员参考。

图书在版编目(CIP)数据

电工电子基础/李广明，卢永强主编. —哈尔滨：哈尔滨工程大学出版社，2020.7(2021.8 重印)

ISBN 978-7-5661-2594-1

Ⅰ.①电… Ⅱ.①李… ②卢… Ⅲ.①电工技术 ②电子技术 Ⅳ.①TM ②TN

中国版本图书馆 CIP 数据核字(2020)第 120328 号

选题策划 马子涵
责任编辑 卢尚坤
封面设计 黄燕美

出版发行 哈尔滨工程大学出版社
社　　址 哈尔滨市南岗区南通大街 145 号
邮政编码 150001
发行电话 0451-82519328
传　　真 0451-82519699
经　　销 新华书店
印　　刷 三河市骏杰印刷有限公司
开　　本 787 mm×1 092 mm　1/16
印　　张 12.5
字　　数 304 千字
版　　次 2020 年 7 月第 1 版
印　　次 2021 年 8 月第 2 次印刷
定　　价 39.80 元
http://www.hrbeupress.com
E-mail:heupress@hrbeu.edu.cn

服务电话：400-615-1233

前言
PREFACE

电工电子基础是中等职业学校一门非常重要的专业基础课，既有一定的理论性，又有很强的实用性。部分教材偏重理论性，没有很好地体现实用性，不能满足当前技能型、实用型人才的培养需求。为使教材更好地服务于教学，编者按照教育部最新的职业教育改革要求，结合多年的教学经验编写了本书。

本书将电工电子基础的整个知识体系分成 8 章，内容包括直流电路、交流电路、常用电气设备基本知识、常用半导体元器件应用、运算放大器及其应用、数字逻辑电路、时序逻辑电路、安全用电。每章设置了一些典型的习题，培养学生将理论知识应用于实践的能力。

本书的参考教学课时为 70 ～ 90 课时。希望学生通过使用本书，能建立较强的自信心，对本专业产生浓厚的兴趣。本书按照学生的认知规律，循序渐进，逐步提高，出“理”入“工”，培养学生的积极性，使学生尽快转变“角色”。

本书由李广明、卢永强主编。电工部分由李广明编写，电子部分由卢永强编写。本书可作为中等职业学校机电类、自动化类、电子信息类等专业的教材，也可供相关技术人员参考。

由于编者水平有限，本书难免存在不妥之处，敬请广大读者提出宝贵意见。

编　者

目录

CONTENTS

第一章

直流电路

本章学习要点

（1）熟悉电流、电压、电阻、电功率、电功等常用的物理量。

（2）了解常用电气元件的电路符号，能看懂电路图的连接关系。

（3）熟练掌握欧姆定律的两种形式，明确 U、I、R、E、r 之间的关系。

（4）准确辨识简单电路电阻的串、并联关系，掌握两种连接形式中每个元件上电压、电流与总电压、总电流的关系。

现实生活中，我们经常听到或说起很多有关电的名词、术语，也经常有很多用电方面的困惑。这些名词、术语究竟是怎样定义的？它们之间有什么关系？是什么因素影响电压的高低、电流的大小？为什么会发生由用电引发的火灾？为什么家里几个月没人住，还会产生电费？很多经常听到的，看似简单，又不容易说清的问题，通过本章的学习都会有明确的答案。

第一节 电学的基本物理量

一、电量

自然界中的许多物质是由分子组成的，分子又是由原子组成的，而原子是由带正电荷的原子核和一定数量带负电荷的电子组成的。在通常情况下，原子核所带的正电荷数等于核外电子所带的负电荷数，原子对外不显电性。但是，用一些办法，可使某种物体上的电子转移到另一种物体上。失去电子的物体带正电荷，得到电子的物体带负电荷。物体失去或得到的电子数量越多，则物体所带的正、负电荷的数量也越多。

物体所带电荷数量的多少用电量来表示。电量是一个物理量，它的单位是库仑，用字母 C 表示。1 C 的电量相当于物体失去或得到 6.25×10^{18} 个电子所带的电量。

二、电流

电荷的定向移动形成电流。电流有大小，有方向。

1. 电流的方向

人们规定正电荷定向移动的方向为电流的方向。金属导体中，电流是电子在导体内电场的作用下定向移动的结果，电子流的方向是负电荷的移动方向，与正电荷的移动方向相反，所以金属导体中电流的方向与电子流的方向相反，如图 1–1 所示。

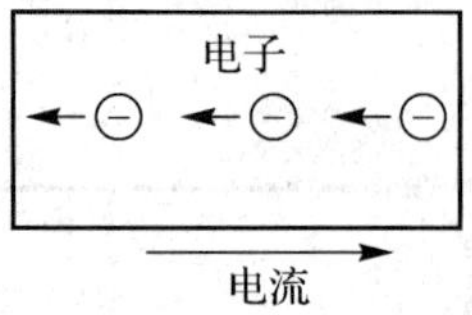

图 1–1　金属导体中的电流方向

2. 电流的大小

电学中用电流强度来衡量电流的大小。电流强度就是 1 s 内通过导体截面的电量。电流强度用字母 I 表示，计算公式如下：

$$I=\frac{Q}{t} \tag{1-1}$$

式中，I 为电流强度，A；Q 为在一定时间内通过导体截面的电量数，C；t 为时间，s。

实际使用时，人们把电流强度简称为电流。电流的单位是安培，简称安，用字母 A 表示。如果 1 s 内通过导体截面的电量为 1 C，则该电流的电流强度为 1 A，习惯简称电流为 1 A。实际应用中，除安培外，还有千安（kA）、毫安（mA）和微安（μA）等单位。它们之间的关系为

$$1\ \mathrm{kA}=10^{3}\ \mathrm{A}=10^{6}\ \mathrm{mA}=10^{9}\ \mu\mathrm{A}$$

三、电压

为了弄清楚电荷在导体中定向移动而形成电流的原因，我们对照图 1–2（a）所示水流的形成来理解这个问题。

从图 1–2（a）可以看到，外水由 A 槽经 C 管向 B 槽流去。水之所以能在 C 管中进行定向移动，是由于 A 槽水位高，B 槽水位低。A、B 两槽之间的水位差即水压，是形成水流的原因。与此相似，当图 1–2（b）中的开关 S 闭合后，电路里就有电流。这是因为电源的正极电位高，负极电位低。两个极间的电位差使正电荷从正极出发，经过负载 R 移向负极形成电流。所以，电压是自由电荷发生定向移动形成电流的原因。在电路中电场力把单位正电荷由高电位 a 点移向低电位 b 点所做的功称为两点间的电压，用 U_{ab} 表示。电压是两点间的电位差，它是衡量电场力做功本领大小的物理量。

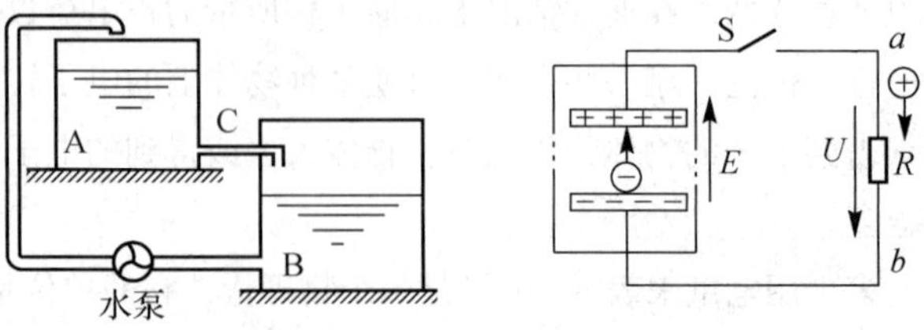

(a) 水流的形成　　(b) 电流的形成

图 1–2　水流和电流的形成

电压用字母 U 表示，单位为伏特（简称伏，V），电场力将 1 C 电荷从 a 点移到 b 点所做的功为 1 J（焦耳），则 a、b 间的电压就是 1 V。常用的电压单位还有千伏（kV）、毫伏（mV）等。它们之间的关系为

$$1\ kV=10^3\ V=10^6\ mV$$

电压与电流相似，不但有大小，而且有方向。对于负载来说，电流流入端为正端，电流流出端为负端。电压的方向是由正端指向负端，也就是说，负载中电压实际方向与电流方向一致。在电路图中，用带箭头的细实线表示电压的方向。

四、电动势、电源

在图 1–2（a）中，为使水在 C 管中持续不断地流动，必须用水泵把 B 槽中的水不断泵入 A 槽，以维持两槽间的水位差，也就是要保证 C 管两端有一定的水压。在图 1–2（b）中，电源与水泵的作用相似，它把正电荷由电源的负极移到正极，以维持正、负极间的电位差，即电路中有一定的电压使正电荷在电路中持续不断地流动。

电源是利用非电力把正电荷由负极移到正极的，它在电路中将其他形式的能量转换成电能。电动势就是衡量电源能量转换本领的物理量，用字母 E 表示，它的单位也是伏特（V）。

电源的电动势只存在于电源内部。人们规定电动势的方向在电源内部由负极指向正极。在电路中也用带箭头的细实线表示电动势的方向，如图 1–2（b）所示。当电源两端不接负载时，电源的开路电压等于电源的电动势，但二者方向相反。

生活中用测量电源端电压的办法来判断电源的状态。例如，测得工作电路中两节 5 号电池的端电压为 2.8 V，则说明电池电量比较充足。

五、电阻

导体对电流的阻碍作用称为电阻，用字母 R 表示。电阻的单位为欧姆，简称欧，用字母 Ω 表示。

如果导体两端的电压为 1 V，通过的电流为 1 A，则该导体的电阻就是 1 Ω。

电阻常用的单位还有千欧（kΩ）、兆欧（MΩ）。它们之间的关系为

$$1\ M\Omega=10^3\ k\Omega=10^6\ \Omega$$

应当强调指出的是：电阻是导体中客观存在的，它与导体两端电压的变化情况无关，即使没有电压，导体中仍然有电阻存在。实验证明，当温度一定时，导体电阻只与导体的材料及几何尺寸有关。对于一根材质均匀、长度为 L、横截面积为 S 的导体而言，其电阻大小可用下式表示：

$$R=\rho\frac{L}{S} \tag{1-2}$$

式中，R 为导体电阻，Ω；ρ 为电阻率，Ω · m；L 为导体长度，m；S 为导体横截面积，m^2。

电阻率是与材料性质有关的物理量。电阻率的大小等于长度为 1 m，横截面积为 1 m^2 的导体在一定温度下的电阻值。例如，铜的电阻率为 1.7×10^{-8} Ω · m，就是指长为 1 m，横截面积为 1 m^2 的铜线的电阻是 1.7×10^{-8} Ω。几种常用材料在 20 ℃时的电阻率见表 1–1。

从表 1–1 中可知，铜和铝的电阻率较小，是应用极为广泛的导电材料。以前，由于我国铝的矿藏量丰富，价格低廉，常用铝线作输电线。由于铜线有更好的特性，如强度高、电阻率小，现在铜制线材被更广泛地应用。电动机、变压器的绕组一般都用铜材。

第一章 第二章 第三章 第四章 第五章 第六章 第七章 第八章

表 1-1 几种常用材料在 20 ℃时的电阻率

材料名称	电阻率 / (Ω · m)
银	1.6×10^{-8}
铜	1.7×10^{-8}
铝	2.9×10^{-8}
钨	5.3×10^{-8}
铁	1.0×10^{-7}
康铜	5.0×10^{-7}
锰铜	4.4×10^{-7}
铝铬铁合金电阻丝	1.2×10^{-6}

六、电功、电功率

电流通过负载时，负载就将电能转换成其他形式的能，如热能、光能和机械能等。我们把电能转换成其他形式的能称为电流做功，简称电功，用字母 *W* 表示。电流通过负载所做的功与负载的端电压、流过的电流、所用的时间和电阻有以下的关系：

$$\left.\begin{aligned} W &= UIt \\ W &= I^2Rt \\ W &= \frac{U^2}{R}t \end{aligned}\right\} \tag{1-3}$$

如果式（1-3）中，电压单位为 V，电流单位为 A，电阻单位为 Ω，时间单位为 s，则电功单位是焦耳，简称焦，用字母 J 表示。

电流在单位时间内通过负载所做的功称为电功率，用字母 *P* 表示。其数学表达式为

$$P = \frac{W}{t} \tag{1-4}$$

将式（1-3）代入式（1-4）后得到

$$\left.\begin{aligned} P &= UI \\ P &= I^2R \\ P &= \frac{U^2}{R} \end{aligned}\right\} \tag{1-5}$$

若在式（1-4）中，电功单位为 J，时间单位为 s，则电功率的单位是焦耳 / 秒（J/s）。焦耳 / 秒又称瓦特，简称瓦，用字母 W 表示。在实际工作中，常用的电功率单位还有千瓦（kW）、毫瓦（mW）等。它们之间的关系为

$$1\ \text{kW}=10^3\ \text{W}=10^6\ \text{mW}$$

从式（1-5）中可以得出如下结论：

（1）当负载的电阻一定时，电功率与电流平方或电压平方成正比。若通过负载的电流是原来电

流的 2 倍，则电功率就是原电功率的 4 倍；若加在负载两端电压是原电压的 2 倍，则电功率就是原电功率的 4 倍。

（2）当流过负载的电流一定时，电功率与电阻值成正比。对于串联电阻电路，流经各个电阻的电流是相同的，则串联电阻的总功率与各个电阻的电阻值的和成正比。

（3）当加在负载两端的电压一定时，电功率与电阻值成反比。对于并联电阻电路，各个电阻两端电压相等，则各个电阻的电功率与各电阻的阻值成反比。

在实际工作中，电功的单位常用千瓦时（kW·h），又称度。1 千瓦时是 1 度，它表示功率为 1 千瓦的负载 1 小时所消耗的电能，即

$$1\ \text{kW}\cdot\text{h}=1\ \text{kW}\times 1\ \text{h}=3.6\times 10^{6}\ \text{J}$$

例 1–1 一台 42 英寸（1 in ≈ 2.54 cm）等离子电视机的功率约为 300 W，平均每天开机 3 h，若每度电费为 0.48 元，则一年（以 365 天计算）要缴纳多少电费？

解 电视机的功率 P=300 W=0.3 kW

电视机一年开机的时间 t=3 × 365=1 095 h

电视机一年消耗的电能 $W=Pt$=0.3 × 1 095=328.5 kW·h

一年的电费为 328.5 × 0.48=157.68 元

七、电流的热效应

电流通过导体使导体发热的现象称为电流的热效应。电流的热效应是电流通过导体时电能转换成热能的效应。

电流通过导体产生的热量，用焦耳－楞次定律表示如下：

$$Q=I^2Rt \tag{1-6}$$

式中，Q 为热量，J；I 为通过导体的电流，A；R 为导体的电阻，Ω；t 为导体通过电流的时间，s。

焦耳－楞次定律的物理意义是：电流通过导体所产生的热量，与电流的平方、导体的电阻及通电时间成正比。

在生产、生活中，应用电流热效应制成各种电器，如白炽灯、电烙铁、电烤箱、熔断器、电吹风、电热毯等。但是电流的热效应也有其不利的一面，如电流的热效应能使电路中不需要发热的地方（如导线）发热，导致绝缘材料老化，甚至烧毁设备，发生火灾，是一种不容忽视的潜在祸因。

例 1–2 已知当一台电烤箱的电阻丝流过 5 A 电流时，每分钟可放出 1.2 × 10⁶ J 的热量，求这台电烤箱的电功率及电阻丝工作时的电阻值。

解 根据式（1–4），电烤箱的电功率为

$$P=\frac{W}{t}=\frac{Q}{t}=\frac{1.2\times 10^{6}}{60}=20\ \text{kW}$$

电阻丝工作的时的电阻值为

$$R=\frac{P}{I^{2}}=\frac{20\,000}{25}=800\ \Omega$$

第二节 电　路

微课
电路

一、电路的组成和作用

电流流过的路径称为电路，它是由电源、负载、开关和导线 4 个基本部分组成的，如图 1–3 所示。电源是把非电能转换成电能并向外提供电能的装置，常见的电源有干电池、蓄电池和发电机等。负载是电路中用电器的总称，它将电能转换成其他形式的能。如电灯把电能转换成光能，电烙铁把电能转换成热能，电动机把电能转换成机械能。开关属于控制电器，用于控制电路的接通或断开。导线将电源和负载连接起来，担负着电能的传输和分配的任务。电路电流方向是由电源正极经负载流到电源负极，在电源内部，电流由负极流向正极，形成一个闭合通路。

二、电路图

在设计、安装或维修各种实际电路时，经常要画出表示电路连接情况的图。如果画图 1–3 所示的实物连接图，虽然直观，但很麻烦。所以很少画实物图，而是画电路图。电路图就是用国家统一规定的符号来表示电路连接情况的图。图 1–3 是简单的灯泡、干电池、开关组成的实物连接图，它的电路图如图 1–4 所示。表 1–2 是几种常用的电工符号。

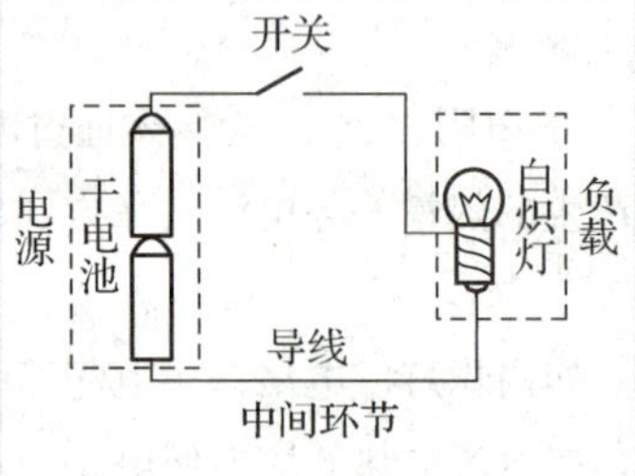

图 1–3　电路的组成

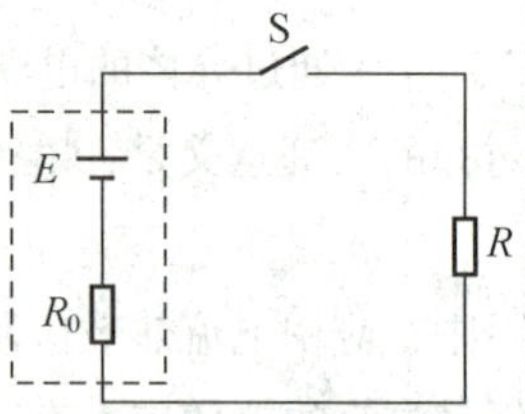

图 1–4　电路图

表 1–2　几种常用的电工符号

名　称	符　号	名　称	符　号
电池		电流表	
导线		电压表	
开关		熔断器	
电阻		电容	
照明灯		接地	

三、电路的三种状态

电路有三种状态：通路、开路、短路。

通路是指电路处处接通。通路也称闭合电路，简称闭路。只有在通路的情况下，电路才有正常的工作电流。开路是电路中某处断开，没有形成通路的状态。开路也称断路，此时电路中没有电流。短路是指电源或负载两端被导线连接在一起，分别称为电源短路或负载短路。电源短路时电源提供的电流要比通路时提供的电流大很多倍，通常是有害的，也是非常危险的，所以一般不允许电源短路。

第三节 欧姆定律

微课
欧姆定律

一、部分电路欧姆定律

部分电路是指不包括电源在内的外电路，如图 1–5 所示。实验证明，一段电阻电路欧姆定律的内容是：流过导体的电流与这段导体两端的电压成正比，与这段导体的电阻成反比。其数学表达式为

$$I=\frac{U}{R} \qquad (1\text{–}7)$$

式中，I 为导体中的电流，A；U 为导体两端的电压，V；R 为导体的电阻，Ω。

在式（1–7）中，已知其中两个量，就可以求出第三个未知量。因此，式（1–7）又可写成另外两种形式：

（1）已知电流、电阻，求电压。

$$U=IR \qquad (1\text{–}8)$$

（2）已知电压、电流，求电阻。

$$R=\frac{U}{I} \qquad (1\text{–}9)$$

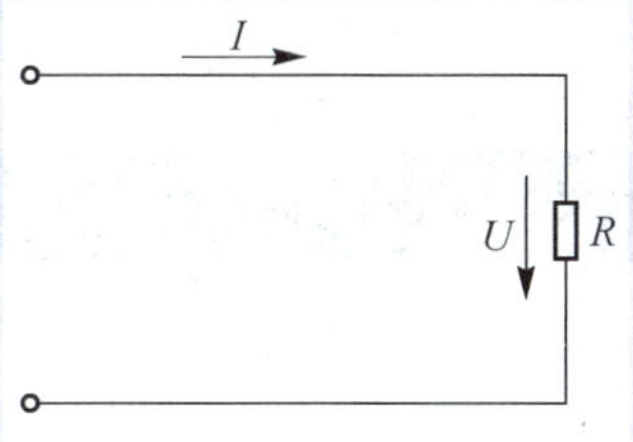

图 1–5　部分电路

例 1–3　一台直流电动机励磁绕组在 220 V 电压作用下，通过绕组的电流为 0.427 A，求绕组的电阻。

解　已知电压 U=220 V，电流 I=0.427 A，由式（1–9）得

$$R=\frac{U}{I}=\frac{220}{0.427}\approx 515.2\,\Omega$$

二、全电路欧姆定律

全电路是指含有电源的闭合电路。全电路是由各段电路连接成的闭合电路。如图 1–6 所示，电路包括电源内部电路和电源外部电路，电源内部电路简称内电路，电源外部电路简称外电路。在全电路中，电源电动势 E、电源内电阻 r、外电路电阻 R 和电路电流 I 之间的关系为

$$I=\frac{E}{R+r} \tag{1-10}$$

式中，I为电路中的电流，A；E为电源电动势，V；R为外电路电阻，Ω；r为内电路电阻，Ω。

式（1-10）是全电路欧姆定律。此定律说明电路中的电流与电源电动势（E）成正比，与整个电路的电阻（$R+r$）成反比。

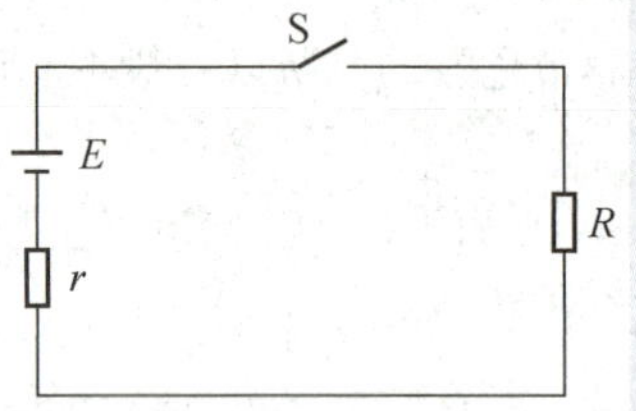

图 1-6 全电路

将式（1-10）变换后得到：

$$E=IR+Ir=U+Ir \tag{1-11}$$

式中，U为外电路电压；Ir为内电路电压。

外电路电压是指电路接通时电源两端的电压，又称路端电压，简称端电压。这样，式（1-11）的含义又可叙述为：电源电动势在数值上等于闭合回路的各部分电压之和。根据全电路欧姆定律研究全电路处于三种状态时，全电路中电压与电流的关系如下：

（1）当全电路处于通路状态时，由式（1-11）可以得出端电压为

$$U=E-Ir \tag{1-12}$$

由式（1-12）可知，随着电流的增大，外电路电压随之减小。电源内阻越大，外电路电压减小得越多。在直流负载时需要恒定电压供电，所以总是希望电源内阻越小越好。

（2）当全电路处于断路状态时，相当于外电路电阻值趋于无穷大，此时电路电流为零，内电路电阻电压为零，外电路电压等于电源电动势。

（3）当全电路处于短路状态时，外电路电阻值趋近于零，此时电路电流称为短路电流。由于电源内阻很小，所以短路电流很大。短路时外电路电压为零，内电路电阻电压等于电源电动势。

全电路处于三种状态时，电路中电压与电流的关系见表 1-3。

表 1-3 电路中电压与电流的关系

电路状态	负载电阻	电路电流	外电路电压
通路	R= 常数	$I=\frac{E}{R+r}$	$U=E-Ir$
开路	$R\to\infty$	$I=0$	$U=E$
短路	$R\to 0$	$I=\frac{E}{r}$	$U=0$

通常电源电动势和内阻在短时间内基本不变，且电源内阻又非常小，所以可近似认为电源的端电压等于电源电动势。今后不特别指出电源内阻时，就表示其阻值很小，可忽略不计。但对于电池来说，其内阻随电池使用时间延长而增大。当电池内阻增大到一定值时，电池的电动势就不能使负载正常工作了。如旧电池开路时两端的电压并不低，但装在收音机里，却不能使收音机工作，这是由于电池内阻增大所致。

例 1-4 如图 1-6 所示的电路，电源电动势 E=24 V，电源内阻 r=4 Ω，负载电阻 R=20 Ω。求电路中的电流、电源的端电压、负载电压和电源内阻电压。

解 根据式（1–10），电路中的电流为

$$I=\frac{E}{R+r}=\frac{24}{20+4}=1\,\text{A}$$

由式（1–12），电路中电源的端电压为

$$U=E-Ir=24-1\times 4=20\,\text{V}$$

根据式（1–8），电路中负载电压为

$$U=IR=1\times 20=20\,\text{V}$$

根据式（1–8），电路中电源内阻电压为

$$U_r=Ir=1\times 4=4\,\text{V}$$

第四节 电阻的串联、并联电路

一、电阻的串联电路

在一段电路上，将几个电阻的首尾依次相连所构成的一个没有分支的电路，称为电阻的串联电路。图 1–7（a）所示是电阻的串联电路，图 1–7（b）是图 1–7（a）的等效电路。电阻的串联电路有以下特点：

微课
电阻串联电路

（1）串联电路中流过各个电阻的电流都相等，即

$$I=I_1=I_2=I_3=\cdots=I_n$$

（2）串联电路两端的总电压等于各个电阻两端的电压之和，即

$$U=U_1+U_2+\cdots+U_n$$

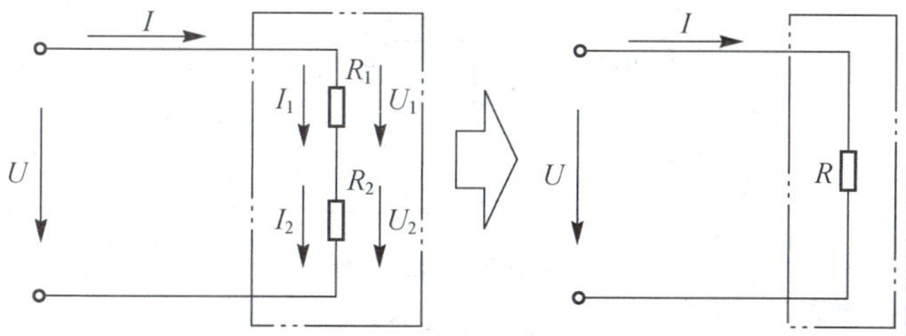

(a) 电阻的串联电路　　(b) 等效电路

图 1–7　电阻的串联电路及其等效电路

（3）串联电路的总电阻（即等效电阻）等于各串联的电阻之和，即

$$R = R_1 + R_2 + \cdots + R_n$$

根据欧姆定律，$U_1 = IR_1$，$U_2 = IR_2$，…，$U = IR$，可以得出

$$\frac{U_1}{R_1} = \frac{U_2}{R_2} = \cdots = \frac{U}{R} \tag{1-13}$$

若是两个电阻串联，根据式（1–13）可得

$$\left.\begin{aligned}\frac{U_1}{U} = \frac{R_1}{R}\\ \frac{U_2}{U} = \frac{R_2}{R}\end{aligned}\right\} \tag{1-14}$$

式（1–14）表明，在串联电路中，电阻的阻值越大，这个电阻所分配到的电压越大；反之，则电压越小，即电阻上的电压分配与电阻的阻值成正比。这个理论是电阻串联电路中最重要的结论，用途极其广泛。例如，用串联电阻的办法扩大电压表的量程。

在图 1–7（a）所示电路中，将 $R=R_1+R_2$ 代入式（1–14）中，得

$$\left.\begin{aligned}U_1 = \frac{R_1}{R_1 + R_2}U\\ U_2 = \frac{R_2}{R_1 + R_2}U\end{aligned}\right\} \tag{1-15}$$

这两个公式可以直接计算出每个电阻从总电压中分得的电压值，习惯上就把这两个式子称为分压公式。

电阻串联的应用极为广泛。例如：

（1）用几个电阻串联来获得阻值较大的电阻。

（2）用串联电阻组成分压器，使用同一电源获得几种不同的电压。如图 1–8 所示，由 R_1~R_4 组成串联电路，使用同一电源，输出 4 种不同数值的电压。

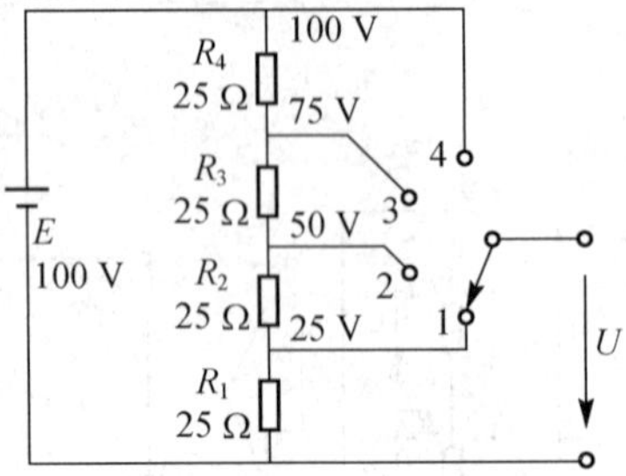

图 1–8　电阻分压器

（3）当负载的额定电压（标准工作电压值）低于电源电压时，采用电阻与负载串联的方法，使电源的部分电压分配到串联电阻上，以满足负载正确的使用电压值。例如，一个指示灯额定电压 6 V，电阻 6 Ω，若将它接在 12 V 电源上，必须串联一个阻值为 6 Ω 的电阻，指示灯才能正常工作。

（4）用电阻串联的方法来限制调节电路中的电流。在电工测量中普遍用串联电阻法来扩大电压表的量程。

二、电阻的并联电路

将两个或两个以上的电阻两端分别接在电路中相同的两个节点之间的连接方式称为电阻的并联。图 1-9（a）所示是电阻的并联电路，图 1-9（b）是图 1-9（a）的等效电路。

微课
电阻并联电路

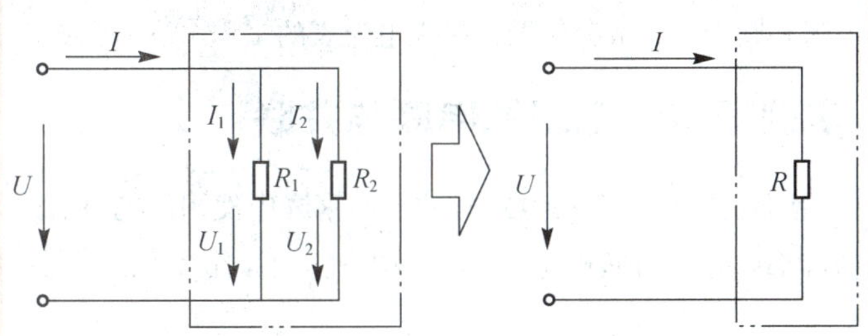

(a) 电阻的并联电路　　(b) 等效电路

图 1-9　电阻的并联电路及其等效电路

电阻的并联电路有如下特点：

（1）并联电路中各个支路两端的电压相等，即

$$U = U_1 = U_2 = \cdots = U_n \tag{1-16}$$

（2）并联电路中总电流等于各支路中的电流之和，即

$$I = I_1 + I_2 + \cdots + I_n \tag{1-17}$$

（3）并联电路的总电阻（即等效电阻）的倒数等于各并联电阻的倒数之和，即

$$\frac{1}{R} = \frac{1}{R_1} + \frac{1}{R_2} + \cdots + \frac{1}{R_n} \tag{1-18}$$

若是两个电阻并联，根据式（1-18）可求并联后的总电阻为

$$R = \frac{R_1 R_2}{R_1 + R_2} \tag{1-19}$$

根据式（1-16）及欧姆定律可以得出

$$\left.\begin{aligned} \frac{I_1}{I_n} &= \frac{R_n}{R_1} \\ \frac{I}{I_n} &= \frac{R_n}{R} \end{aligned}\right\} \tag{1-20}$$

式（1-20）表明，在并联电路中，电阻的阻值越大，这个电阻所分配到的电流越小，反之越大，即电阻上的电流分配与电阻的阻值成反比。这个结论是电阻并联电路特点的重要推论，用途极为广泛，如用并联电阻的办法扩大电流表的量程。

电阻并联的应用同电阻串联的应用一样，也很广泛。例如：

（1）因为电阻并联的总电阻小于并联电路中的任意一个电阻，因此，可以用电阻并联的方法来获得阻值较小的电阻。

（2）由于并联电阻各个支路两端电压相等，因此，工作电压相同的负载，如电动机、电灯等都是并联使用，任何一个负载的工作状态既不受其他负载的影响，也不影响其他负载。在并联电路中，负载数目增加，电路的总电阻减小，电流增大，负载从电源取用的电能多，负载变重；负载数目减少，电路的总电阻增大，电流减小，负载从电源取用的电能少，负载变轻。因此，人们可以根据工作需要启动或停止并联使用的负载。

（3）在电工测量中应用电阻并联方法组成分流器来扩大电流表的量程。

实训项目：电阻的串联与并联

许多装饰用的小彩灯的灯泡都是依次连接在电路里的，而家庭中使用的电灯、电风扇、电视机、电冰箱、洗衣机、空调器等都以并联的形式连接在电路中。它们为什么采用不同的连接方式？这两种连接方式有什么特点？

相关知识点：电阻的串联与并联　电流表　电压表

1. 读表练习

按图 1-10 中电压表、电流表指针所指位置及表的量程位置，将正确读数填入表 1-4。

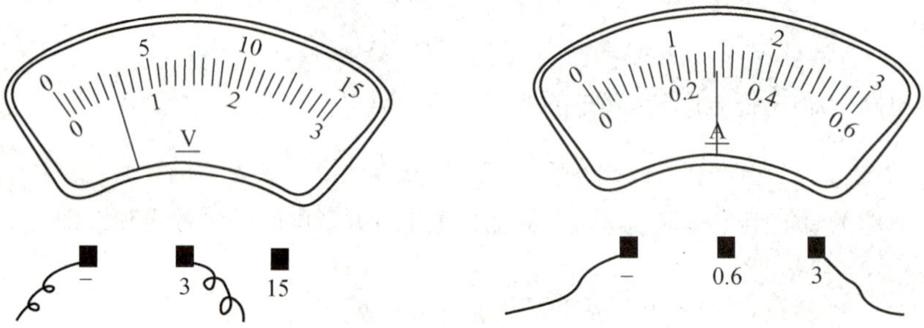

(a) 电压表　　(b) 电流表

图 1-10　读表练习

表 1-4　读表练习

项　　目	读 数 值
电压表	
电流表	

2. 直流电流表使用训练

1）串联电路连接

（1）按图 1-11 分别把电流表串接在 a、b、c 位置。

（2）测取电流值并填入表 1-5，尝试得出结论。

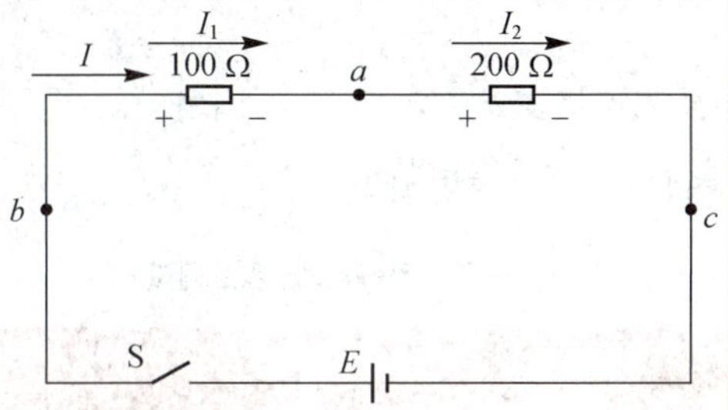

图 1-11 电阻串联电路

表 1-5 串联电路电流测试

表的位置	电流值	结论
a 点		
b 点		
c 点		

2）并联电路连接

（1）按图 1-12 正确连接电路。

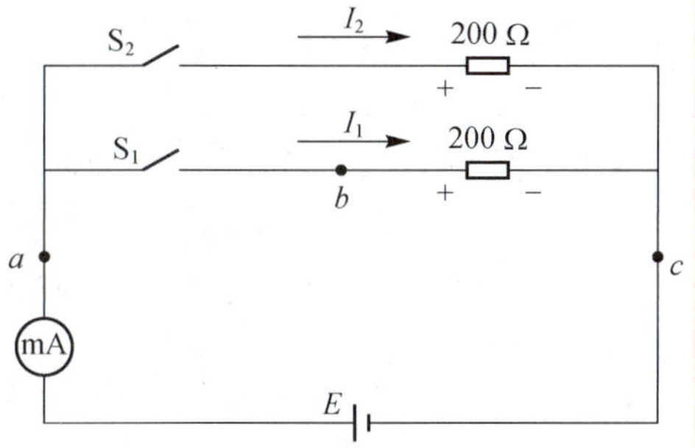

图 1-12 电阻并联电路

（2）分别测取 S_1 闭合、S_2 打开，S_1 打开、S_2 闭合，S_1 闭合、S_2 闭合时的电流值并填入表 1-6，尝试得出结论。

表 1-6 并联电路电流测试

开关状态	电流值	结论
S_1 闭合、S_2 打开		
S_1 打开、S_2 闭合		
S_1 闭合、S_2 闭合		

3. 直流电压表使用训练

1）串联电路连接

（1）按图 1-11 分别把电压表连接在 a 和 b、b 和 c、a 和 c 之间。

（2）测取电压值并填入表 1-7，尝试得出结论。

表 1-7　串联电路电压测试

表的位置	电 压 值	结　论
a、b 之间		
b、c 之间		
a、c 之间		

2）并联电路连接

（1）按图 1-12 把电压表连接在 ab 之间。

（2）分别测取 S_1 闭合、S_2 打开，S_1 打开、S_2 闭合，S_1 闭合、S_2 闭合时的电压值并填入表 1-8，尝试得出结论。

表 1-8　并联电路电压测试

开关状态	电 压 值	结　论
S_1 闭合、S_2 打开		
S_1 打开、S_2 闭合		
S_1 闭合、S_2 闭合		

【想一想】

电路如图 1-13 所示，已知 E=10 V，r=10 Ω，R=9.9 Ω，开关 S 分别在位置 1、2、3 时，电流表和电压表的读数各为多少？

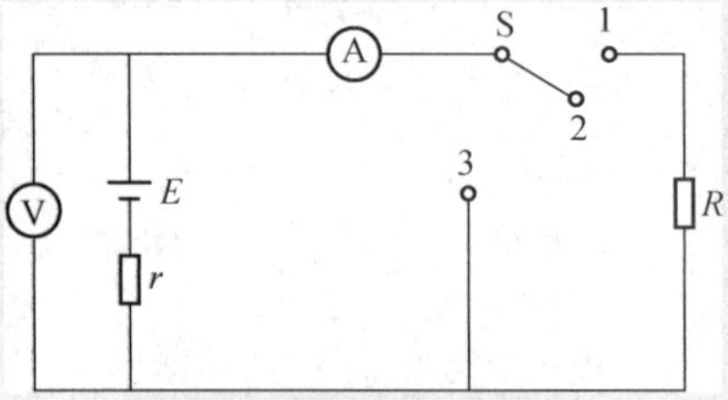

图 1-13　不同工作状态的电路

【议一议】

若要扩大电压表、电流表的量程，可通过接入电阻来实现，那么电阻怎样接入电路？

第五节 基尔霍夫定律

图 1-14、图 1-15 所示两个电路图，要求确定电阻 R_3 上的电流方向。对于图 1-14，因为只有一个电源，R_3 上的电流方向很明确，即 $a \to b$。而对于图 1-15，因为有两个电源，两个电源输出的电流经过 R_3 的方向是不同的，那么 R_3 上的电流方向如何确定呢？

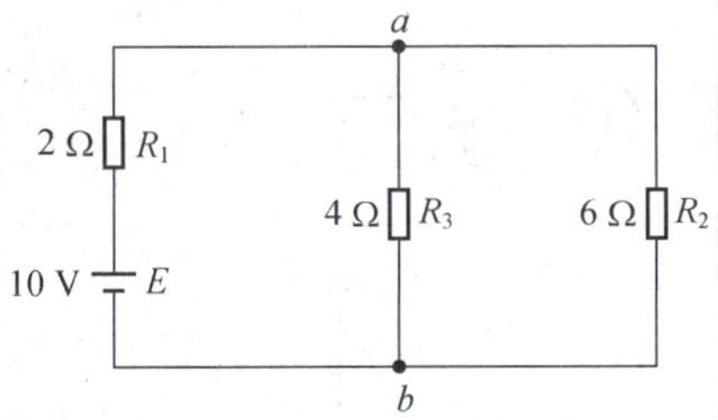

图 1-14 简单电路

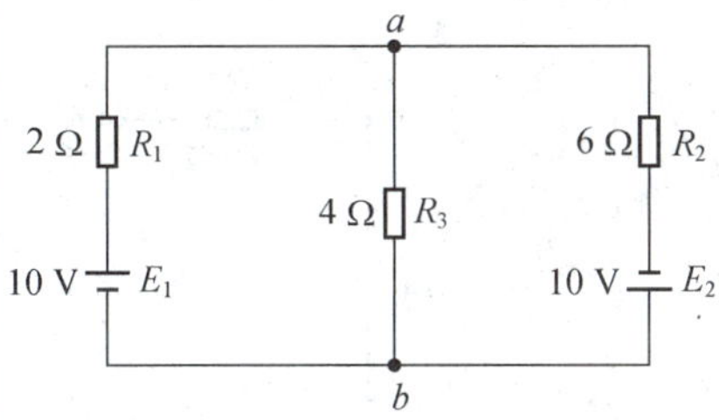

图 1-15 复杂电路

一、参考方向

1. 参考方向的概念

在电路分析中，流过某一段电路或某一元件的电流的实际方向或两端电压的实际方向往往不知道，这时可以任意假定一个电流、电压方向，这个假定的电流、电压方向称为参考方向。

2. 电流、电压的参考方向

图 1-16 中电流实际方向用虚线表示，参考方向用实线表示。当电流的实际方向与参考方向一致时，电流就取正值，否则取负值。

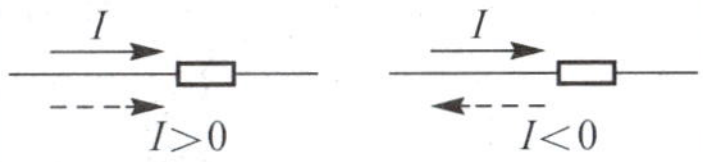

图 1-16 标注电流方向

图 1-17 中电压实际方向用虚线表示，参考方向用实线表示。当电压的实际方向与参考方向一致时，电压就取正值，否则取负值。

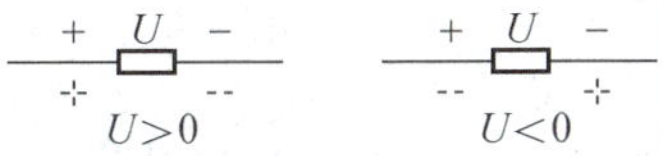

图 1-17 标注电压方向

【想一想】

在一段电路中，若电流与电压的参考方向不一致，欧姆定律的表达式怎样写？

二、基尔霍夫定律

【做一做】

（1）按图 1–18 连接电路。

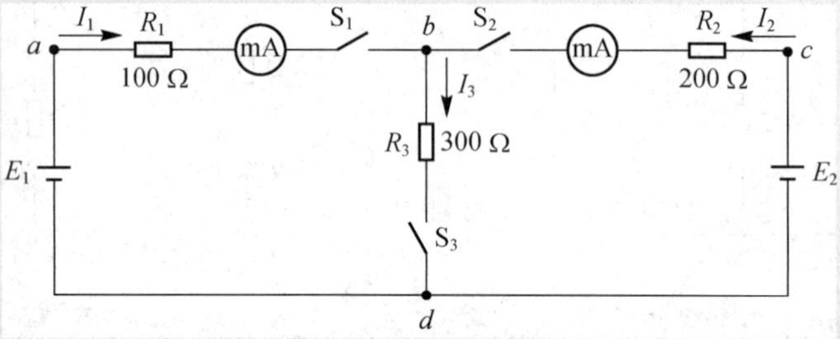

图 1–18 基尔霍夫定律实训电路

（2）检查电路连接无误后接通电源，用直流电流表、直流电压表分别测量各支路电流 I_1、I_2、I_3 和各电阻上的电压 U_{ab}、U_{bc}、U_{bd}。

（3）将测量结果填入表 1–9。

表 1–9 基尔霍夫定律实训数据表

电源电压 /V		I_1/A	I_2/A	I_3/A	U_{ab}/V	U_{bc}/V	U_{bd}/V
E_1	E_2						
9	12						
12	12						
12	10						
结论		$I_1+I_2-I_3=$ $U_{ab}+U_{bd}-E_1=$ $U_{bc}+E_2-U_{bd}=$					

1. 支路、节点、回路、网孔的概念

1）支路

电路中的每一个分支称为支路。如图 1–18 所示，有 3 条支路：支路 $b\to R_1\to E_1\to d$；支路 $b\to R_3\to d$；支路 $b\to R_2\to E_2\to d$。

2）节点

三条或三条以上支路的连接点称为节点。如图 1–18 中有两个节点：b、d。

3）回路

节点电路中任一闭合路径称为回路。如图 1–18 中有 3 个回路：回路 $b\to R_3\to d\to E_1\to R_1\to b$；

回路 $b \to R_2 \to E_2 \to d \to R_3 \to b$；回路 $b \to R_2 \to E_2 \to d \to E_1 \to R_1 \to b$。

4）网孔

内部不含支路的回路称为网孔。如图 1–18 中有 2 个网孔：网孔 $b \to R_3 \to d \to E_1 \to R_1 \to b$；网孔 $b \to R_2 \to E_2 \to d \to R_3 \to b$。

2. 基尔霍夫第一定律

基尔霍夫第一定律是关于电路中各支路电流之间关系的定律，所以也称为基尔霍夫电流定律（KCL）。

基尔霍夫第一定律的内容为：在任意瞬间，流入任一节点的电流总和等于从这个节点流出的电流总和。其数学表达式为

$$\sum I_{\text{入}}=\sum I_{\text{出}}$$

微课
验证基尔霍夫电流定律

当回路有 n 个节点时，则 $n-1$ 个节点电流方程是独立的。

图 1–18 中有两个节点，只需对其中一个节点列方程，如对于节点 b 有

$$I_1+I_2=I_3$$

如图 1–19 中的各个电流，可以看成是化工管路中物体的流量（图 1–20），这样不难得出

$$I_1+I_2=I_3+I_4+I_5$$

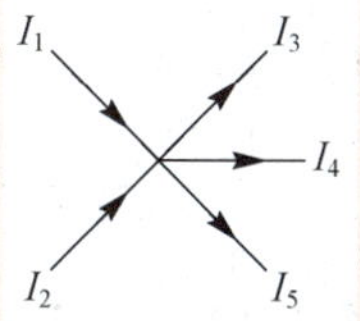

图 1–19　节点电流

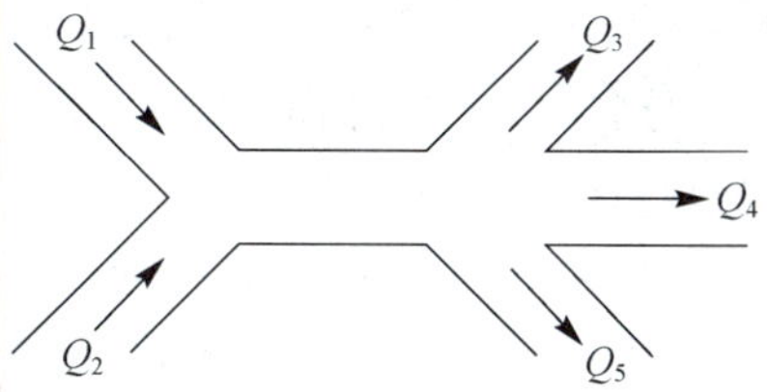

图 1–20　节点电流的理解

3. 基尔霍夫第二定律

基尔霍夫第二定律是关于电路中任一回路中各元件电压之间关系的定律，所以也称为基尔霍夫电压定律（KVL）。

基尔霍夫第二定律的内容为：在任意瞬间，沿电路中任一回路，各段电压的代数和恒为零。其数学表达式为

$$\sum U=0$$

微课
验证基尔霍夫电压定律

如图 1–21 所示，假设回路的绕行方向为顺时针方向，有

$$U_{R_1}+U_{R_2}+U_{R_3}+E_2-E_1=0$$

基尔霍夫第二定律不仅可以用于闭合电路，而且可以用于不闭合的电路，这便是第二定律的推广定律，其内容为：电路中某两点 a、b 之间的电压等于从 a 点到 b 点所经路径上全部电压的代数和。如图 1–22 所示，a、b 两点之间的电压可以写出下列关系：

$$U_{ab}=I_1R_1+E_3-I_2R_2$$

或

$$U_{ab}=I_3R_3+E_1+E_3-E_2-I_4R_4$$

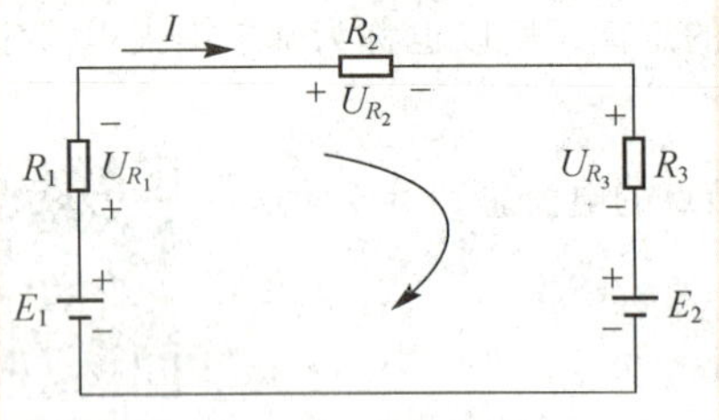

图 1-21 基尔霍夫第二定律的应用

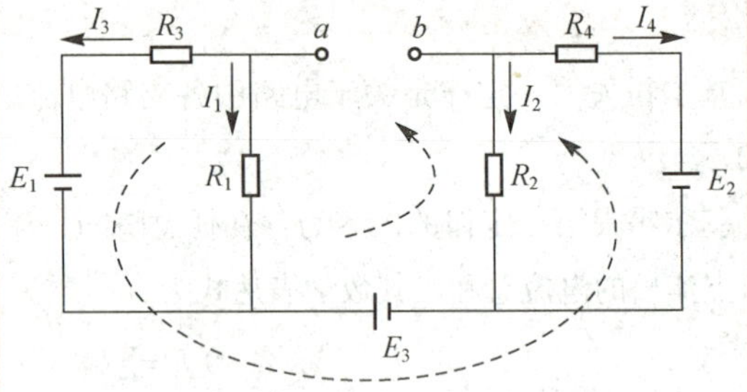

图 1-22 基尔霍夫第二定律应用扩展

运用 KVL 列回路电压方程时的步骤如下：

（1）找出电路中的所有网孔。

（2）选定各网孔的绕行方向。

（3）对每个网孔列回路电压方程。对于电阻，若流过电阻的电流方向与选定的网孔绕行方向一致，则该电阻上的电压取正值，否则取负值；对于电源，如电压方向与选定的绕行方向一致，则该电压取正值，否则取负值。

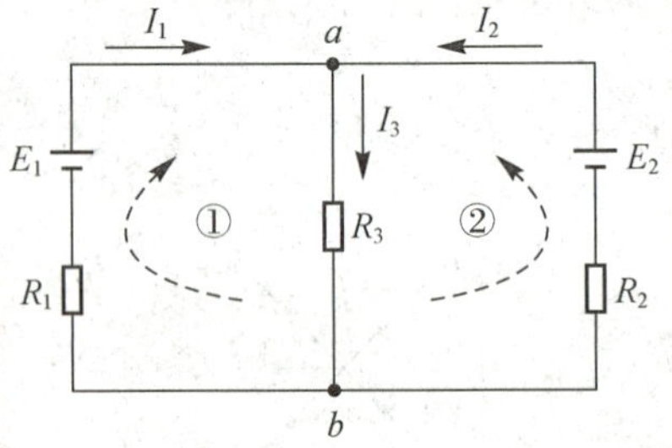

图 1-23 基尔霍夫第二定律应用举例

如图 1–23 所示，假定网孔的绕行方向为顺时针方向，则

对于网孔①：$I_3R_3+I_1R_1-E_1=0$

对于网孔②：$-I_2R_2-I_3R_3+E_2=0$

例 1–5 如图 1–23 所示，若 E_1=18 V，E_2=9 V，$R_1=R_2$=10 Ω，R_3=4 Ω，利用 KCL、KVL 求各支路电流的大小。

解 （1）在电路图上标注各支路电流 I_1、I_2、I_3 的参考方向。

（2）根据 KCL，对节点 a 列写节点电流方程。

$$I_1+I_2=I_3 \qquad ①$$

（3）根据 KVL，对网孔①、②分别列写回路电压方程。

$$I_3R_3+I_1R_1-E_1=0 \qquad ②$$

$$-I_2R_2-I_3R_3+E_2=0 \qquad ③$$

（4）由方程①②③联立并代入数据，解得

I_1=1.2 A，实际方向与参考方向相同

I_2=0.3 A，实际方向与参考方向相同

I_3=1.5 A，实际方向与参考方向相同

习题

一、填空题

1-1 电路是由 ________、________、________、__________ 组成的。

1-2 电路有三种状态：________、________、________。

1-3 通常电源电动势和内阻在短时间内 ________，且电源内阻又非常小，所以可近似认为电源的端电压等于 ________。

1-4 当电流的实际方向与参考方向一致时，电流取 ________ 值。当电压的实际方向与参考方向不一致时，电压取 ________ 值。

1-5 无分支的电路称为 ________。三条或三条以上支路的连接点称为 __________。

二、选择题

1-6 基尔霍夫第二定律的表达式为（　　）。

A.$\sum I=0$　　B.$\sum U=0$　　C.$\sum E=\sum IR$　　D.$\sum U=\sum IR$

1-7 一般来说，对于具有 n 个节点、b 条支路的电路，可列出（　　）个独立的节点方程。

A.n　　B.$b-n$　　C.$n-1$　　D.$b-（n-1）$

1-8 一般来说，对于具有 n 个节点、b 条支路的电路，可列出（　　）个独立节点电流方程。

A.n　　B.$n-1$　　C.$b-n$　　D.$b-（n-1）$

1-9 导线电阻与它们的（　　）有关。

A. 几何尺寸　　B. 材料　　C. 电压　　D. 温度

1-10 消耗电能的元件包括（　　）。

A. 电阻器　　B. 电炉　　C. 电灯　　D. 发电机

三、综合题

1-11 计算图 1-24（a）中的电压和图 1-24（b）中的电流。

1-12 电路如图 1-25 所示。

（1）求电路中的电流，并标出实际方向。

（2）试求 U_{ac}、U_{cd}。

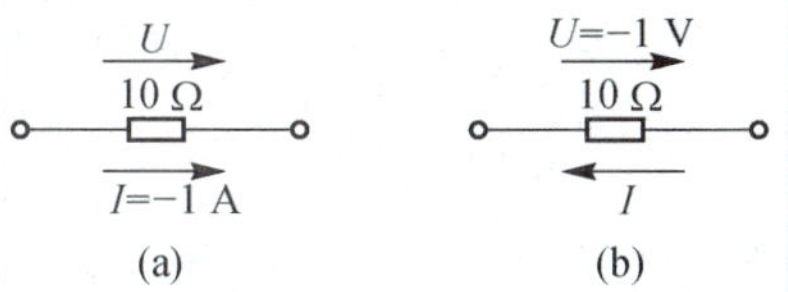

图 1-24 题 1-11 图

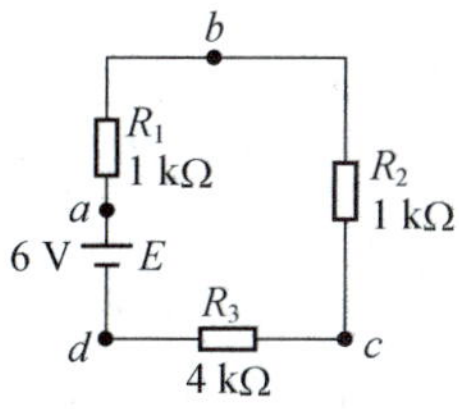

图 1-25 题 1-12 图

1–13　如图 1–26 所示，已知 U_1=12 V，U_2=−6 V，U_3=2 V，R_1=R_2=20 kΩ，R_3=R_4=10 kΩ。求 A 点的电位。

1–14　一台直流电动机，电阻为 2 Ω，工作电压为 220 V，通过的电流为 4 A。求：

（1）电动机从电源吸收的功率。

（2）电动机发热的功率。

（3）电动机把电能转换成机械能的功率。

1–15　如图 1–27 所示电路中，已知 E_c=12 V，E_b=3 V，R_c=1.5 kΩ，R_b=7.5 kΩ，I_c=5.1 mA，I_b=0.2 mA。试求电阻 R_{bc} 和 R_{be} 的大小。

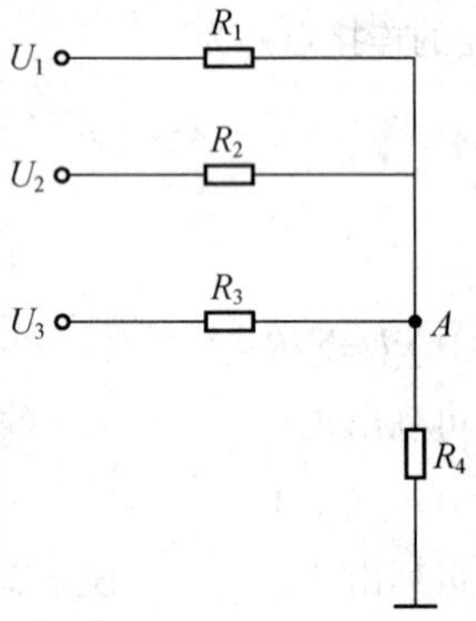

图 1–26　题 1–13 图

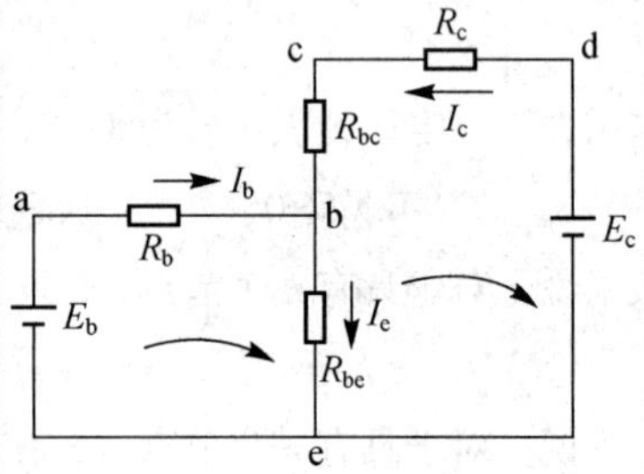

图 1–27　题 1–15 图

第二章 交流电路

本章学习要点

（1）正弦交流电的基本概念。

（2）交流电路中的简单负载。

（3）常用照明电路。

（4）三相电源的连接。

（5）三相负载的连接。

（6）三相电功率。

我们生活中所使用的电器，如电风扇、冰箱、电视机等，它们所使用的电都是交流电。什么是交流电？怎样描述它？日光灯和白炽灯都是用来照明的，但它们发出的光颜色不同，白炽灯是依靠钨丝通电发热直接发光的，那么日光灯是怎样工作的？日光灯和白炽灯都是用电负载，这两种负载的性质有什么不同？

第一节 正弦交流电的基本概念

一、示波器的相关知识

1. 示波器简介

示波器是用来测定周期性变化的电压、电流等波形的电子仪器，可用于测量电压、电流的幅度、时间、功率等参数。图 2-1 所示是 CA8020 型示波器面板图。

2. 示波器使用前的准备工作

（1）将面板有关控制键按说明书要求调整到位。

（2）接通电源，电源指示灯亮，稍后预热，屏幕出现光迹。

（3）调节亮度、聚焦、迹线旋钮，使光迹清晰并与水平刻度平行。

（4）用 10 ∶ 1 探头将校正信号输入至 CH1 输入插座，再调节 CH1 移位与 X 移位。

（5）用与（4）同样的方法，调节 CH2。

（6）调节亮度旋钮，使屏幕显示的光迹亮度适中。

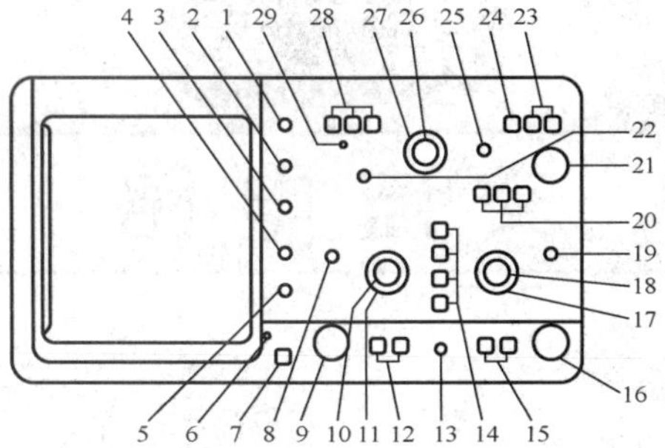

1—亮度旋钮；2—辅助聚焦旋钮；3—聚焦旋钮；4—迹线旋钮；5—校正信号旋钮；6—电源指示灯；7—电源开关；8—CH1 垂直移位旋钮；9—CH1 OR X；10、18、26—微调旋钮；11、17—垂直衰减器；12、15—耦合方式；13—接地；14—垂直方式；16—CH2 OR Y；19—CH2 垂直移位旋钮；20—内触发源；21—外触发输入；22—水平移位旋钮；23—触发源选择；24—触发极性选择；25—电平旋钮；27—扫描速率旋钮；28—触发方式；29—触发指示灯。

图 2-1 CA8020 型示波器面板图

3. 示波器使用注意事项

（1）在测量状态时，亮度不宜太亮，只要能正常使用即可。非测量状态时，将示波器辉度关暗，以延长示波器管寿命，否则高亮度、长时间光迹置于示波管某一位置，易使示波管荧光粉烧伤。

（2）使用探头进行测量时，实际输入示波器的电压只有被测电压的 1/10，因此，计算时应将测得的电压乘以 10。

4. 单相交流电幅值的测量

（1）将信号输入 CH1 或 CH2 插座，将垂直方式置于被选用的通道。

（2）设置电压衰减器并观察波形，使被显示的波形在 5 格左右，将微调旋钮顺时针旋足（校正位置）。

（3）调整电平旋钮使波形稳定。

（4）调节扫描速率旋钮，使屏幕显示至少一个波形周期。

（5）调整垂直移位旋钮，使波形底部在屏幕中某一水平坐标上。

（6）调整水平移位旋钮，使波形顶部在屏幕中央的垂直坐标上。

（7）读出垂直方向峰 – 峰两点之间的格数。

（8）按下面公式计算被测信号的峰 – 峰电压值（V_{p-p}）。

$$V_{p-p}=\text{垂直方向的格数}\times\text{垂直偏转因数}$$

例如，测出垂直方向峰 – 峰两点之间的格数为 4.1，用 10 ∶ 1 探头的垂直偏转因数为 2 V/div，则 $V_{p-p}=4.1\times2\times10=82$ V。

5. 单相交流电周期的测量

（1）将信号输入 CH1 或 CH2 插座，设置垂直方式为被选通道。

（2）调整电平旋钮使波形稳定显示。

（3）将扫描速率微调旋钮顺时针旋转（校正位置），调节扫描速率旋钮，使屏幕显示一个信号周期。

（4）分别调整垂直移位旋钮和水平移位旋钮，使波形位于屏幕中央的水平刻度线上。

（5）测量波形起点和终点之间的水平格数，按下面公式计算被测信号的周期（T）。

T=（起点和终点之间的水平格数×扫描时间因数）/ 水平扩展倍数

例如，测出起点和终点之间的水平格数为8格，扫描时间因数为2 μs/div，水平扩展倍数为1倍，则 T=（8×2）/1=16 μs。

二、正弦交流电的概念

正弦交流电是指大小和方向都随时间按正弦规律变化的电流、电压、电动势的总称。如正弦交流电压可表示为 $u=U_m\sin(\omega t+\varphi)$，其波形图如图 2-2 所示。

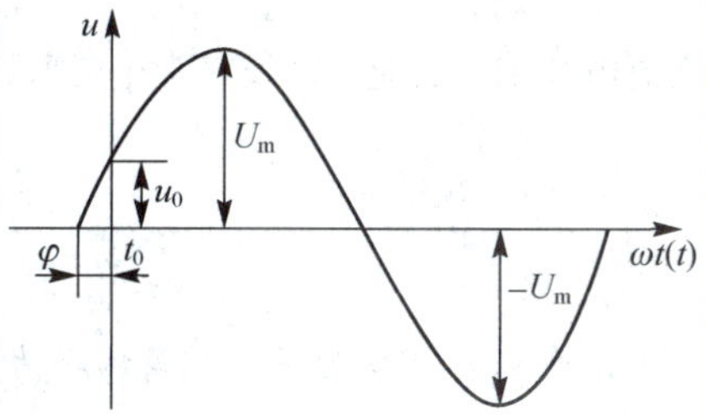

图 2-2 正弦交流电压的波形图

三、描述正弦交流电的基本物理量

微课
正弦交流电的基本物理量

1. 瞬时值

由于正弦交流电是随时间按正弦规律不断变化的，所以每一时刻的值是不同的。把任意瞬间的数值称为正弦交流电的瞬时值，分别用字母 e、u、i 表示。

2. 最大值

瞬时值中的最大值称为正弦交流电的最大值（或峰值、振幅），分别用字母 E_m、U_m、I_m 表示。

3. 有效值

让交流电和直流电分别通过阻值相等的电阻，如果在相同时间内，这两种电流产生的热量相等，则说明这个交流电和这个直流电在发热效应上是相同的。把这个直流电的数值称为交流电的有效值，分别用字母 E、U、I 表示。

正弦交流电的有效值和最大值的大小关系是

$$E=\frac{1}{\sqrt{2}}E_m,\quad U=\frac{1}{\sqrt{2}}U_m,\quad I=\frac{1}{\sqrt{2}}I_m$$

注意：测量中所用的电流表、电压表指示的数值及用电器的额定电压、额定电流，都是指有效值。

4. 周期

交流电重复变化一次所需时间称为正弦交流电的周期，用字母 T 表示，单位是秒（s）。

5. 频率

交流电在 1 s 内重复变化的次数称为正弦交流电的频率，用字母 f 表示，单位是赫兹（Hz）。周期与频率的关系是

$$T=\frac{1}{f}$$

6. 角频率

把正弦交流电在 1 s 内变化的电角度称为正弦交流电的角频率，用字母 ω 表示，单位是弧度/秒（rad/s）。

周期、频率、角频率三者间的关系是

$$\omega=2\pi f=\frac{2\pi}{T}$$

目前，我国发电厂发出的交流电和工、农业生产及日常生活所用的交流电的频率为 50 Hz，称这个标准频率为工频。

【议一议】

我国交流电的频率为 50 Hz，那么其周期为多少？角频率为多少？

7. 相位、初相位与相位差

在正弦交流电压的表达式 $u=U_m\sin(\omega t+\varphi)$ 中，$(\omega t+\varphi)$ 称为正弦交流电压的相位。相位反映了正弦量在某一时刻所处的状态，它不仅决定该时刻的瞬时值的大小和方向，而且决定着该时刻正弦量的变化趋势。φ 称为初相位，它决定着正弦量的初始值。

两个同频率的正弦量的相位之差称为相位差，用 φ_{12} 表示。

$$\varphi_{12}=(\omega t+\varphi_1)-(\omega t+\varphi_2)=\varphi_1-\varphi_2$$

在图 2–3 中，电动势 u_1 比 u_2 早到达正的最大值，可以说 u_1 在相位上超前于 u_2，或者说 u_2 在相位上落后于 u_1；在图 2–4 中，电流 i_1 和 i_2 同时到达正的最大值，则称它们为相位相同或同相；在图 2–5 中，i_1 到达正的最大值时，i_2 到达负的最大值，则称它们相位相反或反相。

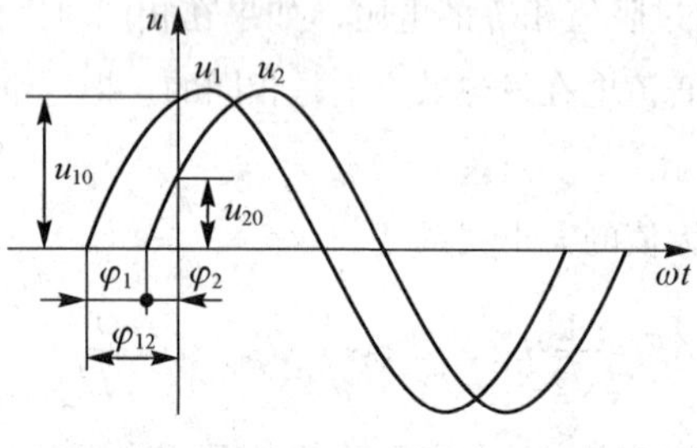

图 2–3　相位差

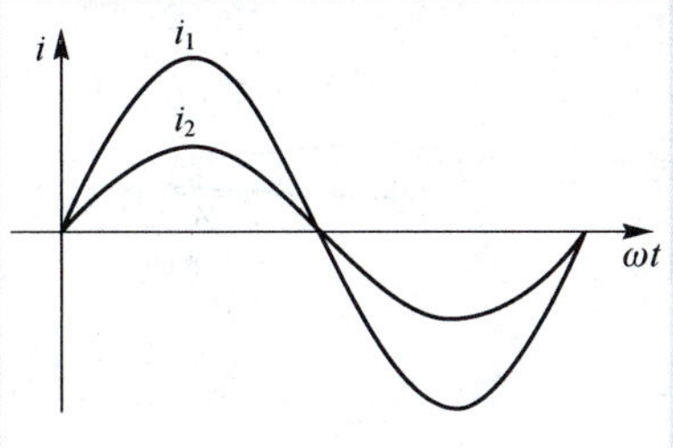

图 2-4 同相

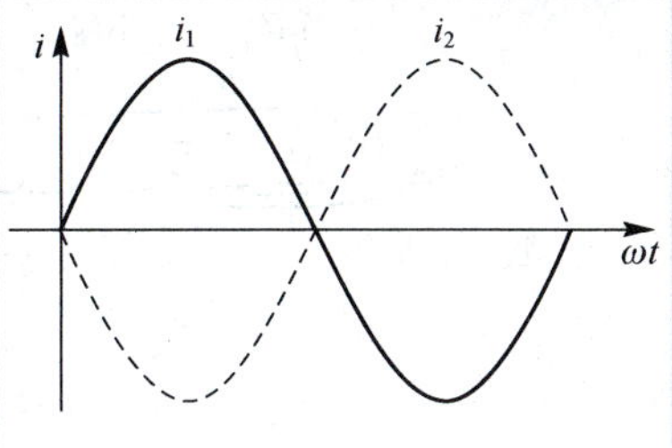

图 2-5 反相

四、正弦量的三要素

要完全确定一个正弦量，就必须知道这个正弦量变化的快慢、大小及初始状态，即必须知道它的角频率 ω（或周期、频率）、最大值 E_m（或 U_m、I_m）和初相位 φ 这三个量。通常称正弦量的最大值、角频率和初相位为正弦量的三要素。

例 2-1 已知两正弦交流电压：

$$u_1 = 100\sqrt{2}\sin(100\pi t + 60^\circ)\text{V}\text{，}\quad u_2 = 65\sqrt{2}\sin(100\pi t - 30^\circ)\text{V}$$

求:（1）各电压的最大值和有效值。

（2）频率、周期。

（3）相位、初相位、相位差。

解 （1）最大值 $U_{m1} = 100\sqrt{2}$ V，最大值 $U_{m2} = 65\sqrt{2}$ V。

有效值 $U_1 = \dfrac{100\sqrt{2}}{\sqrt{2}} = 100\text{ V}$，有效值 $U_2 = \dfrac{65\sqrt{2}}{\sqrt{2}} = 65\text{ V}$。

（2）频率 $f_1 = f_2 = \dfrac{\omega}{2\pi} = \dfrac{100\pi}{2\pi} = 50\text{ Hz}$，

周期 $T_1 = T_2 = \dfrac{1}{f} = 0.02\text{ s}$。

（3）相位 $\alpha_1 = (100\pi t + 60^\circ)$，$\alpha_2 = (100\pi t - 30^\circ)$。

初相位 $\varphi_1 = 60^\circ$，$\varphi_2 = -30^\circ$。

相位差 $\varphi_{12} = \varphi_1 - \varphi_2 = 60^\circ - (-30^\circ) = 90^\circ$。

知识拓展

1. 低压测电笔

低压测电笔有钢笔式和螺丝刀式两种，如图 2-6 所示。

第一章 第二章 第三章 第四章 第五章 第六章 第七章 第八章

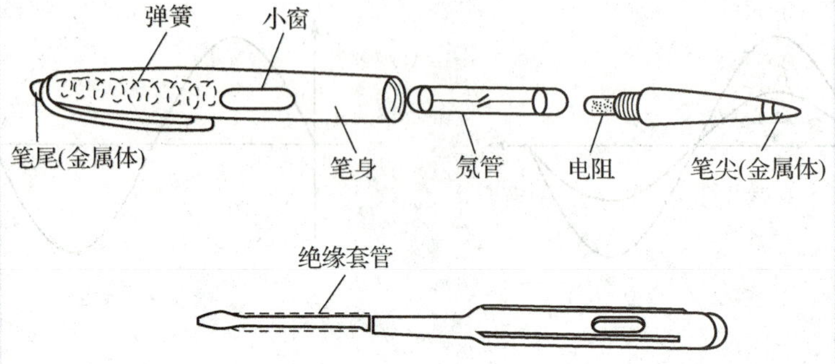

图 2-6　低压测电笔

低压测电笔检测电压的范围为60~500 V。当测试带电体时，电流经带电体、笔尖、电阻、氖管、弹簧、笔尾、人体到大地形成串联的通电回路，只要带电体与大地之间的电压超过 60 V，电笔中的氖管就会发亮。由于这段电路中串联有高阻值的电阻，故电流很小，对人体没有危害。

2. 低压测电笔的握法与用途

按图 2-7 所示的正确方法握好测电笔，并使手指触及笔尾的金属体，使氖管小窗背光朝向自己。

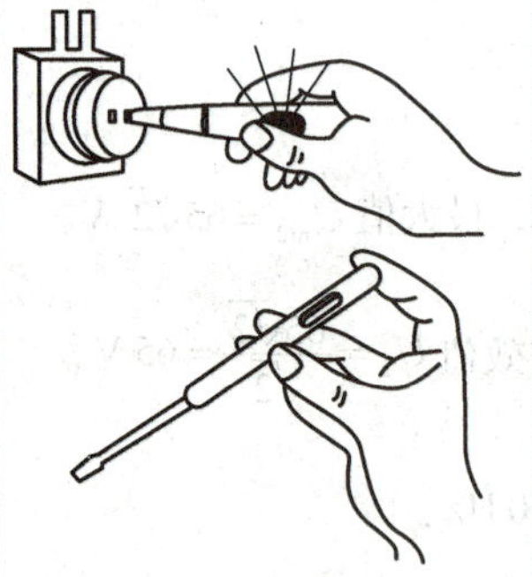

图 2-7　低压测电笔的握法

低压测电笔的用途见表 2-1。

表 2-1　低压测电笔的用途

用　　途	工艺过程	现　　象
电压高、低的判别	测电笔触及不同的电压值	氖管发亮强弱不同
相线和零线的判别	测电笔触及相线 测电笔触及零线	氖管发亮 氖管不亮（正常状态）
直流电、交流电的判别	测电笔触及直流电 测电笔触及交流电	氖管两个电极同时发亮 氖管只有一个电极发亮

续表

用　途	工艺过程	现　象
直流电正、负极的判别	把测电笔连在直流电的正、负极之间	直流电负极侧的氖管发亮
设备外壳带电而且接地装置欠佳的鉴别	用测电笔触及电动机或调压器等电气设备的外壳	氖管发亮说明该设备外壳带电而且接地装置欠佳，如果该设备外壳有良好的接地装置，氖管不会发亮

第二节　交流电路中的简单负载

一、纯电阻元件

1. 纯电阻元件的概念

在交流电路中，凡是电阻起主要作用的负载，如白炽灯、电烙铁、电炉、变阻器、电热水器、电饭锅等，称为纯电阻元件。纯电阻元件的电路符号如图 2-8 所示。

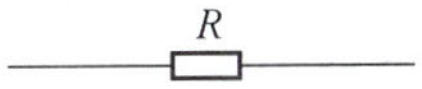

图 2-8　纯电阻元件的电路符号

2. 纯电阻元件上电压、电流的相位关系及大小关系

纯电阻元件上的电压与电流的相位相同，如图 2-9 所示。电压与电流的大小关系为

$$U_R=IR$$

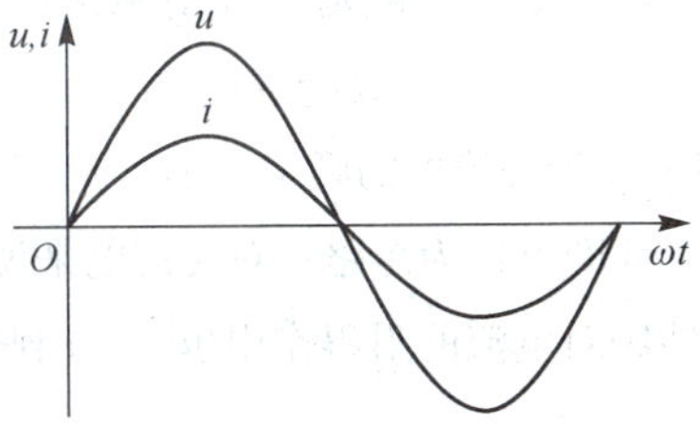

图 2-9　纯电阻元件上电压、电流的相位关系

3. 能量转换及功率

纯电阻元件将电能转换成热能，消耗的功率称为有功功率，用 P 表示，单位为 W（瓦）。有功

功率大小可表示为

$$P = U_R I = I^2 R = \frac{U_R^2}{R}$$

例 2-2　一只白炽灯的额定参数为 220 V/100 W，其两端所加的电压为

$$u = 220\sqrt{2}\sin(314t)\text{V}$$

求：（1）交流电的频率。

（2）白炽灯的工作电阻。

（3）白炽灯的有功功率。

解　（1）交流电的频率为 $f = \frac{\omega}{2\pi} = \frac{314}{2\times 3.14} = 50\ \text{Hz}$

（2）白炽灯的工作电阻 $R = \frac{U^2}{P} = \frac{220^2}{100} = 484\ \Omega$

（3）白炽灯的有功功率 $P = 100\ \text{W}$

二、纯电感元件

1. 纯电感元件的概念

当一个电感线圈（如变压器中的线圈、镇流器中的线圈）的电阻很小、可忽略时，称这种线圈为纯电感元件。其电路符号如图 2-10 所示。

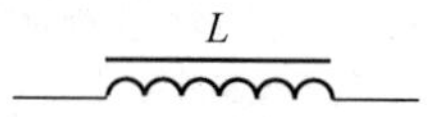

图 2-10　纯电感元件的电路符号

电感元件 L 的单位为 H（亨利）、mH（毫亨）、μH（微亨），三者之间的关系是

$$1\ \text{H}=10^3\ \text{mH}=10^6\ \mu\text{H}$$

当线圈中有交流电流通过时，线圈中就会产生自感电动势来阻碍电流通过。用感抗 X_L 来表示电感元件对交流电的阻碍作用，其单位是 Ω（欧姆），表达式是

$$X_L=\omega L=2\pi fL$$

式中，ω 为交流电的角频率，rad/s；f 为交流电的频率，Hz。

可见，对直流电来说，X_L=0，线圈可视为短路；对交流电来说，电感对交流电起阻碍作用，且电感量 L 越大，电流频率越高，线圈对电流的阻碍作用越大。因此，纯电感元件有通直流、阻交流的作用。

2. 纯电感元件上电压、电流的相位关系及大小关系

纯电感元件上的电流落后于电压 90°，如图 2-11 所示。电压与电流的大小关系为

$$U_L=IX_L$$

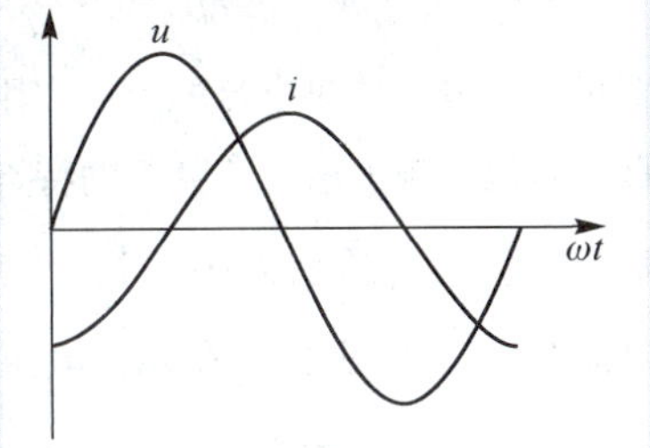

图 2-11 纯电感元件上电压、电流的波形

3. 能量转换及功率

电感线圈中因 R=0，故通过交流电流时，不消耗电能，有功功率为零，只有线圈与电源间的能量交换，即时而线圈从电源吸取电能转换为磁场能储存在线圈内，时而线圈将储存的磁场能全部转换为电能，还给电源。线圈与电源间能量转换用无功功率 Q_L 来反映，其单位是 var（乏），其表达式是

$$Q_L = U_L I = I^2 X_L = \frac{U_L^2}{X_L}$$

例 2-3 一个电感线圈，电感量 L=0.7 H，线圈电阻忽略不计。把它接在 220 V、50 Hz 的交流电源上，求流过线圈的电流和电路的无功功率。

解 线圈的感抗为 $X_L = 2\pi fL = 2\times3.14\times50\times0.7\approx220\ \Omega$

流过线圈的电流为 $I = \dfrac{U}{X_L} = \dfrac{220}{220} = 1\ \text{A}$

电路的无功功率为 $Q = UI = 220\times1 = 220\ \text{var}$

【议一议】

在例 2-3 中，若电源频率变为 5 000 Hz，其他条件不变，则线圈的感抗和流过线圈的电流如何变化？

三、纯电容元件

1. 纯电容元件的概念

在交流电路中，电容在忽略了介质损耗和漏电现象时，即为纯电容元件。纯电容元件的电路符号如图 2-12 所示。

电容的单位是 F（法拉）、μF（微法）、pF（皮法），三者之间的关系是

$$1\ \text{F}=10^6\ \mu\text{F}=10^{12}\ \text{pF}$$

电容器在直流电的电路中除充、放电瞬间外，会使电路隔断；在交流电的电路中有容抗存在，用 X_C 表示电容元件对电流的阻碍作用。容抗的单位是 Ω（欧姆），表达式是

$$X_C=\frac{1}{\omega C}=\frac{1}{2\pi fC}$$

电容器的容量越大，电流频率越高，电容器对电流的阻碍作用越小。因此，电容元件有隔直流、通交流的作用，同时对交流电又具有阻低（频）通高（频）的特点。

2. 纯电容元件上电压、电流的相位关系及大小关系

纯电容元件上的电压落后于电流 90°，如图 2-13 所示。电压与电流大小关系为

$$U_C=IX_C$$

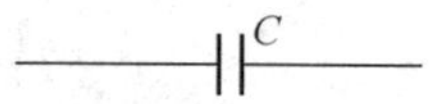

图 2-12　纯电容元件的电路符号

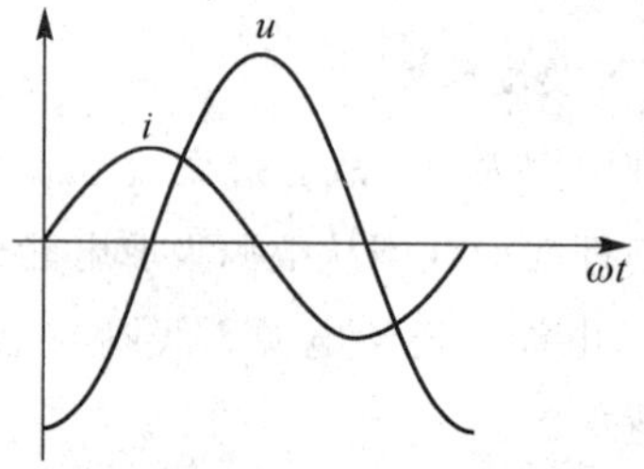

图 2-13　纯电容元件上电压、电流的波形

3. 能量转换及功率

电容器和电感线圈一样，是一个储能元件，而不是耗能元件，它只与电源进行能量的周期性互换，但不消耗电能，其有功功率 P=0。电容器与电源间的能量转换用无功功率 Q_C 来反映，其单位是 var，其表达式是

$$Q_C=U_CI=I^2X_C=\frac{U_C^2}{X_C}$$

例 2-4　一只容量为 40 μF 的电容器接在 $u=220\sqrt{2}\sin(314t-30^{\circ})$ V 的电源上，求：

（1）电容的容抗。

（2）电流的有效值。

（3）电路的无功功率。

解（1）电容的容抗为 $X_C=\frac{1}{2\pi fC}=\frac{1}{\omega C}=\frac{1}{314\times 40\times 10^{-6}}\approx 80\ \Omega$

（2）电流的有效值为 $I=\frac{U}{X_C}=\frac{220}{80}=2.75\ \text{A}$

（3）电路的无功功率为 $Q_C=UI=220\times 2.75=605\ \text{var}$

【想一想】

日常生活中使用的电器，哪些属于电阻元件？哪些属于电感元件？哪些属于电容元件？哪些又是组合元件？

知识拓展

万 用 表

1. 万用表的结构原理

万用表有指针式和数字式两种，主要由表头（微安表）、转换开关和测量线路组成。通过转换开关的换接，构成不同形式的测量电路，以满足不同测量种类和不同量程的选择。

图 2-14 所示为 MF-30 型万用表外形图。

图 2-15 所示为万用表测直流电流、电压的原理图。

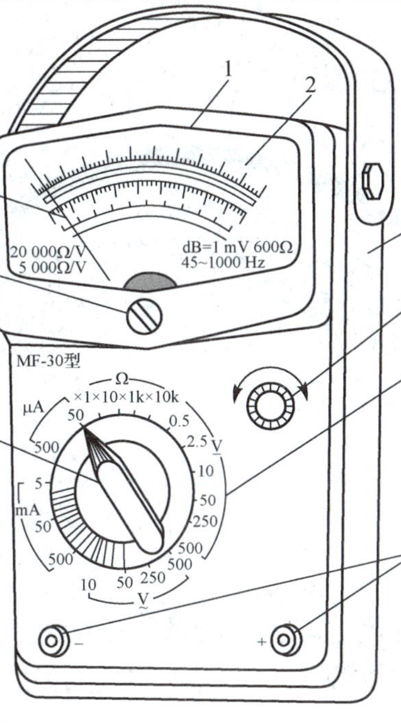

1—表盘；2—表盘刻度线；3—表身；4—电阻调零旋钮；5—挡位；6—接线端；7—转换开关；8—指针调零旋钮；9—指针。

图 2-14 MF-30 型万用表外形图

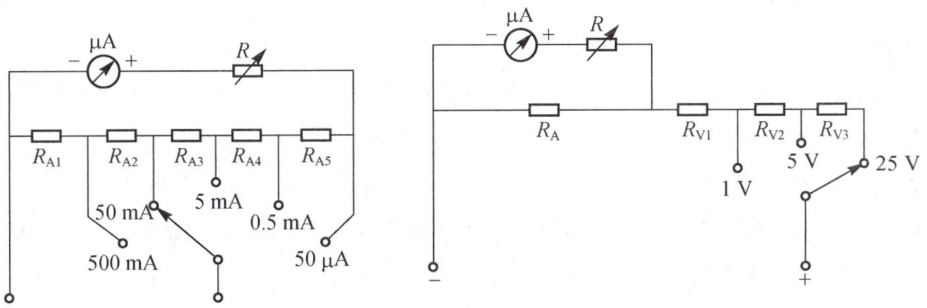

图 2-15 万用表测直流电流、电压的原理图

2. 万用表的用途

万用表是一种多用途、多量程的直读式仪表，常用来测直流电压、电流，交流电压、电流和电阻，也可测电容、电感、晶体管参数、音频电平等值。

3. 万用表的标尺

在万用表的表盘上，有很多条刻度线，通称为标尺，用来表示被测电阻、电压、电流等值。测量时，必须根据测量种类和量程，找好对应刻度线读取数据。图 2-16 所示为 MF-30 型万用表的标尺。

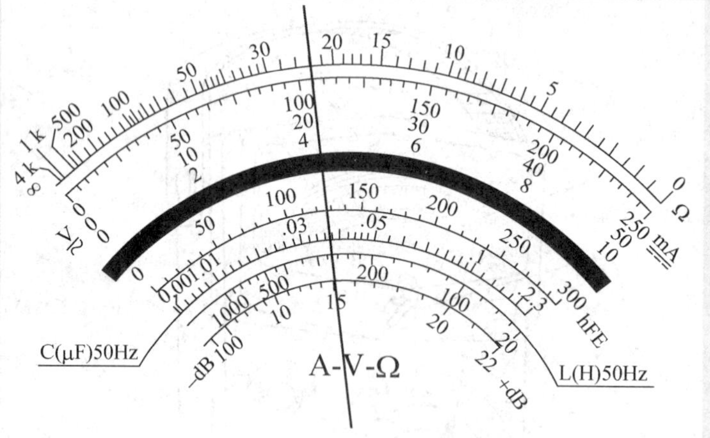

图 2-16　MF-30 型万用表的标尺

4. 万用表的使用注意事项

（1）测量前应先检查万用表内电池电压是否足够。先将转换开关置于电阻挡的“×1”位置（测 1.5 V 电池），再将两表笔相碰，看指针是否指在零位。若通过调整调零旋钮，指针仍不能指在零位，说明电池电量不足，需更换。

（2）机械调零。调整调零旋钮，使指针对准刻度盘的 0 位线即可。

（3）万用表面板下方有两个插孔，分别标注“+”和“-”（或 *）。测量时，应把红表笔插入“+”插孔，黑表笔插入“-”插孔。

（4）选择合适的量程。建议使万用表指针偏转在满刻度的 1/2~2/3，因为此区间测量误差较小，结果比较准确。

（5）测量直流电流时，必须注意极性，保证电流从红表笔进入，从黑表笔流出。测量电流时，必须先断开电源，再串入万用表。

（6）禁止在被测元件带电状态下调整转换开关，以免损坏开关、表头及指针。

（7）测量时，手必须拿在表笔的绝缘部分，并养成单手操作的习惯，即将一支表笔固定在被测电路的公共接地端，单手拿另一支表笔进行测量。

（8）测量结束后，应把挡位调整到交流电压最大挡（或空挡），以免表笔相碰，空耗表内电池。

第三节 常用照明电路

【做一做】

（1）按图 2-17 连接电路。

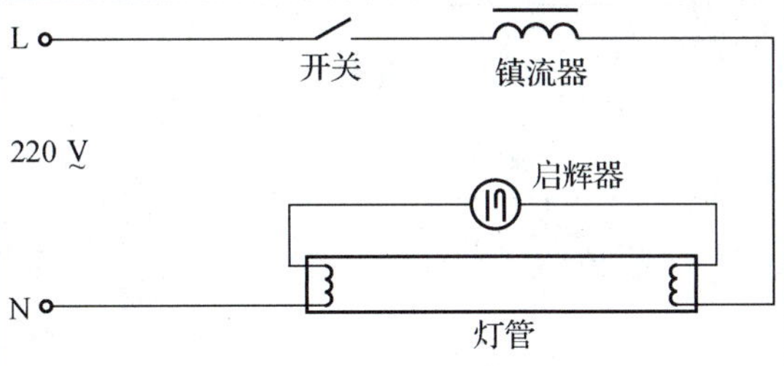

图 2-17 日光灯电路 1

（2）安装前要检查灯管、镇流器、启辉器等器件有无损坏，标称功率应保持一致。

（3）使用灯架的日光灯，先把灯座、启辉器、镇流器的位置选好，固定在灯架上。

（4）正确连接日光灯的各器件，保证美观、牢固。

（5）安装完毕后要认真检查，防止错接、漏接，并把裸露接头用绝缘带缠好。

（6）通电灯亮后，填写表 2-2。

表 2-2 日光灯电路的测量

测量项目	测量数据
电源电压 / V	
灯管两端电压 / V	
镇流器两端电压 / V	
线路中电流 / A	

（7）由表 2-2 中数据计算：

① 灯管两端电压 ÷ 线路中电流：

② 镇流器两端电压 ÷ 线路中电流：

③ 电源电压 ÷ 线路中电流：

【想一想】

（1）电源电压为什么不等于镇流器两端电压加上灯管两端电压？

（2）表 2-2 计算数据的意义是什么？

一、日光灯电路的组成及工作原理

1. 日光灯电路的组成

日光灯电路由灯管、镇流器、启辉器等组成，如图 2-18 所示。灯管可视为电阻性负载，镇流器是一个电感线圈，因此日光灯电路可看成是一个电阻 R 和电感 L 串联的电路，其等效电路如图 2-19 所示。

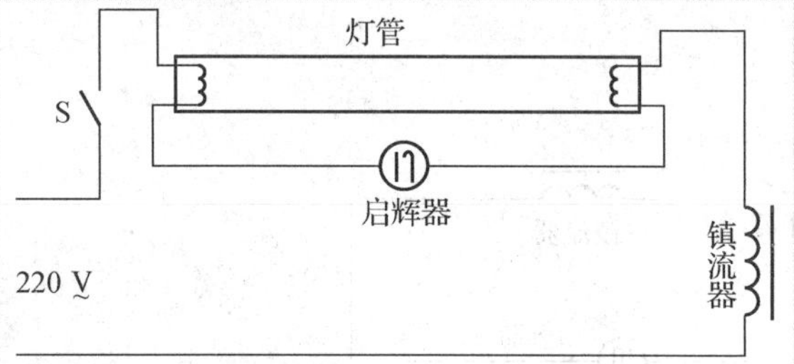

图 2-18　日光灯电路 2

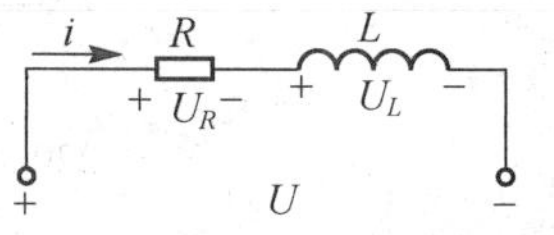

图 2-19　日光灯电路的等效电路

2. 日光灯电路的工作原理

在日光灯电路开始接通电源的时候，灯管尚不能发亮，此时启辉器内发生辉光放电，使其中的双金属片受热翘起，触点闭合，接通灯丝电路，电流即流经镇流器、灯管两端的灯丝和启辉器。灯丝很快加热而发射电子。在启辉器内触点闭合后，辉光放电停止，双金属片随即冷却恢复原状，造成灯丝电路突然断开。在电路断开瞬间，镇流器中产生很高的自感电动势。此电动势作用在灯管的两端，热电子在高电压作用下，加速撞击灯管内汞原子而产生紫外线，又激励管壁上的荧光物质，使之发出可见光，日光灯进入正常工作状态。灯管点亮后，电路中的电流将在镇流器上产生较大的电压，灯管两端的电压锐减，从而使得和灯管并联的启辉器因电压过低而不再启辉。

微课
日光灯工作原理

【议一议】

如果将日光灯上的启辉器或镇流器除去，日光灯还能点亮吗？为什么？

二、日光灯电路中的能量转换及功率

1. 灯管

灯管为纯电阻性负载，将电源的电能转换成光能，消耗有功功率。

2. 镇流器

镇流器是一个电感线圈，线圈电阻很小，可忽略，为纯电感元件。它不消耗电能，有功功率为 0，只有线圈与电源间的能量交换，即消耗无功功率。

3. RL 串联电路的总阻抗、总电压、总电流

RL 串联电路的总阻抗为

$$Z=\sqrt{R^2+X_L^2}$$

RL 串联电路的总电压为

$$U=\sqrt{U_R^2+U_L^2}$$

电阻 R、感抗 X_L、总阻抗 Z 三者的关系是直角三角形的关系。电阻上的电压 U_R、电感上的电压 U_L、RL 串联电路的总电压 U 三者的关系也是直角三角形的关系。

RL 串联电路的总电流为

$$I=\frac{U}{Z}$$

4. 电源提供的总功率

电源提供的总功率称为视在功率，用字母 S 表示。视在功率的单位是 VA（伏安），其表达式是

$$S=UI$$

有功功率 P、无功功率 Q、视在功率 S 三者之间也是直角三角形关系，即

$$S=\sqrt{P^2+Q^2}$$

日光灯电路中消耗的有功功率还可表示为

$$P=UI\cos\varphi$$

无功功率还可表示为

$$Q=UI\sin\varphi$$

式中，φ 为电路中电压和电流之间的相位差。

例 2–5　已知电感线圈的电阻 R=6 Ω，电感 L=25.5 mH，若把它接在 U=220 V，频率 f =50 Hz 的正弦交流电源上，求：

（1）电路中的电流。

（2）有功功率。

（3）无功功率。

（4）视在功率。

解　（1）$X_L=2\pi fL=2\times3.14\times50\times25.5\times10^{-3}\approx8\ \Omega$

$Z=\sqrt{R^2+X_L^2}=\sqrt{6^2+8^2}=10\ \Omega$

电路中的电流为 $I=\dfrac{U}{Z}=\dfrac{220}{10}=22\ \text{A}$

（2）有功功率为 $P=I^2R=22^2\times6=2\,904\ \text{W}$

（3）无功功率为 $Q=I^2X_L=22^2\times8=3\,872\ \text{var}$

（4）视在功率为 $S=UI=220\times22=4\,840\ \text{VA}$

三、日光灯电路常见故障的现象、可能原因及排除方法

日光灯电路常见故障的现象、可能原因及排除方法见表 2–3。

表 2-3　日光灯电路常见故障的现象、可能原因及排除方法

故障现象	产生故障的可能原因	排除方法
灯管不发光	(1)停电或熔丝烧断导致无电源 (2)灯座触点接触不良或电路接触不良 (3)启辉器损坏或与基座触点接触不良 (4)镇流器绕组或管内灯丝断裂或脱落	(1)找出断电原因，检修好故障后恢复送电 (2)重新安装灯管或连接松散线头 (3)旋动启辉器看是否损坏，再检查线头是否脱落 (4)用欧姆表检测绕组和灯丝是否开路
灯丝两端发亮	启辉器接触不良，或内部小电容击穿，或基座线头脱落，或启辉器已损坏	按上一个故障的排除方法(3)检查，若启辉器内部电容击穿，可剪去继续使用
启辉困难(灯管两端不断闪烁，中间不亮)	(1)启辉器不配套 (2)电源电压太低 (3)环境温度太低 (4)镇流器不配套，启辉器电流过小 (5)灯管老化	(1)换配套启辉器 (2)调整电压或降低线损，使电压保持在额定值 (3)对灯管热敷(注意安全) (4)更换配套镇流器 (5)更换灯管
灯管闪烁或管内有螺旋形滚动光带	(1)启辉器或镇流器连接不良 (2)镇流器不配套(工作电压过大) (3)新灯管暂时现象 (4)电源电压过高	(1)接好连接点 (2)更换配套镇流器 (3)使用一段时间会自行消失 (4)更换灯管
镇流器过热	(1)镇流器质量差 (2)启辉系统不良，使镇流器负担加重 (3)镇流器不配套 (4)电源电压过高	(1)温度超过 65℃应更换镇流器 (2)排除启辉系统故障 (3)更换配套镇流器 (4)调低电压至额定值
镇流器异响	(1)铁心叠片松动 (2)铁心硅钢片质量差 (3)绕组内部短路(伴随过热现象) (4)电源电压过高	(1)紧固铁心 (2)更换硅钢片或整个镇流器 (3)更换绕组或整个镇流器 (4)调低电压至额定值
灯管两端发黑	(1)灯管老化 (2)启辉不佳 (3)电压过高 (4)镇流器不配套	(1)更换灯管 (2)排除启辉系统故障 (3)调低电压至额定值 (4)更换配套镇流器
灯管光通量下降	(1)灯管老化 (2)电压过低 (3)灯管处于冷风直吹位置	(1)更换灯管 (2)调整电压，缩短电源线路 (3)采取遮风措施
开灯后灯管马上烧毁	(1)电压过高 (2)镇流器短路	(1)检查电压过高原因并排除 (2)更换镇流器
断电后灯管仍发微光	(1)荧光粉余辉特性 (2)开关接到零线上	(1)等待微光自行消失 (2)将开关改接至相线上

知识拓展

两地控制灯的照明线路

用一只单联开关控制楼道口的灯，无论是装在楼上还是楼下，开灯和关灯都不方便。装在楼下，上楼时开灯方便，到楼上就无法关灯；反之，装在楼上同样不方便。因此，为了使用方便和节约用电，在楼上、楼下各装一只双联开关同时控制楼道口的这盏灯，这就是用两只双联开关控制一只白炽灯电路。

1. 双联开关

双联开关的结构如图 2–20 所示。

双联开关有三个接线端，其中接线端 1 为连接铜片（简称连片），它就像一个活动的桥梁，无论怎样拨动开关，连片 1 总要与接线端 2、3 中的任意一个保持接触，从而达到控制电路通断的目的。

2. 控制电路原理

双联开关灯控制电路原理如图 2–21 所示。

图 2–20 双联开关的结构

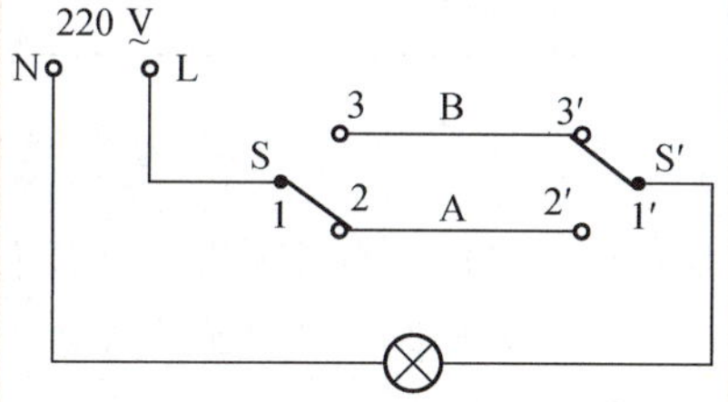

图 2–21 双联开关灯控制电路原理

由图2–21可知，两只双联开关S、S′ 串联后再与灯座串联。双联开关S的连片1接相线（即火线），双联开关 S′ 的连片 1′ 接灯座；双联开关 S 的接线端 2 和双联开关 S′ 的接线端 2′ 相连接；双联开关 S 的接线端3和双联开关S′ 的接线端3′ 相连接；分别构成A和B两条通路。此时任意拨动双联开关S或S′，均可接通 A、B 中任意一条线路而使灯泡发光：1 和 2、1′ 和 2′ 相接触，构成 A 路通；1 和 3、1′ 和 3′ 相接触，构成 B 路通。再任意拨动双联开关 S 或 S′，A、B 两条线路均断开，灯泡不亮，即 1 和 2、1′ 和 3′ 相接触或 1 和 3、1′ 和 2′ 相接触。

3. 控制电路的安装

两地控制灯照明线路的安装接线图如图 2–22 所示。

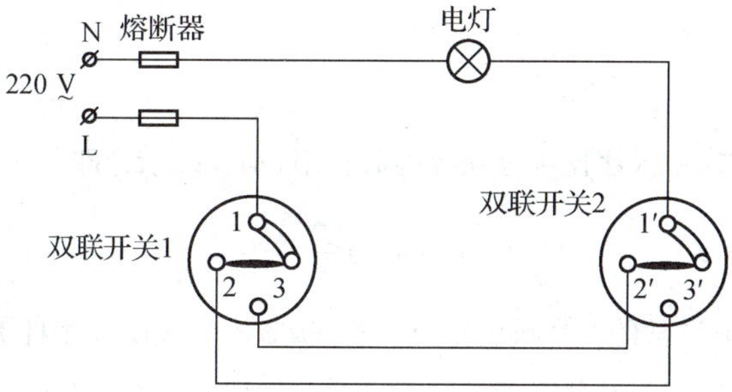

图 2–22 两地控制灯照明线路的安装接线图

第一章 第二章 第三章 第四章 第五章 第六章 第七章 第八章

第四节 功率因数及其提高的方法

【做一做】

（1）按图 2-23 连接好线路。

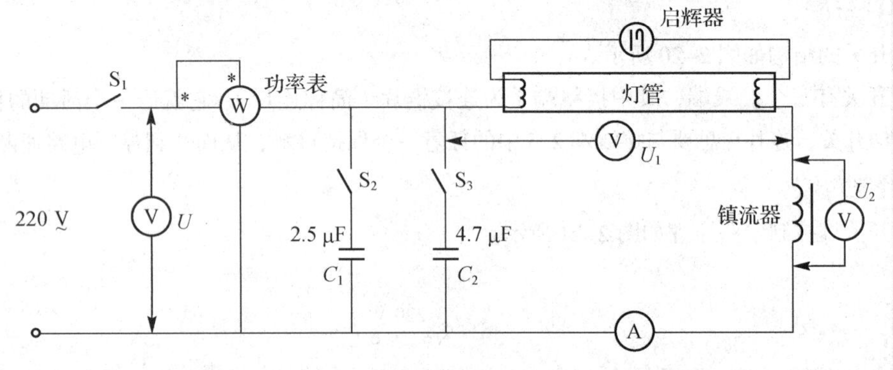

图 2-23 功率因数测量电路

（2）不接入电容器时，用功率表、电流表、万用表分别测量电路的功率 P、电流 I 和电源两端电压 U、灯管上电压 U_1、镇流器上电压 U_2。

（3）单独接入电容器 C_1 后，分别测量 P、I、U、U_1、U_2。

（4）同时接入电容器 C_1、C_2 后，分别测量 P、I、U、U_1、U_2。

（5）将测量数据填入表 2-4。

表 2-4 功率因数的测量

电路特征	测量结果					计算结果
	P/W	I/A	U/V	U_1/V	U_2/V	$\cos\varphi=P/UI$
不接入电容器时						
只接入 C_1 时						
同时接入 C_1、C_2 时						

一、功率因数的概念

把有功功率 P 和视在功率 S 之比称为功率因数，用 $\cos\varphi$ 表示，即

$$\cos\varphi=\frac{P}{S}$$

功率因数 $\cos\varphi$ 是用电设备的一个重要指标。若 $\cos\varphi<1$，表明在感性负载的电路中，有功功率只占电源容量的一部分，还有一部分能量并没有消耗在负载上，而是与电源之间反复进行交换，这就是无功功率，它也占用了电源的部分容量。

二、提高功率因数的意义

1. 充分利用电源设备的容量

假设电源设备的容量 S=40 kVA，功率因数 $\cos\varphi$=0.4，可接 40 W 的日光灯 400 盏，如果接 40 W 的白炽灯，功率因数 $\cos\varphi$=1，则能接 1 000 盏。因此，功率因数越大，表示电路中用电器的有功功率越大，电能的利用率越高。

2. 减少供电线路的功率损耗

在电源电压一定的情况下，对于相同功率的负载，功率因数越小，电流越大，供电线路上的电压降和功率损耗也越大。

例如，220 V/40 W 的白炽灯（$\cos\varphi$=1）的电流为 0.18 A；而 220 V/40 W 的日光灯，因其功率因数 $\cos\varphi$=0.4，所以电流为 0.455 A。显然，经过线路电阻带来的电压降和功率损耗也要大得多。

三、提高功率因数的方法

1. 感性负载两端并联电容器

在感性负载两端并联一个容量适当的电容器，可以提高功率因数。如日光灯电路，由于镇流器具有较大的电感，因此，日光灯电路的功率因数较小。可以在灯管两端并联电容器，如图 2-24 所示，使电容器与电感线圈之间进行能量互换，从而使电阻消耗的有功功率提高。

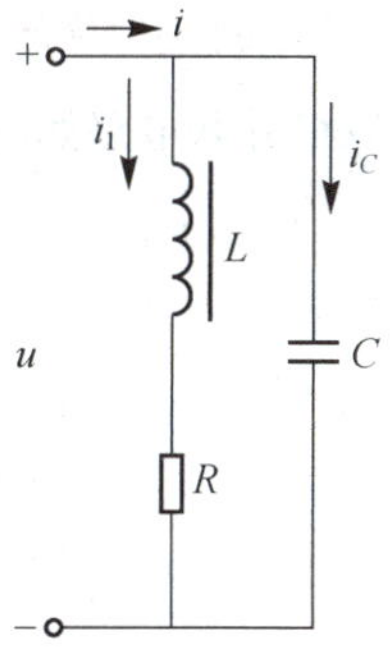

图 2-24 并联电容器

2. 提高自然功率因数

在工业生产中，要合理选用电动机。要求：

（1）避免用容量大的电动机来带动小功率的负载。

（2）尽量不让电动机空转。

例 2-6 某发电机的输出电压为 220 V，视在功率为 220 kVA，如向电压为 220 V、$\cos\varphi$=0.8、有功功率为 44 kW 的工厂供电，问：

（1）该发电机能同时供给几个工厂使用?

（2）若把 $\cos\varphi$ 提高到 1，该发电机能同时供给几个工厂使用?

解 （1）发电机的输出电流为 $I=\dfrac{S}{U}=\dfrac{220\times10^3}{220}=1\,000\ \text{A}$

每个工厂取用电源的电流为 $I'=\dfrac{P}{U\cos\varphi}=\dfrac{44\times10^3}{220\times0.8}=250\ \text{A}$

该发电机能同时供给的工厂数为 $n=\dfrac{I}{I'}=\dfrac{1\,000}{250}=4$

（2）若把 $\cos\varphi$ 提高到 1，每个工厂取用电源的电流为

$$I''=\frac{P}{U\cos\varphi}=\frac{44\times10^3}{220\times1}=200\ \text{A}$$

该发电机能同时供给的工厂数为 $n=\dfrac{I}{I''}=\dfrac{1\,000}{200}=5$

知识拓展

电路中的谐振

1. 谐振的概念

将由电阻、电感、电容组成的电路接入正弦交流电源后，若电路两端的电压与通过电路的电流同相（即 $X_L=X_C$），电路呈电阻性，这种电路工作状态称为谐振。发生在串联电路中的谐振称为串联谐振，发生在并联电路中的谐振称为并联谐振。

2. 串联电路的谐振

RLC 串联电路如图 2–25 所示。串联谐振时，电路的阻抗 $Z=R$，谐振频率为

$$f_0=\frac{1}{2\pi\sqrt{LC}}$$

此时若外加电压不变，则电路中的电流最大。

3. 并联电路的谐振

RLC 并联电路如图 2–26 所示。并联谐振时，电路的阻抗 $Z=L/RC$，谐振频率为

$$f_0=\frac{1}{2\pi\sqrt{LC}}$$

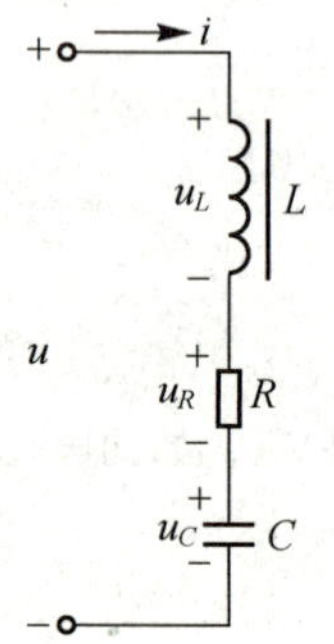

图 2–25 *RLC* 串联电路

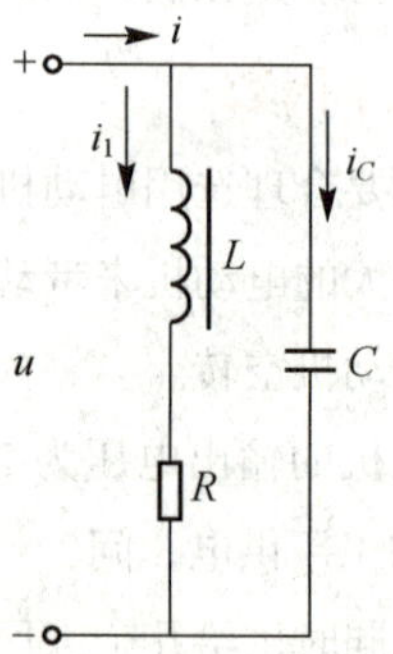

图 2–26 *RLC* 并联电路

此时若外加电压不变，则电路中的电流最小。

【议一议】

在生活中，哪些电器运用了谐振原理？

护套线照明电路的安装

1. 护套线敷设

护套线分为塑料护套线、橡胶护套线和铅包线三种。塑料护套线是一种具有塑料保护层的双芯

或多芯绝缘导线，具有防潮、耐酸和耐腐蚀、线路造价较低和安装方便等优点。其可以敷设在建筑物的表面，用铝线卡作为导线的支持物。塑料护套线敷设的施工方法简单，线路整齐美观，造价低廉，广泛用于电气照明及其他配电线路。但塑料护套线不宜直接埋入抹灰层内暗配敷设，且不得在室外露天场所明配敷设。同时，由于导线的截面积较小，大容量电路不能采用。

1）护套线照明电路配线安装示意图及原理图

护套线照明电路配线安装示意图如图 2-27 所示，护套线接线原理图如图 2-28 所示。

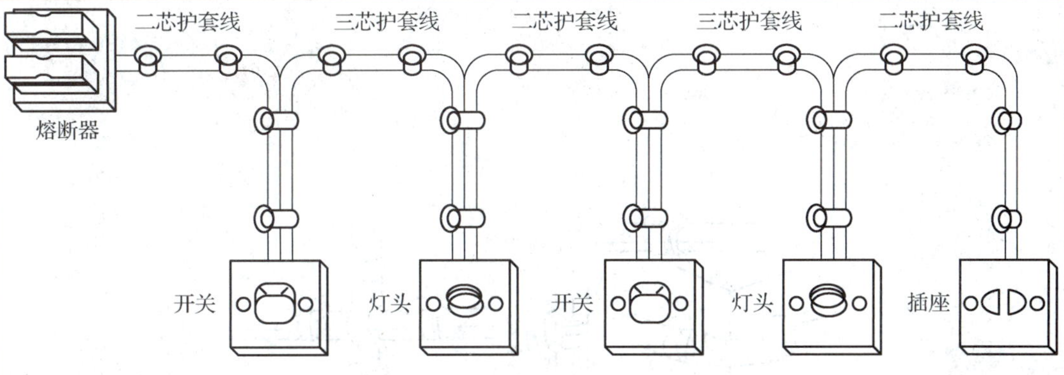

图 2-27　护套线照明电路配线安装示意图

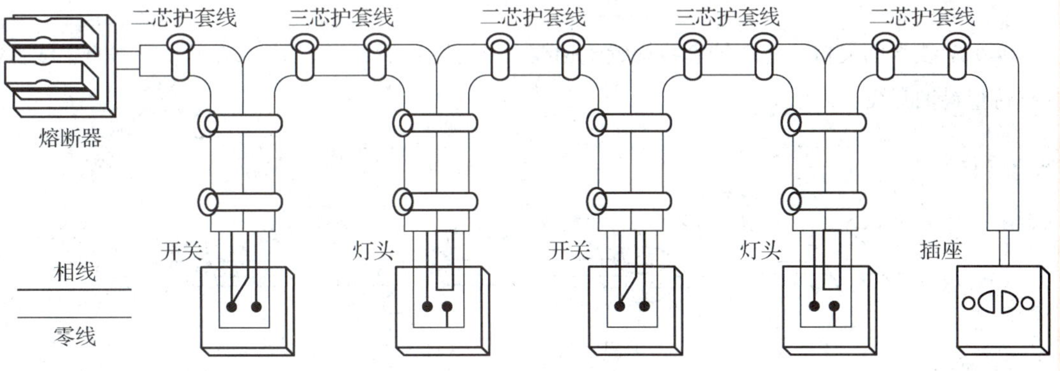

图 2-28　护套线接线原理图

2）护套线照明电路配线安装方法

（1）画线定位。先确定线路走向、各用电器的安装位置，然后用弹线袋画线，同时按塑料护套线的安装要求，每隔 150~300 mm 画出固定铝线卡的位置。距开关、插座和灯具的接线盒 50 mm 处都需要设置铝线卡的固定点。

（2）固定铝线卡。铝线卡的规格有 0、1、2、3 和 4 号，号码越大，长度越长。在室内外照明线路中通常用 0 号和 1 号铝线卡，但主要还是按导线根数和规格选用。按固定的方式不同，铝线卡的形状分小铁钉固定和用黏接剂固定两种，如图 2-29 所示。

（3）导线敷设。放线工作是保证塑料护套线敷设质量的重要环节，不可使导线产生扭曲现象。

为使导线整齐美观，须将导线敷得横平竖直。敷设时，一手持导线，另一手将导线固定在铝线卡上，如图 2–30 所示。如需转弯，弯曲半径不应小于护套线宽度的 3~6 倍，转弯前后应各用一个铝线卡夹住，如图 2–31 所示。

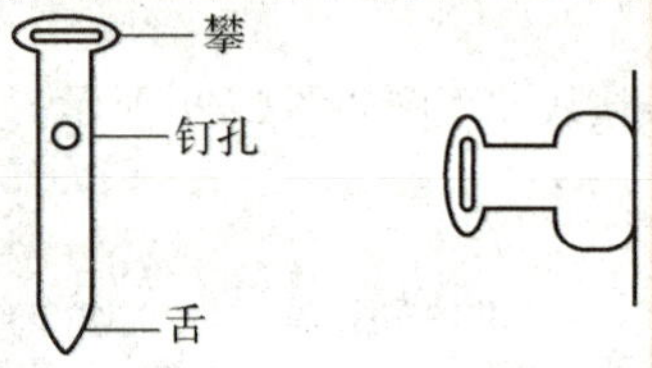

图 2–29　固定铝线卡

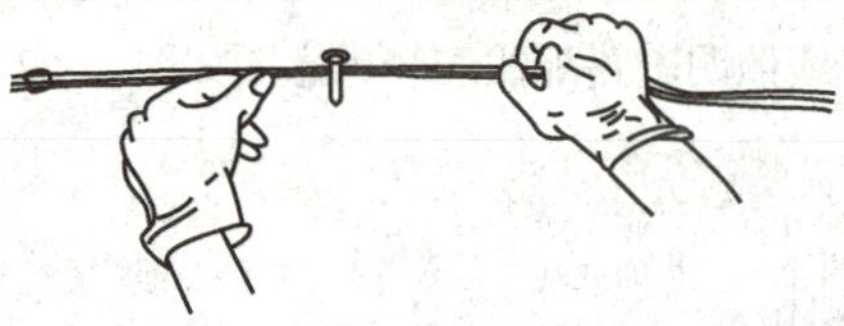
图 2–30　导线敷设

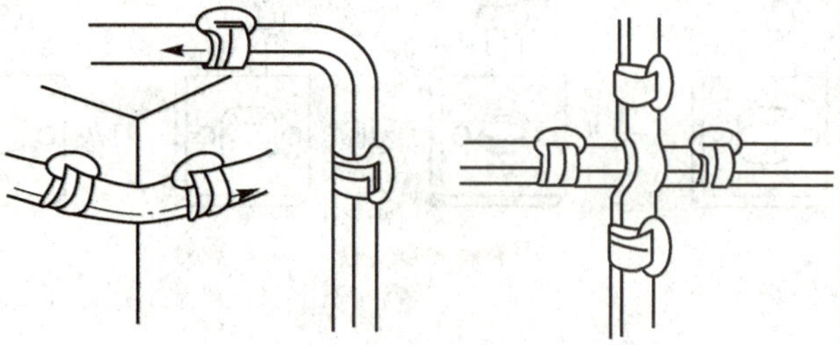
图 2–31　导线转弯

（4）铝线卡的夹持。塑料护套线均置于铝线卡的钉孔位后，可按图 2–32 所示方法将铝线卡收紧夹持塑料护套线。

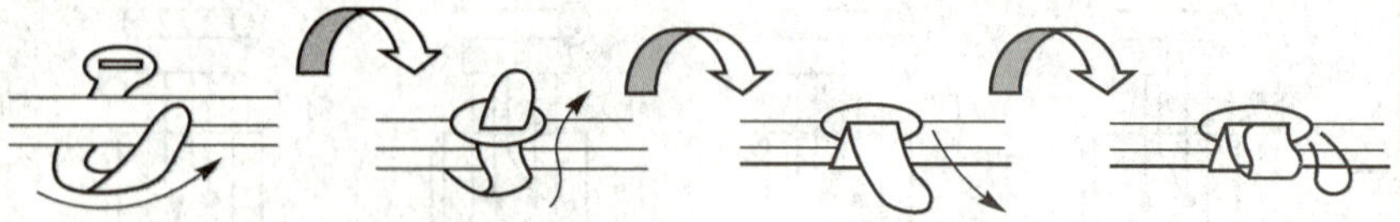
图 2–32　铝线卡的夹持

（5）照明装置安装。将开关、灯头、插座安装在木台上，并连接导线。三芯护套线红芯线为相线，蓝芯线为开关来回线，黑芯线为中性线。

2. 安装要求

（1）室内使用的护套线的截面积规定为：铜芯不得小于 0.5 mm^2，铝芯不得小于 1.5 mm^2。

（2）线路要求整齐美观，导线横平竖直。当几根护套线平行敷设时，应敷设紧密，线与线之间不能有明显空隙。

（3）护套线在线路上不可将线与线直接连接，而应采用接线盒或借用电器装置的接线端子来连接导线。

（4）安装电器时，开关要装在相线上，后一开关的相线要从前一开关的入端引出；灯头的顶端接线应接在相线上；插座两孔应处于水平位置，相线接右孔，中性线接左孔。

第五节 三相交流电路的基本概念

我们生活中所使用的交流电称为单相交流电，电源和负载是用两根导线连接起来的，只有一个电源供电。而实际中的发电、输电和配电电路广泛采用三相交流电路，作为工厂动力设备的电动机多是三相交流电动机。那么什么是三相交流电路？负载和电源之间如何连接？负载消耗的功率又如何确定？

一、三相对称交流电源的概念

由三个频率相同、振幅相同、初相依次相差 120° 的正弦交流电源按一定方式连接而成的供电系统，称为三相对称交流电源，如图 2–33 所示。

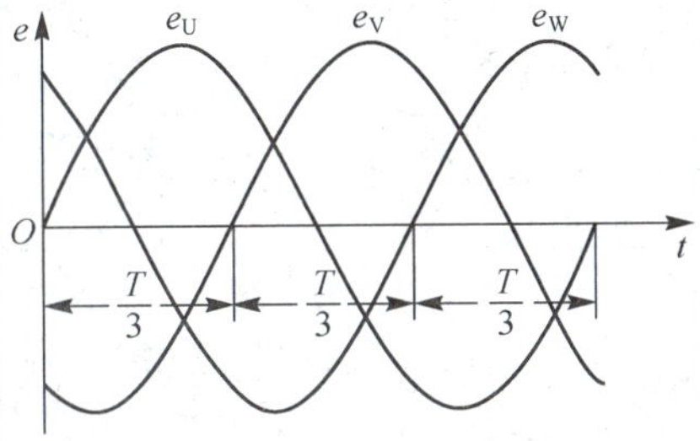

图 2–33 三相对称交流电源

其数学表达式为

$$e_U = E_m \sin \omega t$$

$$e_V = E_m \sin(\omega t - 120^\circ)$$

$$e_W = E_m \sin(\omega t - 240^\circ) = E_m \sin(\omega t + 120^\circ)$$

三相电动势达到最大值的先后顺序称为相序。若达到最大值的先后顺序为 U—V—W—U，称顺相序。若达到最大值的先后顺序为 U—W—V—U，称逆相序。

二、三相电源的连接方式

1. 星形（Y 形）连接

若将电源的三相绕组的末端（U_2、V_2、W_2）连接在一起，分别由三个首端（U_1、V_1、W_1）引出三条输电线 L_1、L_2、L_3，称为星形连接，如图 2–34 所示。这三条输电线称为相线（或火线），用黄、绿、红表示。U_2、V_2、W_2 的连接点称为中性点，从中性点引出的导线称为中性线（或零线），用 N 表示。因它经常接地，又称为地线。中性线用黄绿相间的颜色表示。这种由三根相线和一根中性线组成的供电线路称为三相四线制线路；若不引出中性线，则称为三相三线制线路。

每相绕组首末两端之间的电压，即每根相线与中性线之间的电压，称为相电压，其有效值用字母 U_P 表示。两根相线之间的电压称为线电压，其有效值用字母 U_L 表示。U_P 与 U_L 之间的大小关系为

$$U_L = \sqrt{3} U_P$$

由此可知，若线电压为 380 V，则相电压为 220 V。

2. 三角形（△形）连接

若将电源的三相绕组的首末端依次连接，组成一个三角形，从三角形的三个顶点引出三根输电线，称为三角形连接，如图 2-35 所示。此时

$$U_L = U_P$$

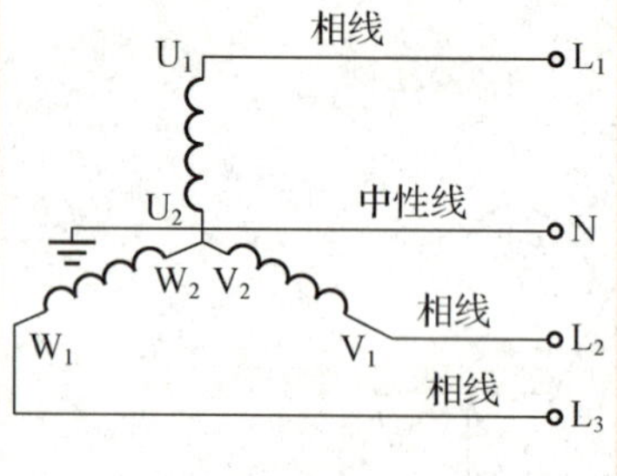

图 2-34 星形连接

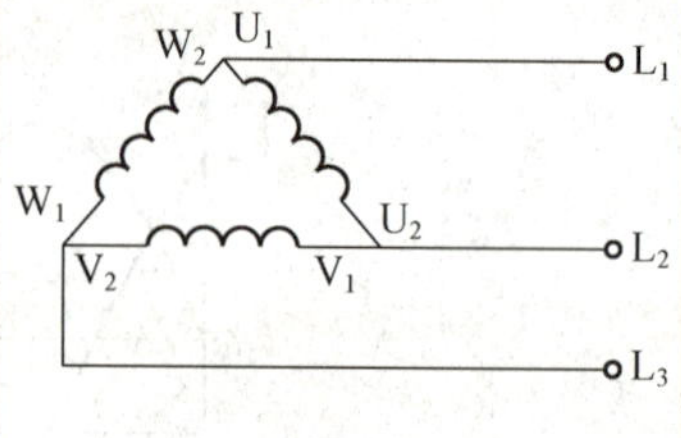

图 2-35 三角形连接

【想一想】

我国的供电方式是星形（Y 形）连接还是三角形（△形）连接？

三、三相负载的连接方式

1. 三相负载的概念

三相用电器，如三相电动机、三相电炉和三组单相用电器（如照明用的三组单相白炽灯泡），统称为三相负载。

2. 三相负载的星形连接

若把三相负载的一端接到一起，另一端分别与三相电源的三根相线相接，称为星形连接，如图 2-36 所示。对于三相电路中的每相来说，就是一个单相电路。

在三相电路中，每相负载两端的电压称为负载的相电压，其有效值用字母 U_P 表示。流过每相负载的电流称为相电流，其有效值用字母 I_P 表示。流过相线的电流称为线电流，其有效值用字母 I_L 表示。

若三相负载为阻抗完全相同的负载（称三相对称负载），则可以采用三相三线制供电；若三相负载不对称，则必须采用三相四线制供电。如图 2-37 所示的三组照明灯具，为保证中性线的存在，不允许在中性线上安装开关或熔断器。

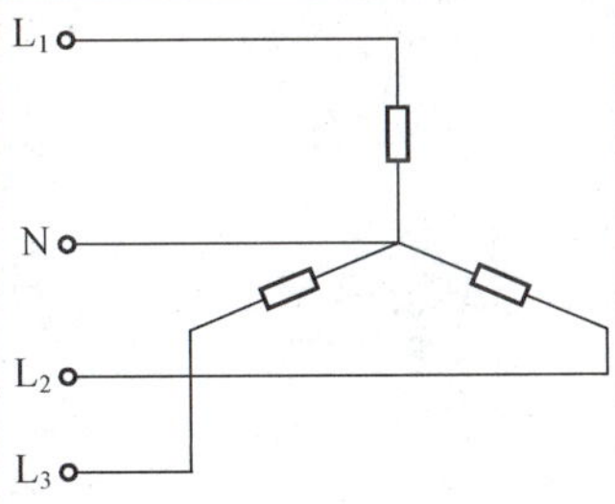

图 2-36 三相负载的星形连接

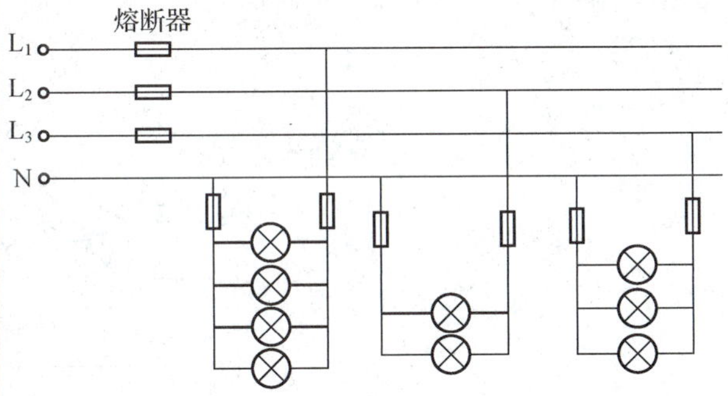

图 2-37 三组照明灯具

三相对称负载做星形连接时，线电压与相电压、线电流与相电流之间的大小关系是

$$U_L = \sqrt{3}U_P$$

$$I_L = I_P$$

【想一想】

教学楼中各教室的供电，应采用什么方式？在三相四线制供电系统中，为保证中线的存在，不允许在中性线上安装开关或熔断器，那么应安装在哪里？

3. 三相负载的三角形连接

把三相负载分别接在三相电源的每两根相线之间，即形成三角形接法，如图 2-38 所示。

三相对称负载做三角形连接时，线电压与相电压、线电流与相电流之间的大小关系是

$$U_L = U_P$$

$$I_L = \sqrt{3}I_P$$

在工厂的动力设备中，很多三相异步电动机都采用三角形连接方式。

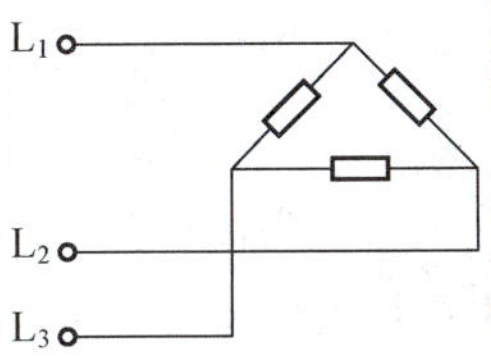

图 2-38 三相负载的三角形连接

四、三相电功率

三相电路的电功率等于各相电功率之和。对于三相对称负载来说，其有功功率 P、无功功率 Q、视在功率 S 分别为

$$P = \sqrt{3}U_L I_L \cos\varphi$$

$$Q = \sqrt{3}U_L I_L \sin\varphi$$

$$S = \sqrt{3}U_L I_L$$

例 2-7 在三相四线制电路中接入三组白炽灯用以照明，已知各相的灯丝电阻为 R_U=5 Ω，R_V=10 Ω，R_W=20 Ω，电源的线电压为 380 V，白炽灯的额定电压为 220 V。电路如图 2-39 所示。试求：

（1）U 相断开时，V 相和 W 相的电压、电流及工作情况。

（2）U 相和中性线都断开时，V 相和 W 相的电压、电流及工作情况。

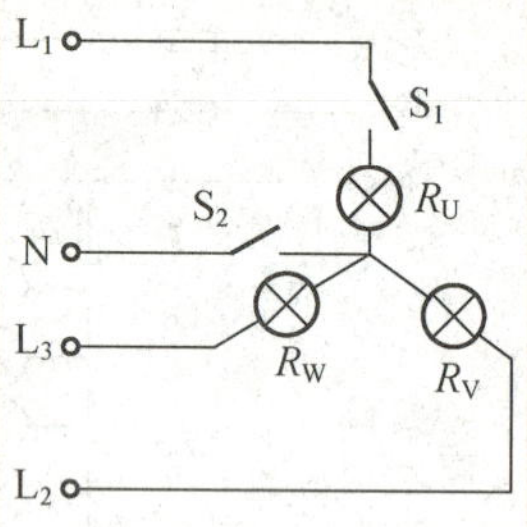

图 2-39 例 2-7 图

解 （1）U 相断开，中性线存在时，V 相与 W 相的电压均不变：

$$U_V = U_W = U_L / \sqrt{3} = 220\ \text{V}$$

V 相和 W 相的电流为

$$I_V = \frac{U_V}{R_V} = \frac{220}{10} = 22\ \text{A}$$

$$I_W = \frac{U_W}{R_W} = \frac{220}{20} = 11\ \text{A}$$

U 相断开时，因中性线存在，各相电压不变，故 V 相和 W 相仍能正常工作，不受 U 相影响。

（2）U 相和中性线断开时，V 相和 W 相形成串联电路接在两根端线之间，电路中的电流为

$$I = I_V = I_W = \frac{U_L}{R_V + R_W} = \frac{380}{10+20} \approx 12.67\ \text{A}$$

V 相和 W 相各分得的电压为

$$U_V = I_V R_V = 12.67 \times 10 \approx 127\ \text{V}$$
$$U_W = I_W R_W = 12.67 \times 20 \approx 253\ \text{V}$$

可见，中性线断开后，各相不再彼此独立。故当 U 相断开时，W 相上的白炽灯因分压超过额定电压烧断灯丝而损坏，致使 V 相断路而不能正常工作。

知识拓展

钳形电流表

1. 钳形电流表的结构及用途

钳形电流表俗称卡表。早期生产的钳形电流表只用来测量交流电流，它的优点是在不断开电路，即被测电路正常运行的情况下，能方便地测出电路中的工作电流。现在生产的钳形电流表

已可测电流、电压、电阻等，而且不但有指针式的，还有数字式的。图 2-40 所示为指针式钳形电流表的外形结构图。它由表头和一个二次缠绕在钳形铁心上的电流互感器组成。钳形铁心像钳子一样可以张开，测量时将被测导线夹在钳口内，就可以在不切断负荷的情况下测出运行中的线路电流。此外，钳形电流表还可以测量零序电流，用以判断三相线路是否有断相现象或不平衡现象。

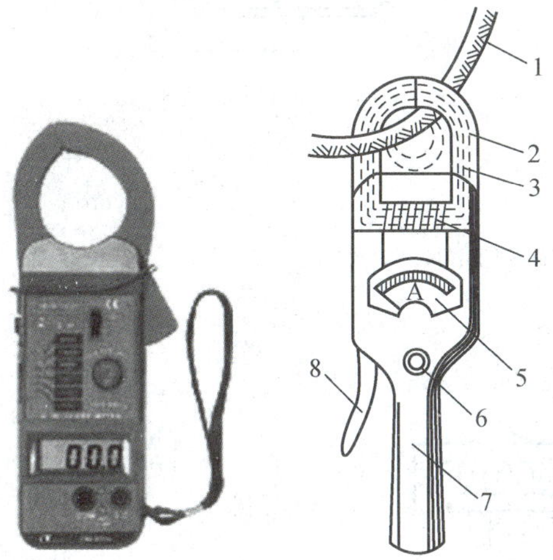

1—被测导线；2—活动铁心；3—磁通；4—线圈；
5—电流表；6—量程开关；7—表把；8—手柄。

图 2-40 指针式钳形电流表的外形结构图

2. 钳形电流表的使用方法

（1）测量前应先估计被测电流的大小，选择合适的量程（可将挡位先调到最大，然后逐步向低挡位调整）。

（2）测量时，被测导线应放在钳口中央，以减少误差。测量较小电流（如 5 A 以下）时，为获得较准确的读数，在条件许可时（截面等）可把导线绕几圈放在钳口内进行测量。最终测量结果为表头测出的数值除以放进钳口内的导线根数。

（3）为使读数准确，钳口两个面应保证很好的接触，如有杂音可将钳口重合一次，如仍有杂音，应对钳口进行除污物处理。

（4）测量完毕，须将量程开关放在最大挡位，以防下次使用时损伤电表。

单相交流电能表

1. 电能表的外形、结构及工作原理

1）电能表的外形

感应系单相电能表的外形如图 2-41 所示。

第一章 第二章 第三章 第四章 第五章 第六章 第七章 第八章

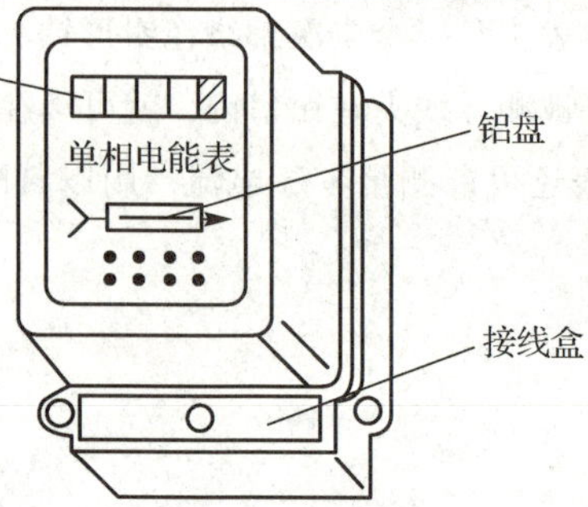

图 2-41 感应系单相电能表的外形

2）电能表的结构

单相电能表的结构如图 2-42 所示。

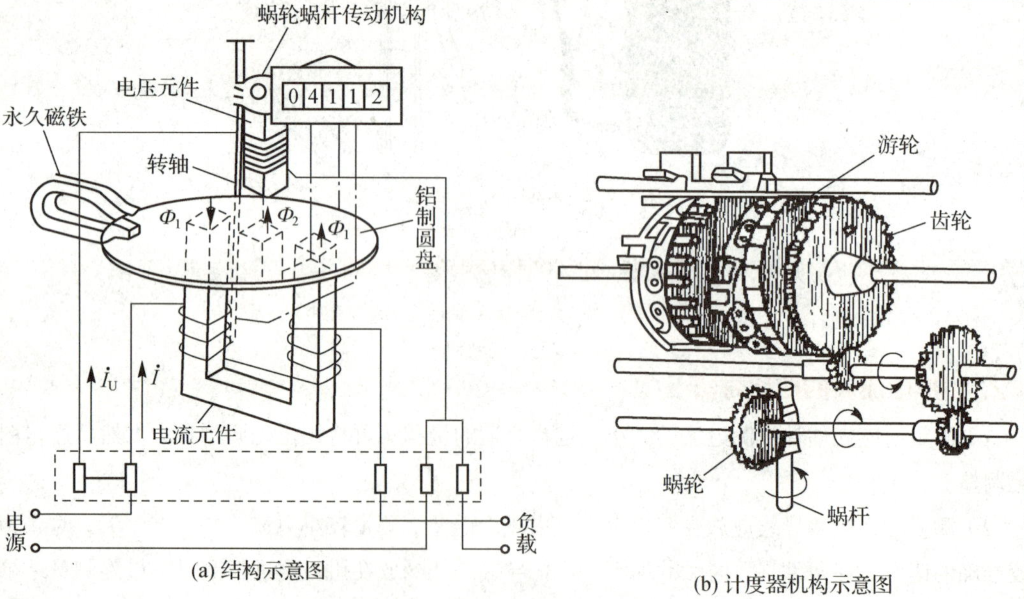

图 2-42 单相电能表的结构

（1）驱动部分。驱动部分由电流元件和电压元件组成，用来将交变的电流和电压转变为交变的磁通，切割圆盘形成转动力矩，使圆盘转动。

（2）转动部分。转动部分由铝制圆盘和转轴等部件组成，它能在驱动部分所建立的交变磁场作用下连续转动。

（3）制动部分。制动部分由制动永久磁铁和铝制圆盘等部件组成，其作用是在圆盘转动时产生制动力矩，使圆盘转速与负载的功率大小成正比，从而使电能表能反映出负载所消耗的电能。

（4）积算机构。积算机构由一套计数装置组成，用来计算电能表圆盘的转数，以显示所测定的电能。

以上四个部分称为一套电磁系统。单相电能表具有一套电磁系统，又称单元件电能表。

三相交流电能表的结构与单相交流电能表相似，它是把两套或三套单相电能表机构套在同一个轴上组成，只用一个积算机构。由两套组成的称为两元件电能表，由三套组成的称为三元件电能表。前者用于三相三线制电路，后者用于三相三线制及三相四线制电路。

3）电能表的工作原理

电能表是根据电磁感应原理工作的。当交流电流通过电能表的电流线圈和电压线圈时，在线圈中会产生交变磁通，该磁通穿过铝盘时，在铝盘上产生涡流，而这些涡流又与交变磁通相互作用产生电磁力矩，驱动铝盘转动。同时，转动的铝盘又在制动磁铁的磁场中，故也会在铝盘中产生涡流，制动磁铁的磁场与这个涡流相互作用，从而产生制动力矩，制动力矩的大小与铝盘的转速成正比。当转动力矩与制动力矩平衡时，铝盘以稳定的速度转动。其转速与被测负载的功率成正比，根据其转速即可测量出负载所消耗的电能。

2. 电能表的使用

1）电能表的读数

使用电能表计算用户消耗的电能时，应将用户这一次电能表的读数减去上一次电能表的读数，差值即为在这一段时间内用户消耗的电能。

2）电能表的选择

（1）电能表类型的选择。根据任务要求，适当选择电能表的类型。单相用电时（一般家庭为此种用电），选择单相电能表；三相用电时选择三相四线制、三相三线制电能表，除成套配电设备外，一般不采用三相三线制电能表。

（2）电能表额定电压、额定电流的选择。电能表铭牌上都标有额定电压和额定电流，使用时，要根据负载的最大电流、额定电压及要求测量的准确度选择电能表的型号。应使电能表的额定电压与负载的额定电压相符；而电能表的额定电流应大于或等于负载的最大电流。

3）电能表使用注意事项

（1）接线前，检查电能表的型号、规格，应与负荷的额定参数相适应；检查电能表的外观，应完好。

（2）根据给定的单相电能表测定或核实其接线端子。具体做法是：用万用表的 R×100 或 R×1k 挡，测定哪两个端子接同一个线圈，并测出该线圈的电阻值；根据电阻值的大小，区分出电压线圈和电流线圈。电压线圈导线细，匝数多，电阻大，一般额定电压 220 V 的电能表的电压线圈的直流电阻为 800~1 200 Ω。电流线圈导线粗，匝数少，电阻小，一般万用表指示为 0 Ω。

（3）与电能表连接的导线必须使用铜芯绝缘导线，导线的截面积应能满足导线的安全载流量及机械强度的要求。

（4）电能表的电压联片（电压小钩）必须连接牢固。

（5）在低压大电流线路中测量电能，电能表须通过电流互感器将电流变小后接入。

4）电能的测量

单相有功电能用单相电能表进行测量。当线路电流不大时，单相电能表可直接接入电路测量。其接线图如图 2–43 所示。

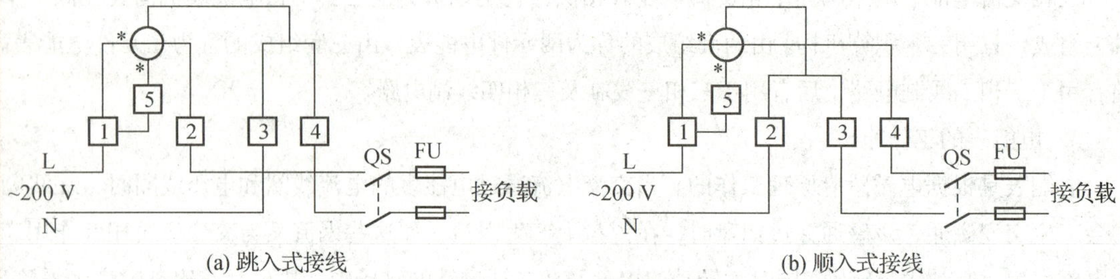

图 2-43　单相有功电能的测量

在对称三相四线制系统中，若三相负载对称，则可用一只电能表测量任意一相电能，然后乘以 3 即得三相总电能。若三相负载不对称，测量方法有两种：一种是利用三个电能表分别接于三相电路中，然后将这三个电能表的读数相加即得三相总电能；另一种是利用三相电能表直接接入电路测量，电能表的读数就是三相总电能。

3. 单相电能表简单故障的排除

电能表是为家用电器及照明灯具计量消耗电能的专用仪表，一般均安装在住宅内。由于电能表长期受环境影响及超负荷运行，也会出现各种故障，如计量偏差、铝盘卡死、走字时快时慢、运行时有噪声等。在日常使用中若出现一些小问题也能自行解决。如涉及表内结构问题，切莫自行启封拆卸，应及时交由电力部门检修处理。这里就电能表日常出现的一些小故障做简单分析并介绍自行解决的方法。

1）接线盒内出现焦煳味

表盘下端的胶木接线盒内产生焦煳味，主要有两方面的原因。一种原因是在安装或更换电路导线时，盒内的固定螺钉未拧紧，当电器用电负荷增大时，螺钉柱因接触不良发热，烧坏胶木盒并伴发焦煳味。取下胶木接线盖后拉下总闸刀，将电源导线全部拆下，重新用刀将线头残留物刮干净，装入接线柱内，拧紧全部螺钉即可以排除故障。另一种原因是从室内接到电能表上的导线质量差，引起铜柱与导线间产生氧化层（特别是安装在环境潮湿、不通风处的电能表容易产生此类问题），从而增大电阻值使接触点发热而损坏接线盒。这时应彻底清除接线盒内的油污及更换导线。有时当用电设备超过电能表实际电流值时，不仅接线盒会损坏，电能表也有可能被强电流击毁，所以当发现表的额定电流与实际所用的电器的负荷相差很大时，应错开使用时间或更换电能表，以防电能表被击毁或发生电气火灾。

2）空载时自行转动

电能表在空载时会自行转动，即住宅内的所有用电设备都未使用，而表的铝盘仍在转动或慢慢爬行。一般来说，当电源电压为额定值的 80%~110% 时，电表铝盘的转动不会超过一圈，属于正常范围（即铝盘顺时针方向转动一圈），但若铝盘微微转动不止，则说明电能表线路有漏电存在，应及时检查处理。如果没有漏电存在，那就是电能表自身的故障，应及时送电力部门检修或更换新表。

3）运行时产生响声

电能表在运行时，有轻微的“嗡嗡”声，属于正常现象。但如果表内产生不规则的杂乱响声，则是由表内部的某些配件老化、电磁场部分元件松动或转动齿轮缺油等原因引起的，应送电力部门检验并更换易损配件。有时，当电能表处于严重超负荷运行时，也会产生不规则的响声，应及时关闭部分电源，以防损坏电能表。

4）铝盘停转或不跳字

电能表是一种精密计量仪表，它在出厂前都经过严格校验，其灵敏度和可靠性、稳定性应达到一定的标准。当负荷电流小于 0.025 A 时，电表铝盘不转动、不跳字属正常现象，如果在较大负荷时仍不转动，很可能是存在铝盘被卡住、铝盘已变形或电磁机构失灵等问题，应及时送检。

5）走字不准

如果怀疑电能表走字不准，可以采用以下方法加以测试。一般在电能表的铭牌上均标注着每消耗一度电铝盘转动多少圈，如标注 3 000 转 /（kW · h）的字样，则表示该表每耗用一度电铝盘转动 3 000 圈。即连续点一盏 100 W 的灯泡每小时耗电 0.1 度，铝盘应转动 300 圈，那么平均每分钟铝盘应转 5 圈左右。经过这样简单的测试便能知道电能表走字是否正常，当测试结果与实际误差很大时，应怀疑电能表有问题。

习 题

一、填空题

2–1 正弦交流电的三要素包括 ________、________、__________。

2–2 日光灯电路可以看成是 ________ 元件与 ________ 元件串联。

2–3 功率因数是 ______ 功率与 ______ 功率的比值。

2–4 我国的供电方式是 ________，民用电压是 _______V，工业用电的电压是 _______V。

2–5 中性线上不允许安装 __________ 和 ____________。

二、选择题

2–6 若照明用交流电 $u=220\sqrt{2}\sin 100\pi t$ V，则以下说法正确的是（　　）。

A. 交流电压最大值为 220 V　　B.1 s 内交流电压方向变化 50 次

C.1 s 内交流电压有 100 次达到最大值　　D. 交流电压有效值为 220 V

2–7 在纯电感交流电路中，电压有效值不变，增加电源频率时，电路中的电流（　　）。

A. 增大　　B. 减小　　C. 不变

2–8 在纯电容交流电路中，电压有效值不变，增加电源频率时，电路中的电流（　　）。

A. 增大　　B. 减小　　C. 不变

2–9 若电路中某元件两端电压 $u=36\sqrt{2}\sin(314t-180^\circ)$ V，电流 $i=4\sin(314t+180^\circ)$ A，则该元件是（　　）。

A. 电阻　　B. 电感　　C. 电容

第一章 第二章 第三章 第四章 第五章 第六章 第七章 第八章

2-10　若电路中某元件两端电压 $u=10\sin(314t+45^\circ)$ V，电流 $i=5\sin(314t+135^\circ)$ A，则该元件是（　　）。

A. 电阻　　　　B. 电感　　　　C. 电容

三、综合题

2-11　为了测定一个空心线圈的参数，在线圈两端加以正弦电压，今测得电压 U=110 V，电流 I=0.5 A，功率 P=40 W，电压的频率 f=50 Hz，试根据测得的数据算出线圈的电感和电阻。

2-12　在高频电炉中，通入 $i=141\sin(1\,256\times10^3t+60^\circ)$ A 的交流电，试求该电流的周期、频率、角频率、最大值、有效值、初相位。

2-13　三相对称负载连成三角形接在 U=380 V 的电源上，已知每相负载的电阻 R=30 Ω，感抗 X_L=40 Ω，试求 I_P、I_L、P、Q、S 的值。

2-14　在线电压为 380 V 的三相三线制供电系统中，接入一星形连接的三相电阻负载，已知 $R_U=R_V=R_W$=500 Ω，求各电阻两端的电压和通过的电流。若一相断开，各电阻两端的电压和电流又为多少?

2-15　在纯电感电路中，电压的相位超前于电流，是否意味着先有电压后有电流?

第三章 常用电气设备基本知识

本章学习要点

（1）熟悉变压器的用途、结构、电路符号，了解其工作原理、主要技术参数、应用中基本的保护知识。

（2）熟悉三相异步电动机的用途、特点、结构、电路符号，了解其工作原理、主要铭牌参数、应用中基本的保护知识。

电与磁之间存在着内在联系而不可分割，几乎所有的电气设备的工作原理都与电和磁紧密相关。

第一节 磁场与电磁感应

一、简单的磁现象

1. 磁体

磁铁矿（Fe_3O_4）能吸引铁、钴、镍等物质，这种矿石称为天然磁铁。物体能吸引铁、钴、镍等物质的性质称为磁性，具有磁性的物体称为磁体。能够长期保持磁性的磁体称为永磁体。永磁体有天然磁体和人造磁体两种。人造磁体通常是用钢或某些合金制成的，有条形、针形、蹄形等形状，如图 3–1 所示。

微课
磁的基本概念

2. 磁极

磁体两端的磁性最强，中间最弱。磁体上磁性最强的部分称为磁极。每个磁体都有两个磁极，两个磁极分别为 N 极和 S 极，如图 3–2 所示。

磁极间存在着相互作用力——磁力。同性磁极相互排斥，异性磁极相互吸引。

3. 磁化

原来没有磁性的铁棒，靠近磁铁时，在磁铁的作用下能获得磁性，这种使原来没有磁性的物体得到磁性的过程称为磁化。

图 3-1 人造磁体

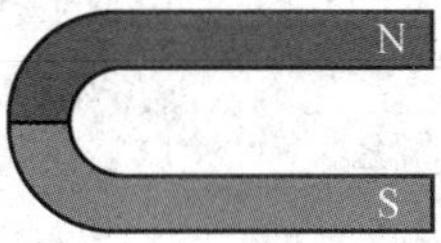

图 3-2 磁极

二、磁场和磁感线

磁体周围空间存在着磁场，磁体间的相互作用是通过磁场发生的。磁场的方向可以用磁感线表示。磁感线是在磁场中画出的一些假想曲线，曲线上每一点的切线方向就是该点的磁场方向。

铁屑在磁场中被磁化，图 3–3 所示为马蹄形磁铁的磁感线。磁铁周围的磁感线，从磁铁的 N 极出来，回到磁铁的 S 极。

三、电流的磁场

一个小磁针放在通电导线旁，小磁针就会转动，如图 3–4 所示。这说明不仅磁体能产生磁场，电流也能产生磁场。电流越大，则其周围空间的磁场越强。可用右手螺旋定则判断通电导线周围磁感线的绕行方向。

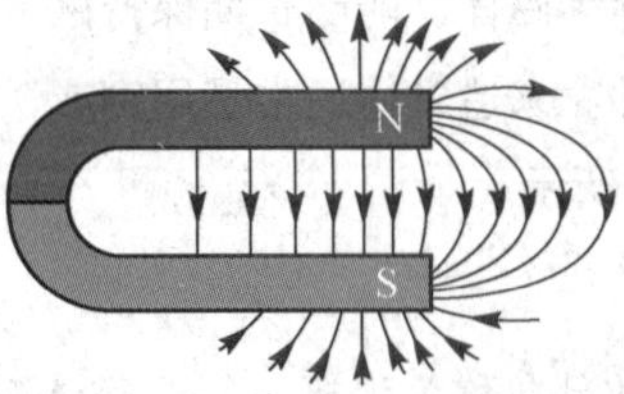

图 3-3 马蹄形磁铁的磁感线

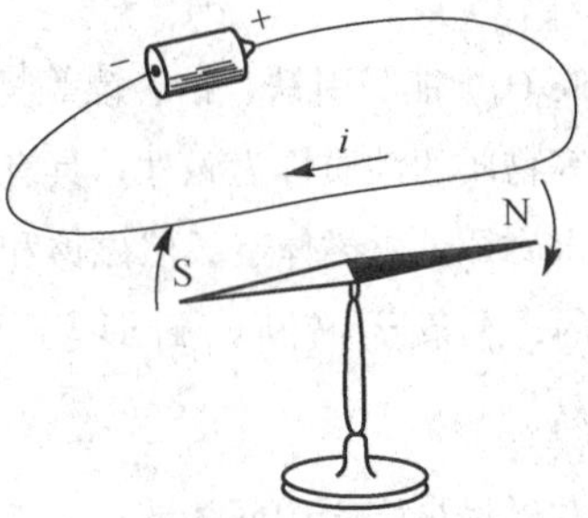

图 3-4 电流磁场使小磁针转动

（1）直电流的磁场。握住直导线，让大拇指指示电流方向，呈握状的四个手指指示的是磁感线的绕行方向，如图 3–5 所示。

（2）环形电流的磁场。让呈握状的四个手指指示环形电流的方向，大拇指指示的是环内磁感线的方向，如图 3–6 所示。

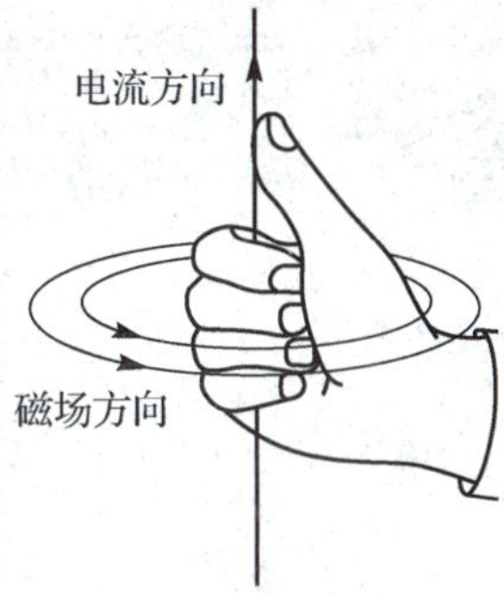

图 3-5 直电流的磁场

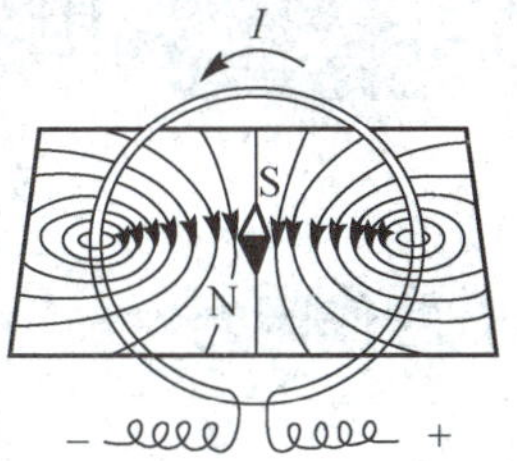

图 3-6 环形电流的磁场

（3）螺线管电流的磁场。让呈握状的四个手指指示螺线管电流的方向，大拇指指示的是螺线管内磁感线的方向，如图 3-7 所示。

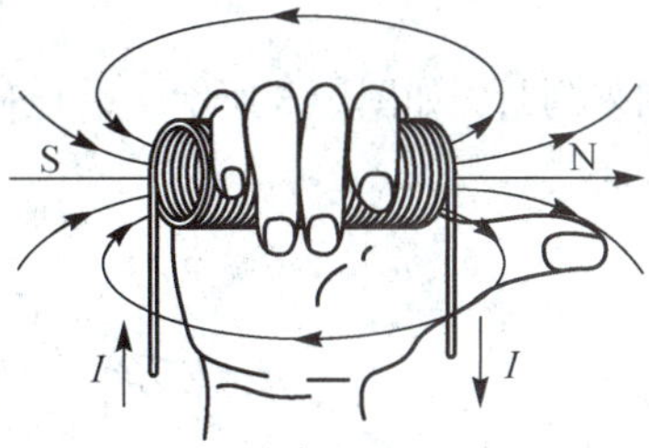

图 3-7 螺线管电流的磁场

四、磁通与磁感应强度

微课
磁场的基本物理量

1. 磁通

穿过某一面积的磁感线数目称为通过该面积的磁通量，简称磁通，用 Φ 表示，单位为韦伯（Wb）。当磁极插向线圈时，线圈中的磁通增大；当磁极拔离线圈时，线圈中的磁通减小。

2. 磁感应强度

磁场中各点的磁感应强度的大小，等于通过在该点的、与磁感线垂直的单位面积上的磁通，即

$$B=\frac{\Phi}{S}$$

磁感应强度 B 的单位为特斯拉（T）。B 为常数时，表示匀强磁场，其磁感线是互相平行的同向直线，且疏密均匀。

第一章 第二章 第三章 第四章 第五章 第六章 第七章 第八章

第二节 电磁感应

一、磁场对电流的作用力

1. 安培力

磁场对磁场中通电导线的作用力通常称为安培力，用 F 表示。在匀强磁场中，当电流方向与磁场方向垂直时，安培力的表达式为

$$F=BIL\ (\text{N})$$

式中，B 为磁感应强度，T；I 为流过磁场中导线的电流，A；L 为导线在磁场中的长度，m。

当电流方向与磁场方向平行时，磁场对通电导线没有力的作用。

2. 左手定则

安培力的方向可以用左手定则来判断。如图 3-8 所示，手心对着 N 极，四指指向电流方向，则大拇指所指的方向就是安培力的方向。

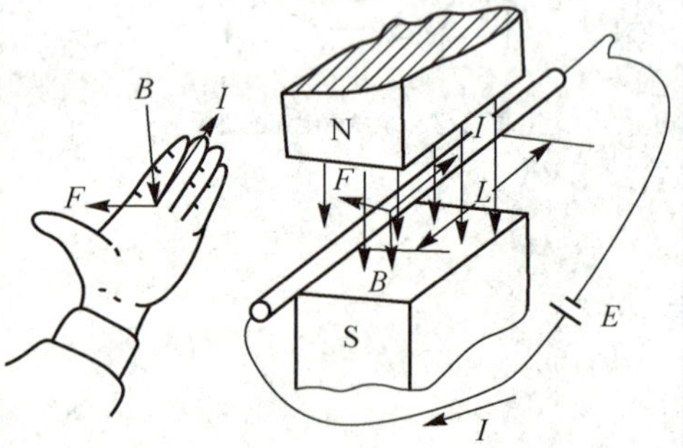

图 3-8　左手定则

微课
电磁感应

二、电磁感应

1. 电磁感应现象

穿过闭合回路中的磁通量发生变化时，闭合回路中就产生了电流，这种现象称为电磁感应，产生的电流称为感应电流。

如图 3-9 所示，当磁铁插入或拔出线圈时，由于线圈的磁通量改变了，灵敏电流计的指针就会发生偏转。

判断感应电流的方向可用右手定则。如图 3-10 所示，手心对着 N 极，大拇指指向导体运动的方向，则四指所指的方向就是感应电流的方向。

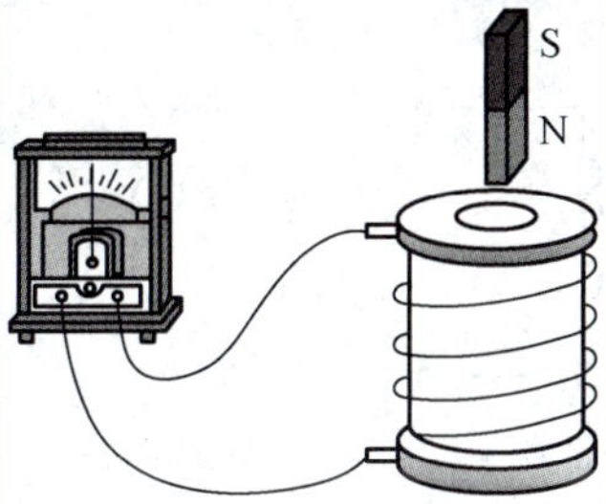

图 3-9 磁铁插入或者拔出线圈时的电磁感应

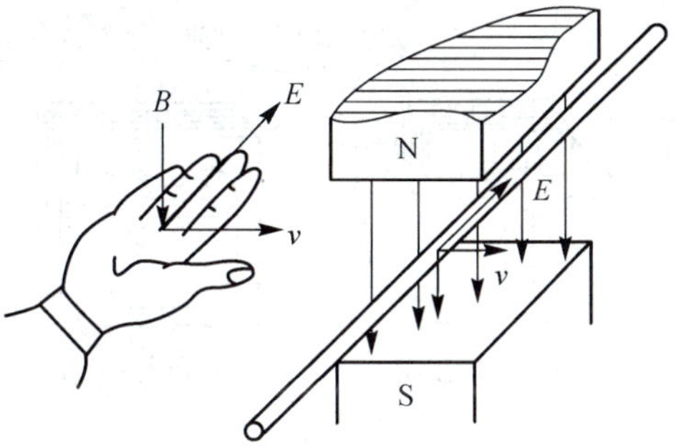

图 3-10 右手定则

2. 电磁感应定律

闭合回路中有了感应电流，表明回路中有电动势存在，这个电动势称为感应电动势。感应电动势的方向与感应电流的方向是一致的。感应电动势的大小为

$$E=N\frac{\Delta\Phi}{\Delta t}$$

这称为电磁感应定律。式中，N 为线圈的匝数。

微课
右手定则

3. 自感与互感

线圈由于本身的电流发生变化而产生感应电动势的现象称为自感。当电流增大时，自感电动势与线圈中原来的电流反向；当电流减少时，自感电动势与线圈中原来的电流同向。

线圈中的电流发生变化而使附近的另一个线圈产生感应电动势的现象称为互感。

【想一想】

（1）为什么一些钞票或邮票上含有特殊的磁化油墨？

（2）发电机如何将机械能转变为电能？

（3）饭卡为什么能存储个人信息？

第三节 变 压 器

一、变压器的基本结构

虽然变压器种类繁多，用途各异，电压等级和容量不同，但变压器的基本结构大致相同。最简单的变压器是由一个闭合的软磁铁心和两个套在铁心上又相互绝缘的绕组所构成的。

绕组又称线圈，是变压器的电路部分。与交流电源相接的绕组称为一次绕组，简称一次；与负载相接的绕组称为二次绕组，简称二次。单相变压器的结构及符号如图 3-11 所示。

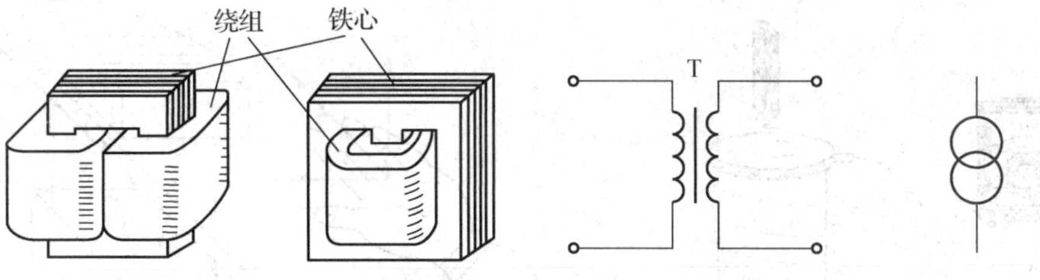

(a) 芯式变压器　(b) 壳式变压器　(c) 电路符号　(d) 工程符号

图 3–11　单相变压器的结构及符号

变压器铁心用厚度为 0.3~0.5 mm 的硅钢片叠成。根据变压器铁心构造及绕组配置情况，变压器有芯式和壳式两种。图 3–12 所示是单相芯式变压器，采用“口”字形铁心。一次、二次绕组分别套在铁心上。芯式变压器和壳式变压器的结构如图 3–12 所示。图 3–13 所示是单相壳式变压器，常用的有“山”字形、“F”字形、“日”字形等铁心。

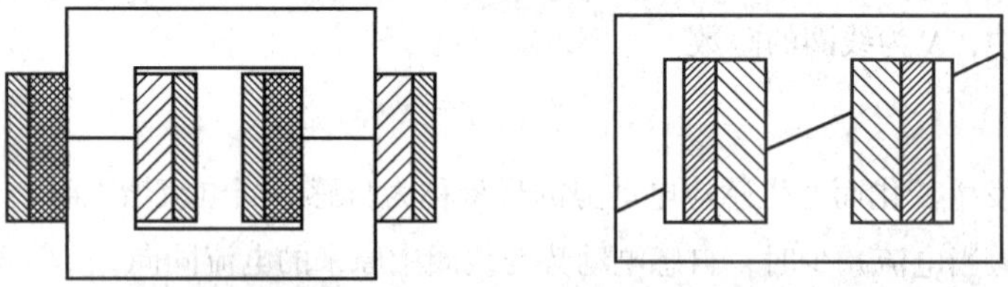

(a) 芯式变压器　(b) 壳式变压器

图 3–12　芯式变压器和壳式变压器的结构

微课
铁心线圈

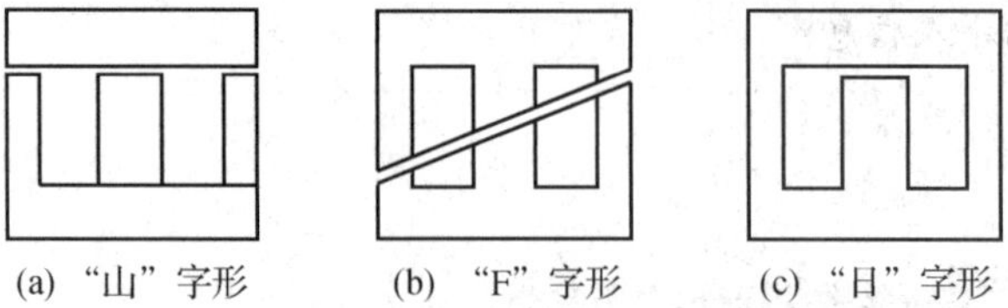

(a) “山”字形　(b) “F”字形　(c) “日”字形

图 3–13　单相壳式变压器的铁心形式

微课
变压器的基本原理

二、变压器的工作原理

图 3–14 所示是单相变压器的工作原理示意图。为了分析问题方便，规定：凡与一次有关的各量，在其符号右下角标以“1”，而与二次有关的各量，在其符号右下角标以“2”。如一次、二次电压、电流、匝数及电动势分别用 U_1、U_2，I_1、I_2，N_1、N_2，E_1、E_2 表示。

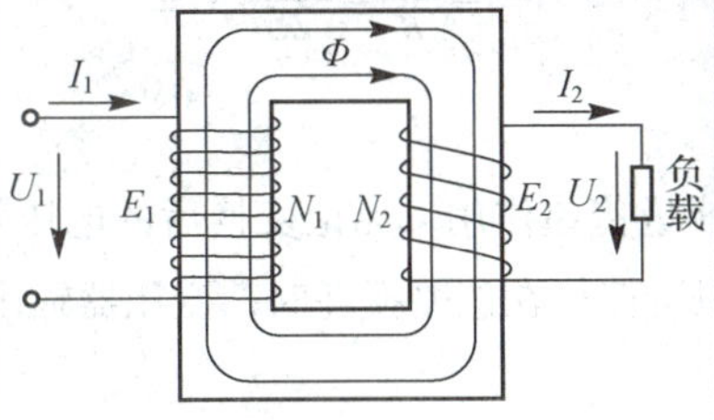

图 3-14 单相变压器的工作原理示意图

当变压器一次绕组接入交流电源后，在一次绕组中就有交流电流流过，于是在铁心中产生交变磁通，称为主磁通。它随着电源频率而变化，集中在铁心内。极少部分磁通在绕组外闭合，称为漏磁通，它一般很小，可忽略不计。所以可以认为一次、二次绕组同时受主磁通作用。根据电磁感应定律，一次、二次绕组都将产生感应电动势。如果二次接有负载构成闭合回路，就有感应电流产生。变压器通过一次、二次绕组的磁耦合把电源的能量传送给负载。

1. 变压器的变压原理

设一次、二次绕组的匝数分别为 N_1 和 N_2，忽略漏磁通和一次、二次绕组直流电阻的影响。由于一次、二次绕组同时受主磁通的作用，在两个绕组中产生的感应电动势 e_1 和 e_2 的频率与电源的频率相同。若主磁通随时间的变化率为 $\Delta\Phi/\Delta t$，则由电磁感应定律可得一次、二次绕组的感应电动势为

$$e_1 = N_1\left|\frac{\Delta\Phi}{\Delta t}\right|$$

$$e_2 = N_2\left|\frac{\Delta\Phi}{\Delta t}\right|$$

变压器一次、二次绕组的端电压与感应电动势在数值上是近似相等的，所以在考虑了上面两个式子，以及不考虑相位关系，只考虑它们的大小，则可以得到一次、二次电压有效值有如下关系：

$$\frac{U_1}{U_2}=\frac{N_1}{N_2}=n \tag{3-1}$$

式中，U_1 为一次交流电压的有效值，V；U_2 为二次交流电压的有效值，V；N_1 为一次绕组的匝数；N_2 为二次绕组的匝数；n 为一次、二次的电压比，或称匝数比。

式（3-1）表明变压器一次、二次绕组的电压之比等于它们的匝数比。当 $n>1$ 时，$N_1>N_2$，则 $U_1>U_2$，这种变压器是降压变压器；当 $n<1$ 时，$N_1<N_2$，则 $U_1<U_2$，这种变压器是升压变压器。因此，只要选择一次、二次绕组的不同匝数比，就可以满足升压或降压的要求。

例 3-1 一台变压器的一次绕组接在 10 kV 的高压输电线上，要求二次绕组输出 400 V 电压，如果一次绕组的匝数为 800，求变压器的电压比和二次绕组的匝数 N_2。

解 根据式（3-1），电压比为

$$n=\frac{U_1}{U_2}=\frac{10\,000}{400}=25$$

则

第一章 第二章 第三章 第四章 第五章 第六章 第七章 第八章

$$N_2 = \frac{N_1}{n} = \frac{800}{25} = 32$$

2. 变压器变换电流原理

变压器在变压过程中只起能量传递作用，无论变换后的电压是升高还是降低，电能都不会增加，也不会减少。根据能量守恒定律，在忽略损耗时，变压器输出的功率 P_2 与变压器从电源获得的功率 P_1 相等，即

$$P_1=P_2$$

或

$$U_1I_1=U_2I_2$$

由此有

$$\frac{I_1}{I_2} = \frac{U_2}{U_1} = \frac{N_2}{N_1} = \frac{1}{n} \tag{3-2}$$

式（3–2）是变压器变换电流公式。此式说明变压器工作时，一次、二次绕组的电流大小与一次、二次的电压或匝数成反比。实际上，变压器在改变电压的同时也改变了电流，电流互感器就是根据这一原理制成的。

例 3–2　在 3 300 V 的交流电路中接入一台变压器，若把电压降至 220 V，已知一次绕组的匝数是 2 100，二次绕组接入的负载 R_2 为 10 Ω。求二次绕组的匝数和一次、二次绕组中的电流。

解　根据式（3–1）得变压器的电压比为

$$n = \frac{U_1}{U_2} = \frac{3\,300}{220} = 15$$

$$N_2 = \frac{N_1}{n} = \frac{2\,100}{15} = 140$$

根据欧姆定律得出二次绕组中的电流为

$$I_2 = \frac{U_2}{R_2} = \frac{220}{10} = 22\ \text{A}$$

由式（3–2）可得出一次绕组中的电流为

$$I_1 = \frac{I_2}{n} = \frac{22}{15} \approx 1.47\ \text{A}$$

例 3–3　一台理想变压器，一次绕组匝数 N_1=1 100，接在电压 220 V 的交流电源上，当它对 11 只并联的“36 V，60 W”的灯泡供电时，灯泡正常发光。求二次绕组的匝数 N_2 和通过一次绕组的电流 I_1。

解　由题意，二次绕组输出电压 U_2=36 V，由变压器的变压比公式得二次绕组的匝数为 $N_2=N_1U_2/U_1=1\,100\times36/220=180$。由 $P_1=P_2=U_1I_1$ 得 $P_1=P_2=60\times11=660$ W，I_1=3 A。

【想一想】

若要制作一个 220 V/110 V 的小型变压器，能否在一次侧绕 2 匝线圈，在二次侧绕 1 匝线圈？

三、变压器的分类

1. 按相数分

（1）单相变压器：用于单相负荷和三相变压器组。

（2）三相变压器：用于三相系统的升、降压。

2. 按冷却方式分

（1）干式变压器：依靠空气对流进行自然冷却或增加风机冷却，多用于高层建筑、高速收费站点用电及局部照明、电子线路等小容量变压器。

（2）油浸式变压器：以油为冷却介质，如油浸自冷、油浸风冷、油浸水冷、强迫油循环等。

3. 按用途分

（1）电力变压器：用于输配电系统的升、降压。

（2）仪用变压器：用于测量仪表和继电保护装置，如电压互感器、电流互感器。

（3）试验变压器：能产生高压，对电气设备进行高压试验。

（4）特种变压器：如电炉变压器、整流变压器、调整变压器、电容式变压器、移相变压器等。

4. 按绕组形式分

（1）双绕组变压器：用于连接电力系统中的两个电压等级。

（2）三绕组变压器：一般用于电力系统区域变电站中，连接三个电压等级。

（3）自耦变压器：用于连接不同电压的电力系统，也可作为普通的升压或降压变压器用。

5. 按铁心形式分

（1）芯式变压器：用于高压的电力变压器。

（2）非晶合金变压器：非晶合金变压器是用新型导磁材料制成的，空载电流比传统的硅钢片铁心变压器下降约 80%，是节能效果较理想的配电变压器，特别适用于农村电网和发展中地区等负载率较低的地方。

（3）壳式变压器：用于大电流的特殊变压器，如电炉变压器、电焊变压器；或用于电子仪器及电视、收音机等的电源变压器。

第四节 电　动　机

一、电动机概述

电动机（motor）是把电能转换成机械能的一种设备。它是利用通电线圈（定子绕组）产生旋转磁场并作用于转子（如笼型闭合铝框）形成磁电动力旋转扭矩。电动机按使用电源不同分为直流电动机和交流电动机，电力系统中的电动机大部分是交流电机，可以是同步电机或者异步电机（电机定子磁场转速与转子旋转转速不同）。电动机主要由定子与转子组成，通电导线在磁场中受力运动的方向与电流方向和磁感线（磁场）方向有关。电动机的工作原理是磁场对电流的力的作用，使电动机转动。

二、三相笼型异步电动机的基本结构

三相笼型异步电动机主要是由定子和转子两部分组成，如图 3–15 所示。

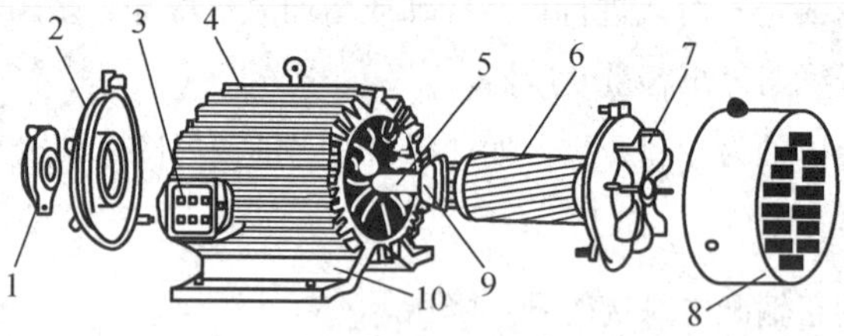

1—轴承盖；2—端盖；3—接线盒；4—散热肋；5—转子轴；6—转子；7—风扇；8—罩壳；9—轴承；10—机座。

图 3–15 三相笼型异步电动机的基本结构

三相笼型异步电动机的定子部分包括机座、定子铁心和定子绕组。机座用铸铁或铸钢制成，它支承着定子铁心。定子铁心由互相绝缘的硅钢片叠制而成，内圆有槽孔，定子绕组嵌在槽内，如图 3–16 所示。

定子绕组是定子的电路部分，由三相对称绕组组成。三相绕组的各相彼此独立，按互差 120° 的电角度嵌放在定子槽内，并与定子铁心绝缘。定子绕组的首端分别用 U1、V1、W1 表示，末端分别用 U2、V2、W2 表示。

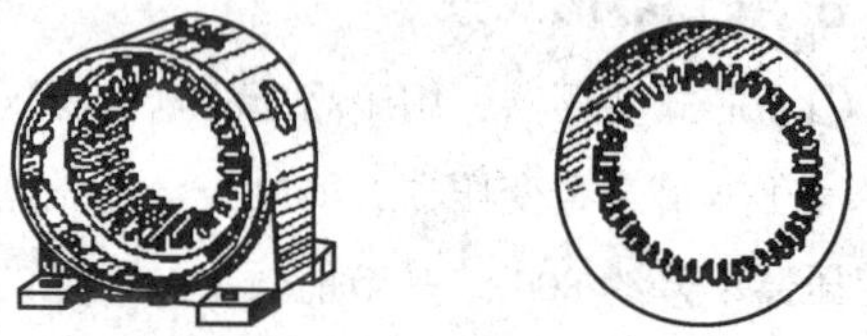

(a) 定子铁心　　(b) 定子铁心冲片

图 3–16 笼型异步电动机定子铁心主要结构

转子由转子铁心、转子绕组和转轴等部分组成。转子铁心由外圆有槽孔的硅钢片叠制而成，槽内放置铜条（或铸铝）。铁心两端分别用导电的端环将槽内的铜条连接。三相笼型异步电动机转子示意图如图 3–17 所示。

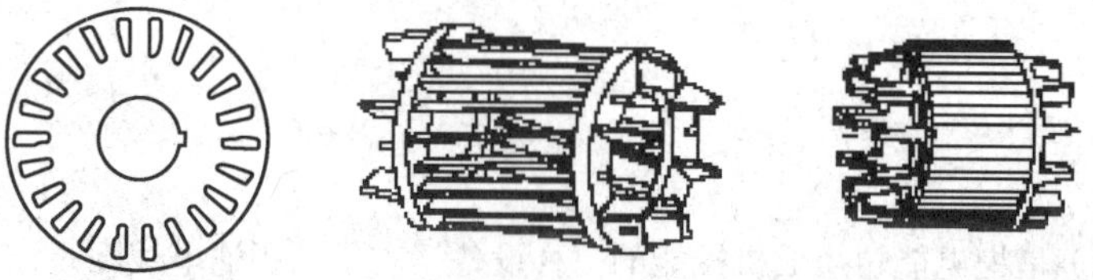

(a) 转子铁心冲片　　(b) 转子铜条结构　　(c) 铸铝转子示意图

图 3–17 三相笼型异步电动机转子示意图

【想一想】

（1）绕线式异步电动机只是转子结构不同，它的转子是由绕组组成的，与定子绕组一样也是三相的。

（2）哪些家用电器上使用了电动机？这些电动机与所学的三相电动机一样吗？

三、演示实验

为了说明三相异步电动机的转子是怎样旋转起来的，先做一个演示实验。

如图 3–18 所示，有一个装有手柄的马蹄形磁铁，在磁极中间放置一个可以自由转动的导电的笼型转子，转子与磁极之间没有机械联系。当摇动手柄使马蹄形磁铁旋转时，就会看到笼型转子跟着磁铁旋转。手柄摇得越快，转子转得越快。若改变磁铁的旋转方向，笼型转子的旋转方向也跟着改变。

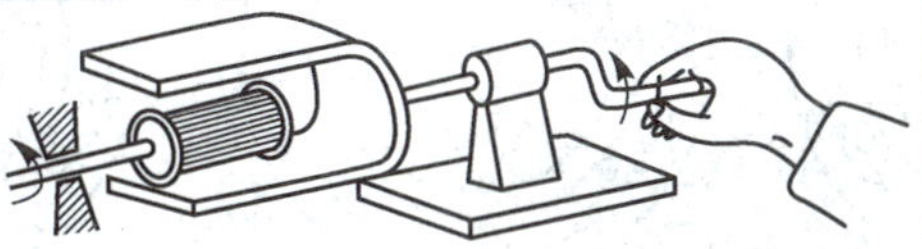

图 3–18 电动机旋转原理

由上述实验可知，转子转动的首要条件是有一个旋转磁场。

四、定子旋转磁场的产生

实际的笼型异步电动机中，旋转磁场是由定子绕组中的三相交流电产生的。

如果三相异步电动机的定子铁心中放有三相对称绕组（U1—U2，V1—V2，W1—W2），并呈星形（Y）连接，接入三相对称电源时，三相对称绕组中有电流通过，即

$$i_U = I_m \sin \omega t$$
$$i_V = I_m \sin (\omega t - 120°)$$
$$i_W = I_m \sin (\omega t + 120°)$$

三相对称电流的波形如图 3–19 所示。规定交流电正半周时，电流从绕组首端流入，从末端流出；负半周时，电流从绕组末端流入，从首端流出。流入以符号“⊗”表示，流出以符号“⊙”表示。当交流电流过三相绕组时，每相绕组都将产生一个按正弦规律变化的磁场，三相绕组的合成磁场随着时间的推移而不断改变方向形成旋转磁场，如图 3–20 所示。

当 ωt=0 时，U 相绕组电流 i_U=0；V 相绕组电流 i_V 为负半周，按规定电流是从末端 V2 流入，从首端 V1 流出；W 相绕组电流 i_W 为正半周，电流从绕组首端 W1 流入，从末端 W2 流出。根据右手螺旋定则可以判定，三相电流的合成磁场的 N 极在正上方，S 极在正下方，如图 3–20（a）所示。

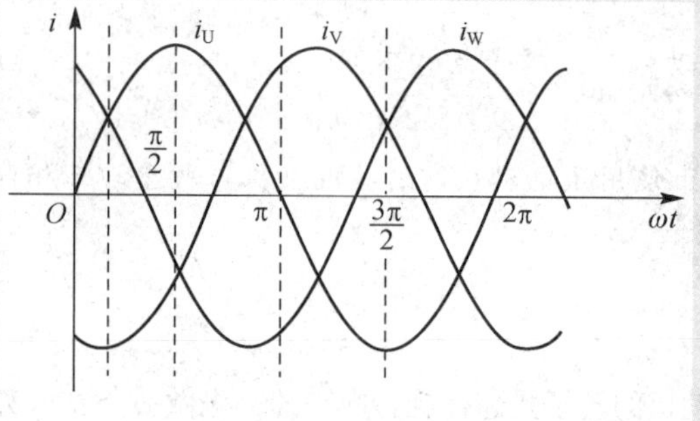

图 3-19　三相对称电流的波形

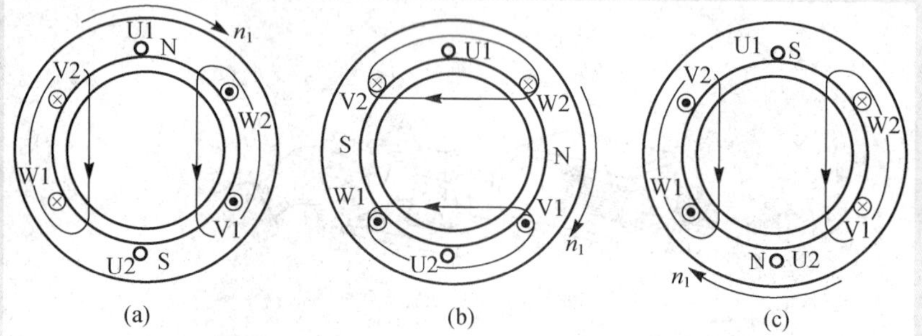

图 3-20　三相电流产生的磁场

当 ωt=90°时，i_U 为正半周，电流从绕组首端 U1 流入，由末端 U2 流出；V 相和 W 相电流 i_V 和 i_W 都是负半周，电流分别从绕组末端 V2 和 W2 流入，从首端 V1 和 W1 流出。三相电流的合成磁场如图 3-20（b）所示，可以看出合成磁场的轴线沿顺时针方向转了 90°。此时，磁场的 N 极在右方，S 极在左方。

当 ωt=180°时，U 相绕组电流 i_U=0；V 相绕组电流 i_V 为正半周，电流从首端 V1 流入，从末端 V2 流出；W 相绕组电流 i_W 为负半周，电流从绕组末端 W2 流入，从首端 W1 流出。可以判定，两相电流的合成磁场的 N 极在正下方，S 极在正上方，如图 3-20（c）所示。三相电流的合成磁场的轴线又沿顺时针方向转了 90°。

从上述分析可知，当异步电动机定子绕组分别通入对称三相交流电后，在定子空间能产生一个随时间延续的旋转磁场。

如图 3-20 所示，每相定子绕组只有两个线圈，三相绕组的首端之间空间相差 120°。合成磁场有两个磁极，也称一对磁极。对一对磁极来说，在三相交流电流变化一周时，磁场在空间旋转一周。当交流电流的频率为 2 Hz 时，磁场转速为 2 r/s；当交流电流的频率为 3 Hz 时，磁场转速为 3 r/s；以此类推，当交流电流的频率为 f Hz 时，磁场转速为 $n_1=f$ r/s。通常旋转磁场的转速都折合成每分钟多少转，这样一对磁极旋转磁场的转速（r/min）是

$$n_1=60f$$

如果每相绕组由两个线圈串联组成，则每相绕组的首端之间相差 60° 空间角。如图 3-21 所示，磁场有 4 个磁极，即两对磁极。可以看到，交流电流变化一周只转过 180° 。

以此类推，当旋转磁场具有任意磁极对数时，交流电流变化一周，旋转磁场在空间只能转过 $1/p$ 周，p 表示旋转磁场的磁极对数。因此，旋转磁场的转速 n_1 与交流电频率、磁极对数之间的关系为

$$n_1=\frac{60f}{p} \tag{3-3}$$

式中，n_1 为旋转磁场的转速（同步转速），r/min；f 为三相交流电源的频率，Hz；p 为旋转磁场的磁极对数。

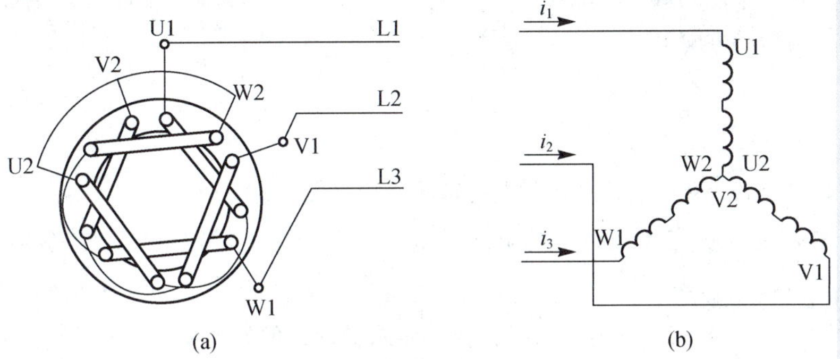

图 3-21 两对磁极及定子绕组

式（3-3）表明旋转磁场的转速随磁极对数的增加而降低。表 3-1 是电源频率为 50 Hz 时磁极对数与旋转磁场转速的关系。

表 3-1 电源频率为 50 Hz 时磁极对数与旋转磁场转速的关系

磁极对数 p	1	2	3	4	5	6
旋转磁场转速 n_1/（$r \cdot min^{-1}$）	3 000	1 500	1 000	750	600	500

五、旋转磁场对转子的作用

定子中产生的旋转磁场将切割转子铜条，此时可以把磁场看成不动，而认为转子相对于磁场运动。假设旋转磁场是沿顺时针方向旋转，那么转子相对于磁场可看成是做逆时针方向转动，如图 3-22 所示。在转子铜条中产生感应电动势和感应电流，可用右手定则确定其方向。在转子上半部的铜条中，感应电流的方向指向读者，在转子下半部的铜条中，感应电流的方向背离读者。

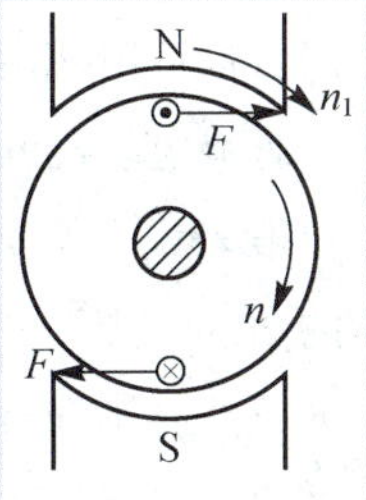

图 3-22 笼型转子

转子中载有感应电流的铜条与旋转磁场作用，产生电磁力。根据左手定则判定：转子上顶部铜条所受的力是指向右方，下底部铜条所受的力是指向左方。这两个力大小相等，方向相反，构成电磁转矩，于是转

子就跟随旋转磁场转动起来，这就是三相笼型异步电动机的转动原理。转子转速 n 必定小于同步转速 n_1。如果 $n=n_1$，则转子与旋转磁场之间没有相对运动，转子上的辐条不能切割磁感线，就不会产生感应电动势和感应电流，也就不能形成电磁转矩，所以转子不能以同步转速运行。实际上，转子转速总是小于同步转速，即 $n<n_1$。也就是说，转子转速与旋转磁场的转速不同步，而是异步的，这就是异步电动机名称的由来。

正常运行时，转子的转速称为三相异步电动机的额定转速。例如，有一种一对磁极的三相异步电动机，同步转速为 3 000 r/min，正常运行时的额定转速为 2 906 r/min。

转子的转动方向与旋转磁场的旋转方向是一致的。如果把按顺时针方向旋转称为电动机的正转，那么按逆时针方向旋转称为电动机的反转。旋转磁场的转向与通入定子绕组的三相交流电流的相序有关。如果把三相电源接到定子绕组首端的三根导线中的任意两相对调位置，旋转磁场则反转，电动机也就跟着改变转动方向。

六、起动

电动机接通电源后，转子转速从零达到稳定转速的过程称为起动。

起动时若加在电动机定子绕组上的电压是电动机工作时的额定电压，就称为全压起动，如图 3-23 所示。

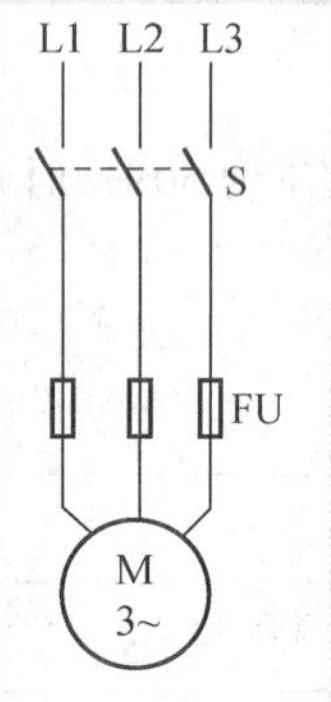

图 3-23 全压起动电路

在刚起动时，转子尚未转动，但旋转磁场已经产生。磁场以最大相对速度切割转子铜条，在铜条中产生很大的感应电流。与变压器的原理相似，定子绕组相当于变压器的一次绕组，转子的铜条相当于变压器的二次绕组。所以，在电动机起动瞬间，定子绕组中要出现很大的起动电流，一般全压起动时的起动电流是额定电流的 4~7 倍。电动机在不频繁起动时，起动时间很短（只有 1~3 s），虽然电流很大，但对电动机影响不大。如果电动机起动频繁，由于热量积累，可使电动机过热，容易造成绝缘材料老化，缩短电动机的使用寿命。电动机起动电流过大，还会在短时间内造成供电线路电压降增大，使负载两端电压短时间下降。这样不仅使电动机本身起动转矩减小，以至于无法起动，还会影响同一供电线路上其他负载的正常运行。若是三相电动机，由于电压下降，使转速降低，转矩减小，以至于带不动负载，而产生堵转现象。

在实际工作中要尽量避免电动机的频繁起动。如车削加工时，使用摩擦离合器或电磁离合器将主轴与电动机转轴分离，从而减少电动机的起动和停车，避免起动电流过大，影响电动机的使用寿命。

一般来说，笼型异步电动机额定功率小于 7.5 kW，或者额定功率大于 7.5 kW 且小于供电电源容量的 20%，都可以采用全压起动。

如果线路不允许电动机全压起动，则采用降压起动的方式来限制起动电流。降压起动是利用起动设备将电压适当降低后，加到电动机定子绕组上进行起动，待电动机起动以后，再使电压恢复到额定值。降压起动适用于空载或轻载下的起动。

常见的降压起动方法有 4 种：在定子绕组中串联电阻（或电抗器）的降压起动、自耦变压器降压起动、延边三角形降压起动、星形（Y）–三角形（△）变换降压起动。

七、反转

在生产上常需要电动机反转，如图3–24所示。当开关向上合时，电动机正转。当开关向下合时，把接在电动机上的三相电源的U相和V相进行对调，改变定子绕组中三相交流电流的相序，因此，旋转磁场改变了转向，电动机即可实现反转。

八、制动

制动就是在电动机切断电源后，给它一个与转动方向相反的转矩，使它很快地减速或停车。起重机的吊钩需要立即减速或停车以达到准确定位，万能铣床主轴迅速停转等，都需要制动。

制动的方法一般有机械制动和电力制动两大类。

机械制动是利用机械装置，使电动机在切断电源后，达到迅速停转的方法。使用较普遍的有电磁抱闸，如图3–25所示。

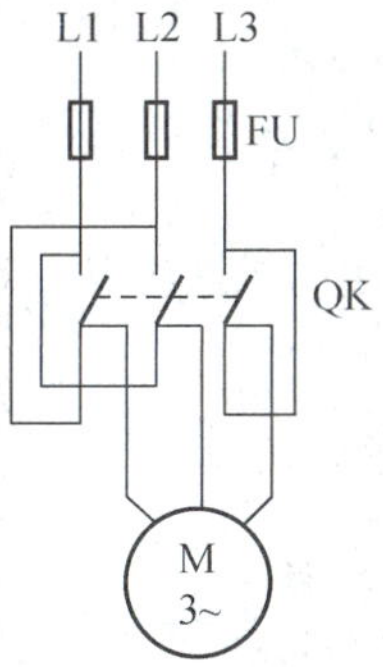

图3–24 三相异步电动机正反转控制原理

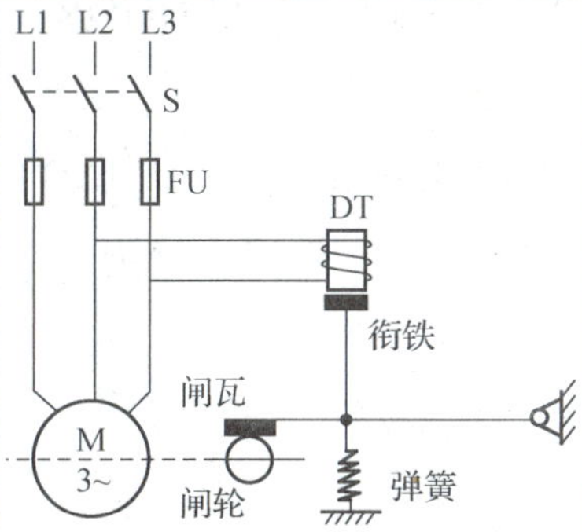

图3–25 电磁抱闸制动原理

电磁抱闸的工作原理如下：当接通电源后，电磁抱闸的线圈得电而吸引衔铁，克服了弹簧的拉力，迫使杠杆向上移动，使闸瓦和闸轮分开，此时电动机起动，正常运转。一旦电动机的电源被切断，电磁抱闸的线圈也同时失电，于是衔铁被释放，在弹簧拉力的作用下，闸瓦紧紧抱住闸轮，电动机被迅速制动而停车。

电磁抱闸方法在起重机械中被广泛采用，这种制动方法不但可以准确定位，而且在电动机突然断电时，还可以避免重物掉落而产生事故。

电力制动常用的方法有反接制动和能耗制动。

反接制动是依靠改变输入电动机的电源相序，使定子绕组产生反向旋转磁场，从而使转子受到与原来转动方向相反的转矩而迅速停转。采用反接制动必须注意，当制动到转子转速接近零时，应及时切断电源，否则电动机将反向运行。

能耗制动是电动机脱离电源后，立即向它的定子绕组通入直流电流，就能使电动机制动，这种方法制动平稳，定位准确。

九、三相笼型异步电动机的铭牌数据

目前我国已经推广使用 Y 系列三相异步电动机，现在以 Y132M2-4 型异步电动机为例介绍铭牌数据，如图 3-26 所示。

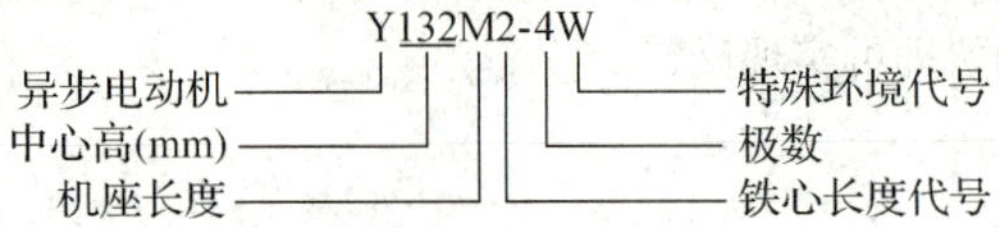

图 3-26　Y132M2-4 型异步电动机的型号说明

1. 型号

Y 系列电动机型号由 4 部分组成。第一部分汉语拼音字母 Y 表示异步电动机；第二部分数字表示中心高（转轴中心至安装平台表面的高度）；第三部分英文字母为机座长度代号（S 表示短机座，M 表示中机座，L 表示长机座），字母后的数字为铁心长度代号（1 表示短铁心，2 表示长铁心），横线后的数字为电动机的极数；第四部分为特殊环境代号，没标符号者表示电动机只适用于普通环境，W 表示用于户外环境，F 表示用于化工防腐环境。

2. 功率

铭牌上所标出的功率是在额定运行情况下，电动机转轴上输出的机械功率，又称容量，通常用 P_N 或 P_2 表示，单位是瓦（W）或千瓦（kW）。

3. 额定频率

额定频率指电动机在额定运行时的电频率，我国规定工频为 50 Hz。

4. 额定电压

额定电压指电动机额定运行时加在定子绕组上的线电压值，单位是伏（V）。

5. 额定电流

额定电流指电动机在额定运行时定子绕组的电流值，单位是安（A）。

6. 额定转速

额定转速指电动机在额定运行时电动机的转速，单位是 r/min。

7. 工作方式

工作方式也称为定额，是指电动机的运转状态，分连续、短时、断续三种。连续是指电动机在额定运行情况下长期连续使用，用 S1 表示；短时是指电动机在限定时间内短期运行，用 S2 表示；断续是指电动机以间歇方式运行，用 S3 表示。

8. 接线

接线指定子绕组的连接方式，有星形接法和三角形接法两种。使用时根据铭牌标志正确连接。如图 3-27 所示，三相笼型异步电动机的接线盒有 6 根引出线，标有 U1、V1、W1、U2、V2、W2，其中，U1、U2 是第一相绕组的两端，V1、V2 是第二相绕组的两端，W1、W2 是第三相绕组的两端。

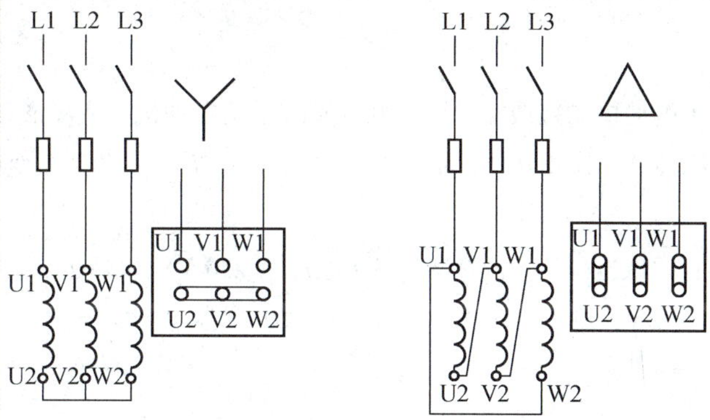

(a) 星形连接　　(b) 三角形连接

图 3-27　三相异步电动机接线

9. 绝缘等级

绝缘等级指绝缘材料的耐热等级，通常分 7 个等级。

此外，三相异步电动机的主要技术数据还有功率因数、效率、起动电流、起动转矩和最大转矩等，但不在铭牌上标出，可从产品目录中查得。

十、三相异步电动机使用要点

三相异步电动机是一种比较耐用的电动机，但由于它是机电一体的设备，以及由于使用频度、工作环境、保养程度的原因，故障比较多发。作为直接的使用者，要熟悉其使用要点，及时告知有关人员设备状况，保证设备安全、正常工作。

（1）过于频繁地起、停，正、反转，会影响其使用寿命并导致过载。

（2）电动机内部不正常的声音都是故障的表现，处理不及时，会导致电动机损坏。电动机缺相运行、连续过载、轴承等机械故障，都会伴有不正常声音，应及时采取相应措施。

（3）当电动机发出怪味时，应及时检查，防止故障扩大。

习　题

一、填空题

3-1　变压器是利用 __________ 原理制成的。

3-2　变压器的电压比由 __________ 决定，变压器的一次、二次电压之比等于变压器的 __________。

3-3　三相异步电动机正常使用时，它的转速主要由电动机的 __________ 决定，受负载变化的影响不大。

3-4　降压起动是指 __________ 的起动方式，适用于 __________ 场合，常用的降压起动方式有 __________、__________、__________ 和 __________ 四种。

3-5 单相交流电动机一般都有 ________ 套绕组，用于 ________ 和 ________。

二、综合题

3-6 画出三相异步电动机的接线端子图，并分别表示出电动机接成星形和三角形的连接方法。

3-7 有一单相变压器，一次电压 U_1 为 3 300 V，二次电流 I_2 为 60 A，变压比为 15。求二次电压 U_2 和一次电流 I_1。

3-8 有一变压器，一次电压为 6 600 V，二次电压为 220 V。如果在二次接一电阻炉，其额定电压为 220 V，功率为 40 kW，则该变压器的一次、二次电流各为多少？

第四章 常用半导体元器件应用

本章学习要点

（1）半导体二极管的单向导电性。

（2）稳压管的稳压工作区域。

（3）基本放大电路静态工作点、电压放大倍数、输入电阻和输出电阻的计算。

（4）多级放大电路电压放大倍数的计算。

半导体元器件是现代应用电子学的基础，其中使用最广泛的是半导体二极管、晶体管与晶闸管等。本章仅介绍半导体二极管和晶体管。

第一节 半导体二极管及应用

半导体是指导电能力介于导体和绝缘体之间的物质，常用的半导体有硅和锗等。

半导体的导电能力与许多因素有关，其中温度、光及杂质等因素对半导体的导电能力有较大影响，因而半导体具有热敏特性、光敏特性和掺杂特性。利用这些特性可以制成各种不同用途的半导体器件，如热敏电阻、光敏二极管和光敏晶体管、半导体二极管、晶体管、场效应晶体管和晶闸管等。

一、PN 结的形成及其单向导电性

1. PN 结的形成

杂质半导体是在纯净半导体（又称本征半导体）中掺入了微量元素。杂质半导体分为 N 型半导体（掺入五价元素）和 P 型半导体（掺入三价元素）。半导体中参与导电的载流子有空穴和自由电子，N 型半导体主要利用自由电子（多数载流子，简称多子）导电，空穴是少数载流子，简称少子。P 型半导体主要利用空穴（多子）导电，而自由电子是少子。N 型半导体或 P 型半导体的导电能力虽然很高，但并不能直接用来制造半导体器件。

微课
PN 结

PN 结是构成各种半导体器件的基础。采用特定的制造工艺，使一块半导体的两边分别形成 P 型半导体和 N 型半导体，它们的交界面就形成了 PN 结。

2. PN 结的单向导电性

PN 结上不加电压时，载流子的运动处于动态平衡。多子形成的扩散电流与少子形成的漂移电流大小相等，方向相反，通过 PN 结的电流为零，如图 4–1（a）所示。

微课
PN 结的单向导电性

若将 P 区接电源正极，N 区接电源负极，即在 PN 结上加正向电压使其正向偏置，外加电场方向与 PN 结的内电场方向相反，如图 4–1（b）所示，而使空间电荷区变薄，多子的扩散运动加强，形成较大的正向电流 I_F，此时 PN 结处于正向导通状态。导通时，外接电源不断向半导体提供电荷以维持电流稳定。

若将 P 区接电源负极，N 区接电源正极，即在 PN 结上加反向电压使其反向偏置，外加电场方向与 PN 结的内电场方向相同，如图 4–1（c）所示，而使空间电荷区变厚，多子的扩散运动受到抑制，少子的漂移运动加强，从而形成较大的反向电流 I_R。由于常温下少子的浓度很低，所以反向电流很小，此时 PN 结处于反向截止状态，呈高电阻特性。

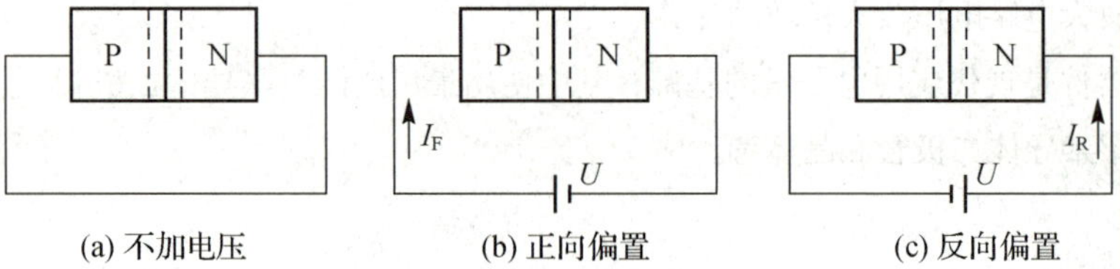

图 4–1　PN 结的单向导电性

由此可见，PN 结正向偏置时处于导通状态，呈低电阻特性；PN 结反向偏置时处于截止状态，呈高电阻特性。这种单向导电特性是 PN 结的基本特性。

二、二极管的结构和符号

将 PN 结的两个区（即 P 区和 N 区）分别加上相应的电极引线引出，并用管壳将 PN 结封装起来就构成了半导体二极管（简称二极管），其结构与图形符号如图 4–2 所示，常见外形如图 4–3 所示。从 P 区引出的电极为阳极（或正极），从 N 区引出的电极为阴极（或负极），分别用 A、K 表示。

微课
二极管的认识

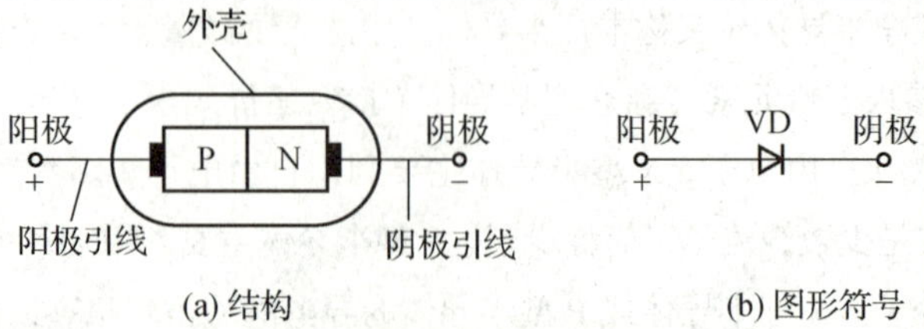

图 4–2　二极管结构与图形符号

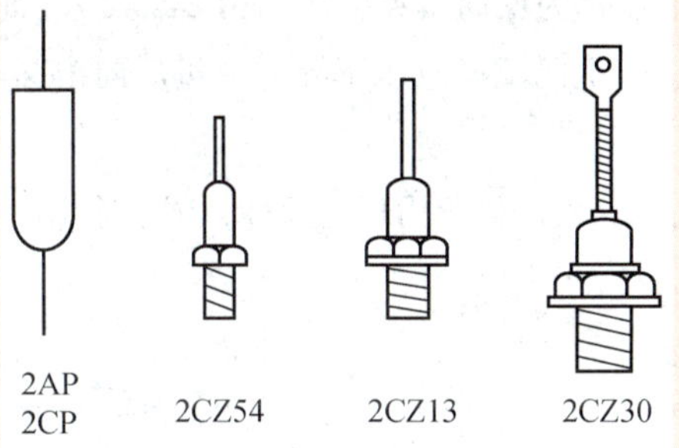

图 4-3 二极管的常见外形

三、二极管的伏安特性

二极管的主要特性是单向导电性，其伏安特性曲线如图 4–4 所示（以正极到负极为参考方向）。

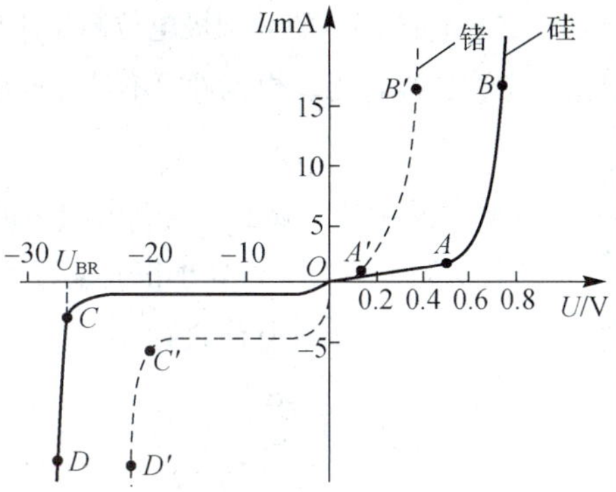

图 4-4 二极管的伏安特性曲线

1. 正向特性

（1）外加正向电压很小时，二极管呈现较大的电阻，几乎没有正向电流通过。曲线 *OA* 段（或 *OA′* 段）称作死区，*A* 点（或 *A′* 点）的电压称为死区电压。硅管的死区电压约为 0.5 V，锗管的死区电压约为 0.1 V。

（2）二极管的正向电压大于死区电压后，二极管处于导通状态，如曲线 *AB* 段（或 *A′B′* 段）所示，此段称为导通区。从图中可以看出，硅管电流上升曲线比锗管上升曲线更陡。二极管导通后的电压为导通电压，硅管约为 0.7 V，锗管约为 0.3 V。

2. 反向特性

（1）当二极管承受反向电压时，其反向电阻很大，此时仅有非常小的反向电流（又称为反向饱和电流或反向漏电流），如曲线 *OC* 段（或 *OC′* 段）所示。实际应用中，二极管的反向电流越小越好。硅管的反向电流比锗管小得多，一般为几十微安，而锗管为几百微安。

（2）当反向电压增加到一定数值时（如曲线中的 C 点或 C' 点），反向电流急剧增大，这种现象称为反向击穿，此时对应的电压称为反向击穿电压，用 U_{BR} 表示。曲线的 CD 段（或 $C'D'$ 段）称为反向击穿区。通常加在二极管上的反向电压不允许超过反向击穿电压，否则会造成二极管损坏（稳压管除外）。

例 4–1 电路如图 4–5 所示，设二极管为理想元件，试求输出电压 U_o。

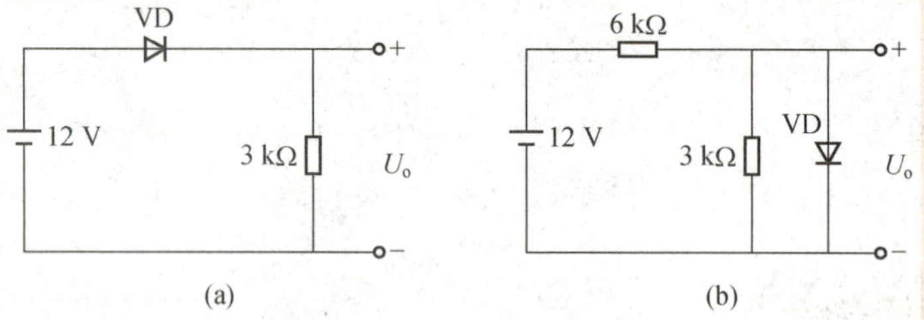

图 4–5 例 4–1 图

解 图 4–5（a）：分析电路时，先设二极管处于截止状态。由于 3 kΩ 电阻上没有电流，所以 12 V 电源通过 3 kΩ 电阻直接加在二极管两端，使其阳极电位高于阴极电位，二极管正向偏置，所以二极管工作在导通状态。根据题意，二极管为理想元件，不计导通压降，故电路的输出电压为

$$U_o=12\ \text{V}$$

图 4–5（b）：分析电路时，先设二极管处于截止状态。由于两个电阻串联，根据分压公式，3 kΩ 电阻两端分到的电压为 4 V，上正下负，二极管处于正向偏置，所以二极管工作在导通状态。根据题意，二极管为理想元件，不计导通压降，故电路的输出电压为

$$U_o=0$$

四、二极管的主要参数

1. 最大整流电流 I_{FM}

最大整流电流 I_{FM} 是指二极管长期工作时所允许通过的最大正向平均电流。实际应用时，流过二极管的平均电流不能超过这个数值，否则将导致二极管因过热而永久损坏。

2. 最高反向工作电压 U_{RM}

最高反向工作电压 U_{RM} 是指二极管工作时所允许加的最高反向电压，反向电压超过此值，二极管就有反向击穿的危险。通常手册上给出的最高反向工作电压 U_{RM} 约为击穿电压 U_{BR} 的一半。

3. 反向电流 I_R

反向电流是指二极管未被击穿时的反向电流值。反向电流越小，说明二极管的单向导电性能越好。反向电流对温度很敏感，温度增加，反向电流会大幅增加。

五、特殊二极管

前面讨论的二极管属于普通二极管，另外还有一些特殊用途的二极管，如稳压管、发光二极管

和光敏二极管等。

1. 稳压管

稳压管是一种用特殊工艺制造的面接触型硅半导体二极管，其图形符号和外形如图 4-6 所示。使用时，它的阴极接外加电压的正极，阳极接外加电压的负极，管子反向偏置，工作在反向击穿状态，利用它的反向击穿特性稳定直流电压。

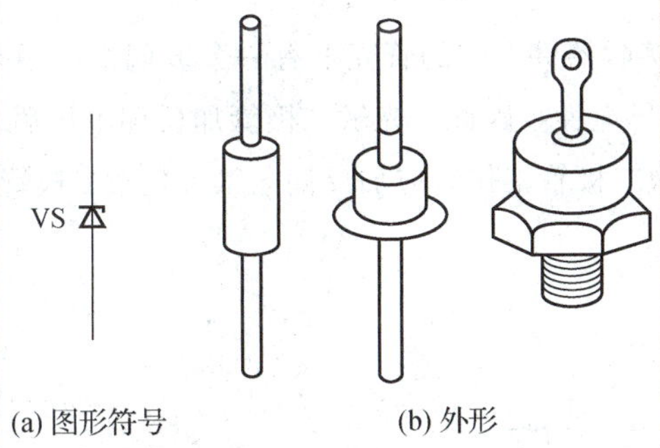

图 4-6 稳压管的图形符号与外形

稳压管的伏安特性曲线如图 4-7 所示，其正向特性与普通二极管相同，反向特性曲线比普通二极管更陡。二极管在反向击穿状态下，流过管子的电流变化很大，而两端电压变化小，稳压管正是利用这一点实现稳压作用的。稳压管工作时，必须接入限流电阻，才能使其流过的反向电流在 I_{Zmin}~I_{Zmax} 范围内变化。

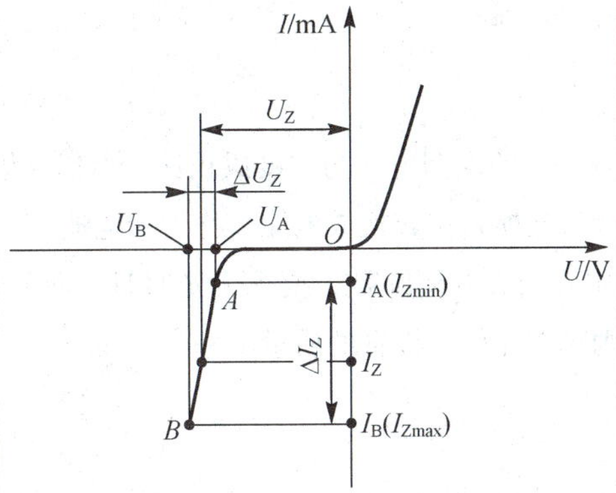

图 4-7 稳压管的伏安特性曲线

2. 发光二极管

发光二极管是一种光发射器件。发光二极管是在杂质半导体中又加入了镓（Ga）、砷（As）、磷（P）等。因此，发光二极管可以发出红、橙、黄、绿和红外光等不同颜色的光，其外形有方形、圆形等。发光二极管的图形符号和外形如图 4-8 所示。

发光二极管加正向电压时导通，正向电流较大，同时可发光。由于它的正向导通电压比普通二极管高，所以要接入相应的限流电阻，使其正常工作电流控制在几毫安至几十毫安。

由于发光二极管的发光强度在一定范围内与正向电流大小近似呈线性关系，所以发光二极管可做成显示器件，把电能直接转换成光能。除单个使用外，发光二极管也常做成七段式或矩阵式，如用作微型计算机、音响设备和数控装置中的显示器等。

发光二极管的检测一般用万用表 R × 10k 挡，通常正向电阻为 15 kΩ 左右，反向电阻为无穷大。

3. 光敏二极管

光敏二极管是一种光接收器件，它的管壳上有一个玻璃窗口用来接收光照，当光线照射于 PN 结时，提高了半导体的导电性。因此，光敏二极管加反偏电压后，在光照作用下，将产生较大的反向电流。所以，光敏二极管工作时应加反偏电压。光敏二极管的图形符号和外形如图 4-9 所示。

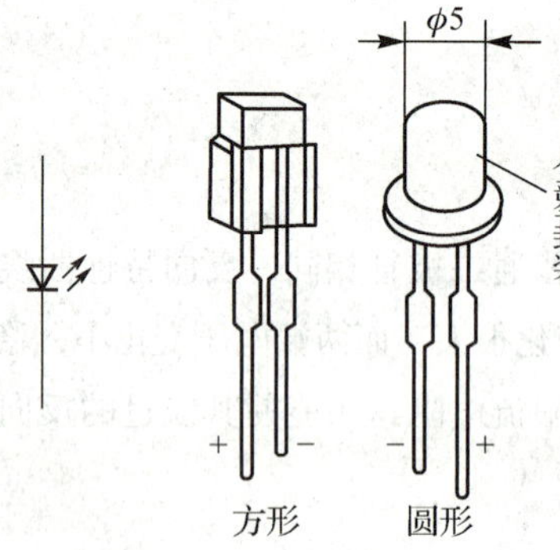

(a) 图形符号　(b) 外形

图 4-8　发光二极管的图形符号和外形

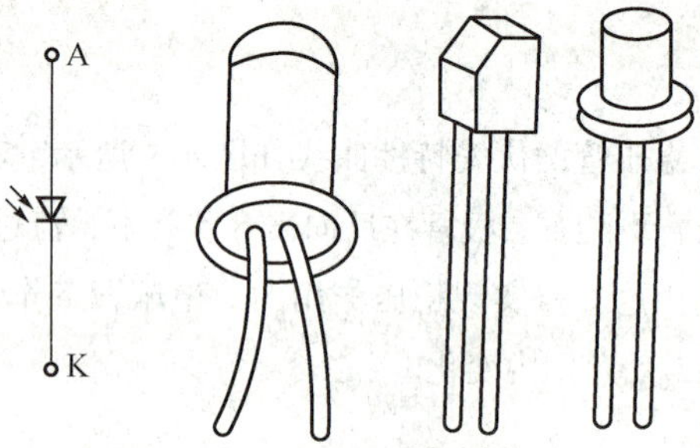

(a) 图形符号　(b) 外形

图 4-9　光敏二极管的图形符号和外形

由于光敏二极管在反偏状态下的反向电流与照度成正比，所以光敏二极管可用于光的测量。当制成大面积光敏二极管时，能将光能直接转换成电能，称为光电池。

光敏二极管的检测通常用万用表 R × 1k 挡，要求无光照时反向电阻大，有光照时反向电阻小。若正向、反向电阻差别小，则表明光敏二极管的质量不好。

六、二极管的应用

整流电路是利用二极管的单向导电性，将交流电变换成直流电的电路。

1. 单相半波整流电路

单相半波整流电路如图 4-10 所示。该电路由电源变压器 T、整流二极管 VD 及负载电阻 R_L 组成。

（1）整流原理。在 u_2 的正半周，$u_2>0$，其实际极性为 a 正 b 负，此时二极管正向导通，电流 i_o 流过负载电阻 R_L。若忽略二极管的正向压降，负载上的电压 $U_o=U_2$，两者波形相同。在 u_2 的负半周，$u_2<0$，其实际极性为 a 负 b 正，二极管反偏截止，负载上没有电流和电压。因此，R_L 上得到的是半

波整流电压和电流，其波形如图 4-11 所示。

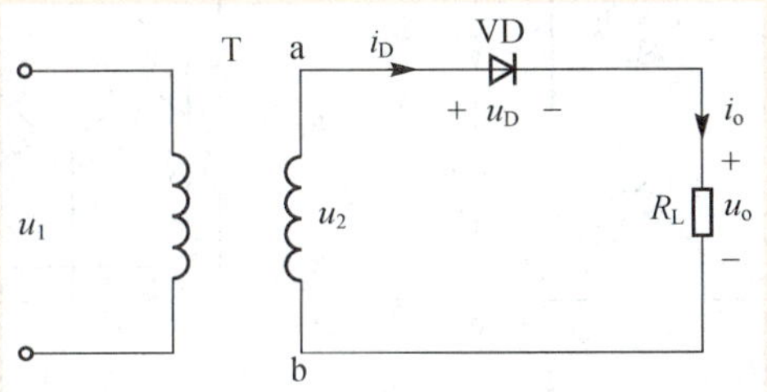

图 4-10 单相半波整流电路

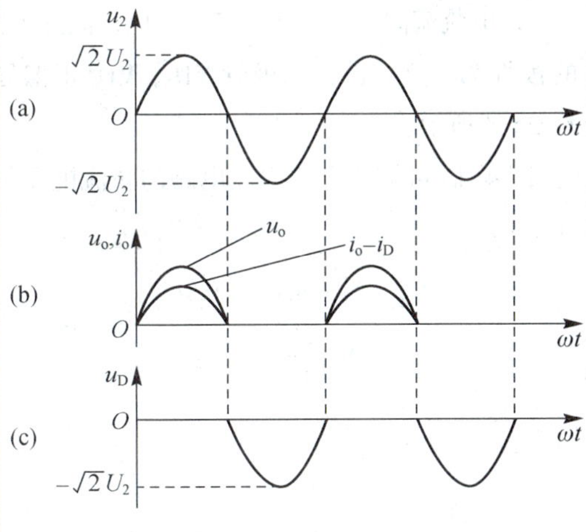

图 4-11 单相半波整流波形

（2）负载电压和电流。负载上得到的整流电压虽然方向不变，但大小是变化的，即直流脉动电压，常用一个周期的平均值 U_o 表示它的大小。U_o 计算如下。

$$U_o=\frac{1}{2\pi}\int_0^{\pi}\sqrt{2}U_2\sin\omega t\mathrm{d}(\omega t)=\frac{\sqrt{2}}{\pi}U_2\approx 0.45U_2$$

电阻性负载的平均电流为 I_o，即

$$I_o=\frac{U_o}{R_L}=0.45\frac{U_2}{R_L}$$

2. 单相桥式整流电路

单相半波整流的缺点是只利用了电源的半个周期，同时整流电压的脉动较大。为了克服这些缺点，常采用全波整流电路，其中最常用的是单相桥式整流电路，它是由四个二极管接成电桥的形式构成的，如图 4-12 所示。

第一章 第二章 第三章 第四章 第五章 第六章 第七章 第八章

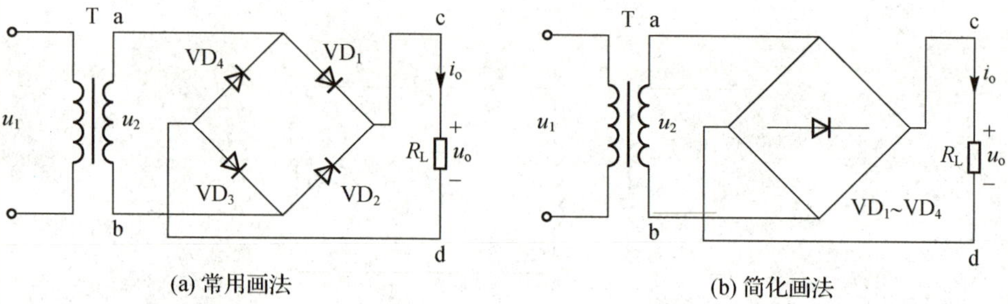

图 4–12　单相桥式整流电路

（1）整流原理。在 u_2 的正半周，u_2 的极性为 a 正 b 负，二极管 VD_1 和 VD_3 正偏导通，VD_2、VD_4 反偏截止。从图 4–12 可知，电流流向为 a—VD_1—R_L—VD_3，波形如图 4–13（b）中的 0 ~ π 段所示。在 u_2 的负半周，u_2 的极性为 a 负 b 正，二极管 VD_2、VD_4 正偏导通，VD_1、VD_3 反偏截止，波形如图 4–13（b）中的 π ~ 2π 段所示。

（2）负载电压和电流。由图 4–13 可知，全波整流电路的整流电压的平均值比半波整流增加了一倍，即

$$U_o = 2\times 0.45U_2 = 0.9U_2$$

$$I_o = 0.9\times\frac{U_2}{R_L}$$

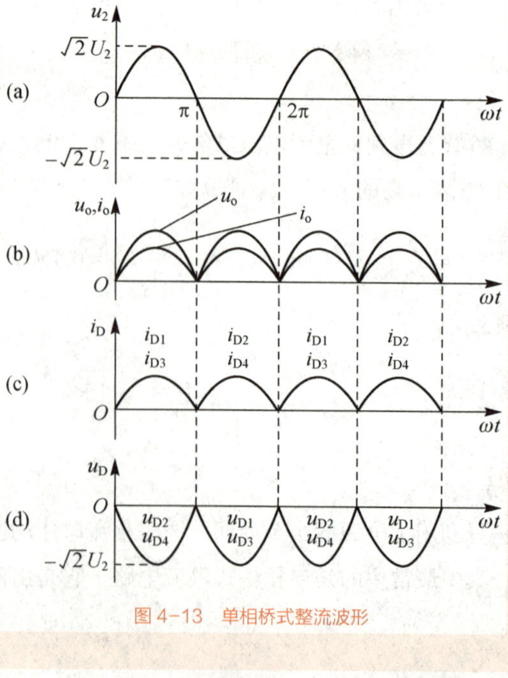

图 4–13　单相桥式整流波形

（3）二极管的最高反向电压。由图 4–13（d）可知，每个二极管的最高反向电压为

$$U_{DM}=\sqrt{2}U_2$$

3. 应用实例

红外线遥控电路如图 4–14 所示。当按下发射电路中的某个按钮时，编码器电路将产生相应的调制脉冲信号，并由发光二极管将电信号转换为光信号发射出去。接收电路中的光敏二极管将脉冲信号再转换为电信号，经放大、解码后，由驱动电路驱动对应的负载动作。当按下不同按钮时，编码器产生相应不同的脉冲信号，以示区别。接收电路中的解码器可以解调出这些信号，并控制负载做出不同的动作。

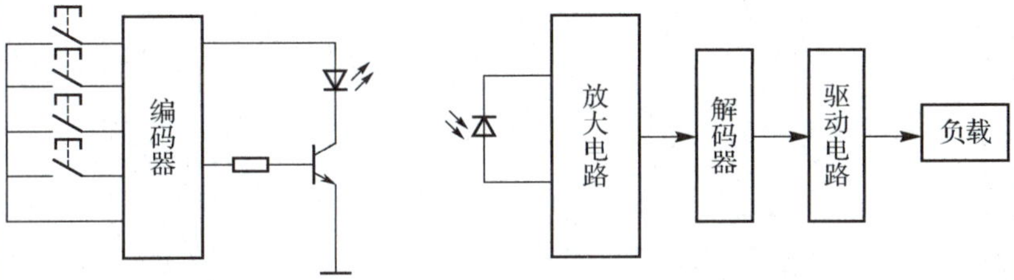

(a) 发射电路　　(b) 接收电路

图 4–14　红外线遥控电路

第二节 晶　体　管

晶体管又称双极型晶体管，它是放大电路最基本的器件之一，由它组成的放大电路广泛应用于各种电子设备中。

微课
晶体管及其特性

一、晶体管的结构、图形符号和外形

1. 晶体管的结构和图形符号

晶体管的结构示意图如图 4–15（a）所示，它由三层半导体组合而成。按半导体的组合方式不同，可将其分为 NPN 型和 PNP 型。

无论是 NPN 型晶体管还是 PNP 型晶体管，其内部均含有三个区：发射区、基区和集电区。从三个区各自引出一个电极，分别称为发射极（E）、基极（B）和集电极（C）。同时在三个区的交界形成两个 PN 结：发射结和集电结。两个 PN 结通过掺杂浓度很低且很薄的基区联系着。为了收集发射区发射过来的载流子及便于散热，要求集电结面积较大，发射区多数载流子的浓度比集电区大，因此使用时集电极与发射极不能互换。晶体管的图形符号如图 4–15（b）所示，符号中的箭头

方向表示发射结正向偏置时的电流方向。

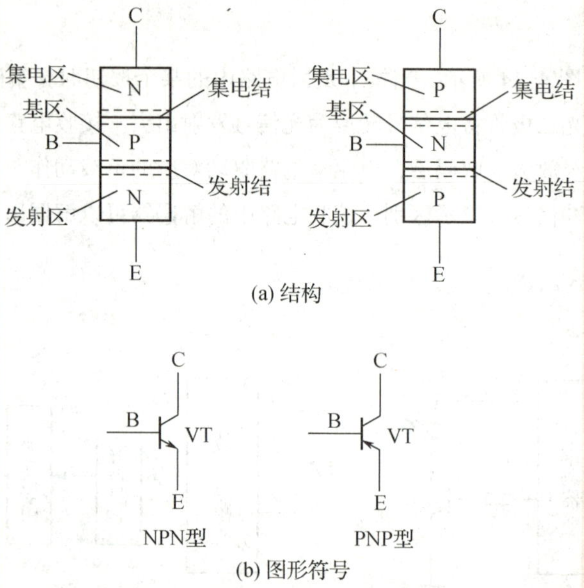

图 4-15 晶体管的结构和图形符号

2. 晶体管的外形

常见晶体管的外形如图 4-16 所示。耗散功率不同的晶体管，其体积、封装形式也不相同。近年来生产的小、中功率晶体管多采用硅酮塑料封装，大功率晶体管采用金属封装，并做成扁平形状且有螺钉安装孔，这样能使其外壳和散热器连成一体，便于散热。

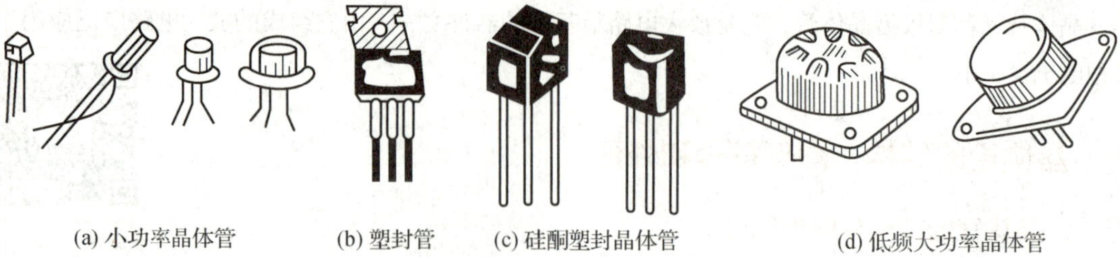

图 4-16 常见晶体管的外形

二、晶体管的工作电压和电流放大作用

1. 晶体管的工作电压

晶体管实现放大作用的外部条件是发射结正向偏置，集电结反向偏置。晶体管有 NPN 型和 PNP 型两类，因此，为了保证其外部条件，这两类晶体管工作时外加电源的极性是不同的，如

图 4-17 所示。

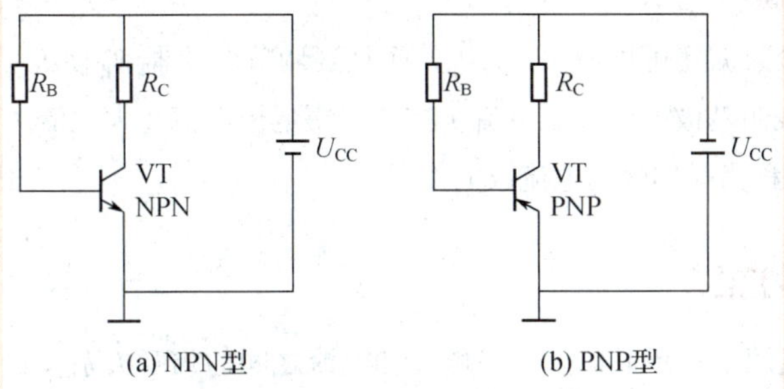

图 4-17 晶体管的工作电压

图中，电源 U_{CC} 通过偏置电阻 R_B 为发射结提供正向偏压，进而产生基极电流；R_C 为集电极电阻，电源通过它为集电极提供电流。

2. 晶体管各个电极的电流分配

为了了解晶体管各个电极的电流分配及它们之间的关系，先做一个实验，电路如图 4-18 所示。由于电路发射极是公共端，因此，这种电路称为晶体管的共发射极放大电路。

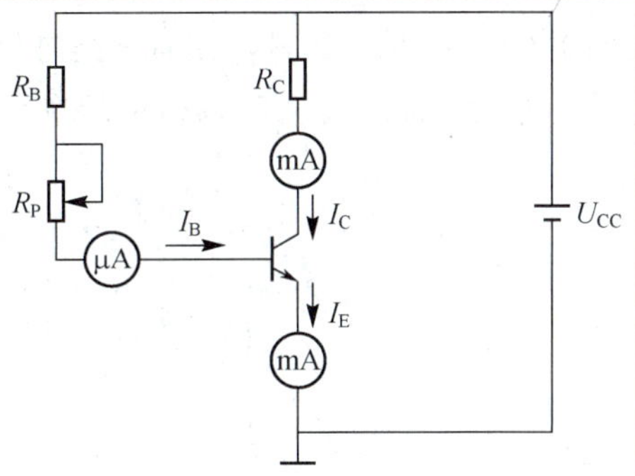

图 4-18 晶体管电流的实验电路

调节电位器 R_P，则基极电流 I_B、集电极电流 I_C 和发射极电流 I_E 都发生变化。电流方向如图 4-18 所示，测量结果见表 4-1。

表 4-1 晶体管电流测量数据

I_B/mA	0	0.02	0.04	0.06	0.08	0.10
I_C/mA	<0.01	0.70	1.50	2.30	3.10	3.95
I_E/mA	<0.01	0.72	1.54	2.36	3.18	4.05

从表 4-1 中的实验数据可以得出晶体管各极电流的分配关系，即

$$I_E=I_C+I_B$$

此结果符合基尔霍夫电流定律，即发射极电流等于集电极电流与基极电流之和。

3. 晶体管的电流放大作用

从表 4-1 中的实验数据还可以看出 $I_C>>I_B$，而且当调节电位器 R_P 使 I_B 有一微小变化时，会引起 I_C 较大的变化，这表明基极电流（小电流）控制着集电极电流（大电流），所以晶体管是一个电流控制器件，这种现象称为晶体管的电流放大作用。

三、晶体管的特性曲线

晶体管的特性曲线用来表示晶体管各极电压和电流之间的相互关系，它反映了晶体管的性能，是分析放大电路的重要依据。

1. 输入特性曲线

输入特性曲线是指当集射电压 U_{CE} 为某一常数时，输入回路中的基射电压 U_{BE} 与基极电流 I_B 之间的关系曲线，用函数式表示为

$$I_B=f(U_{BE})|U_{CE}=常数$$

图 4-19 所示为某晶体管的输入特性曲线，可分为以下两种情况：

（1）当 U_{CE}=0 V 时，C、E 间短接，I_B 和 U_{BE} 的关系就是发射结和集电结两个正向二极管并联的伏安特性。

（2）当 U_{CE} 增大时，输入特性曲线右移，同样的 U_{BE} 和 I_B 将减小，这说明 U_{CE} 对输入特性有影响。图 4-19 画出了 U_{CE}>1 V 时的输入特性曲线。U_{CE} 越大，曲线越向右移。但从 U_{CE} 大于一定值（一般当 U_{CE}>1 V）后，曲线基本重合，因此只需测试一条 U_{CE}>1 V 的输入特性曲线。

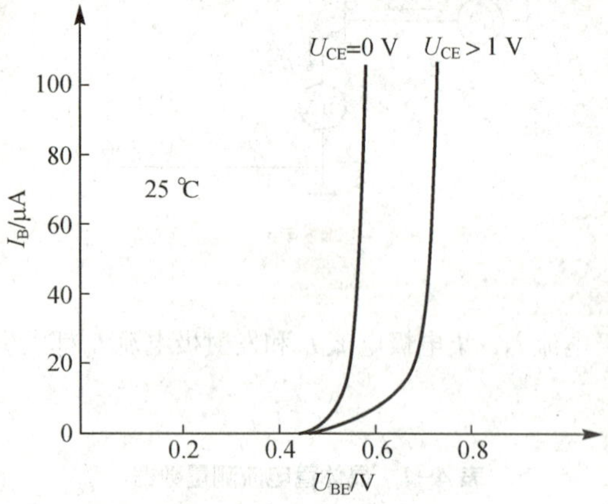

图 4-19 输入特性曲线

可以看出，晶体管的输入特性曲线是非线性的，且有一段死区。只有在发射结外加电压大于死区电压时，晶体管才会出现电流。硅管的死区电压约为 0.5 V，锗管的死区电压约为 0.2 V。晶体管导通时，其发射结电压变化不大，硅管约为 0.7 V，锗管约为 0.3 V。这是检查放大电路中晶体管是

否正常的重要依据，若检查结果与上述数值相差较大，可判断晶体管存在故障。

2. 输出特性曲线

输出特性曲线是在基极电流 I_B 一定的情况下，晶体管输出回路中集射电压 U_{CE} 与集电极电流 I_C 之间的关系曲线，用函数式表示为

$$I_C=f(U_{CE})|I_B=常数$$

图 4-20 所示为某晶体管的输出特性曲线。在不同的 I_B 下可得出不同的曲线，所以晶体管的输出特性曲线是一曲线簇。

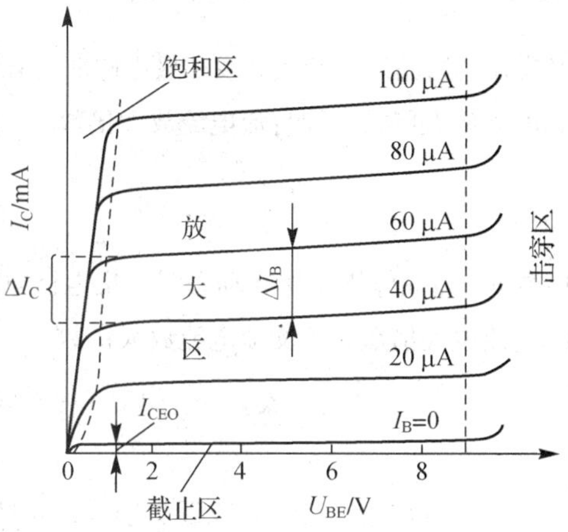

图 4-20 输出特性曲线

当 I_B 一定时，在 U_{CE} 超过一定数值（约 1 V）以后，U_{CE} 继续增大时，I_C 不再有明显的增加，此时晶体管具有恒流特性。

当 I_B 增大时，相应的 I_C 也增大，曲线上移，而且 I_C 比 I_B 大得多。

通常把晶体管的输出特性曲线分为四个区域：截止区、放大区、饱和区、击穿区。

（1）截止区。I_B=0 时的曲线以下的区域为截止区。当 I_B=0 时，$I_C=I_{CEO}$（在表 4-1 中，I_{CEO} 小于 10 μA）。对于 NPN 型硅管，U_{BE}<0.5 V 时已开始截止，但是为了可靠截止，通常使 $U_{BE} \leqslant 0$。

晶体管截止状态的工作条件是发射结零偏或反偏，集电结反向偏置。

（2）放大区。输出特性曲线的近似水平部分是放大区。在该区域内，管压降 U_{CE} 已足够大，发射结正向偏置，集电结反向偏置，I_C 与 I_B 成正比，即 I_B 有一个微小变化，I_C 将按比例发生较大的变化。这既体现了晶体管的电流放大作用，也体现了基极电流对集电极电流的控制作用。

晶体管处于放大状态的工作条件是发射结正向偏置，集电结反向偏置。

（3）饱和区。饱和区是对应于 U_{CE} 较小的区域（$U_{CE}<U_{BE}$），此时发射结和集电结均处于正向偏置，I_C 几乎不能随 I_B 的增大而增大，即 I_C 不受 I_B 的控制，晶体管失去放大作用，I_C 处于“饱和”状态。晶体管工作在饱和区时，集电极与发射极之间的管压降称为晶体管的饱和压降 U_{CES}，锗管 U_{CES} 约为 0.1 V，硅管 U_{CES} 约为 0.3 V。

晶体管饱和状态的工作条件是发射结、集电结均正向偏置。

以上三个区域均为晶体管的正常工作区。晶体管工作在饱和区和截止区时，具有“开关”特性，因而常用于脉冲数字电路；晶体管工作在放大区时，可在模拟电路中起放大作用。即晶体管具有“开关”和“放大”两大功能。

（4）击穿区。从曲线的右边可以看到，当 U_{CE} 大于某一值后，I_C 开始剧增，这个现象称为一次击穿。晶体管一次击穿后，集电极电流突增，只要电路中有合适的限流电阻，击穿电流小，时间短，晶体管不会烧毁。当集电极电压降低后，晶体管仍能恢复正常工作。

四、晶体管的主要参数

1. 电流放大倍数

（1）共射直流电流放大倍数 $\bar{\beta}$ 。当晶体管接成共发射极电路时，在静态时，集电极电流 I_C 与基极电流 I_B 的比值称为共射静态电流放大倍数，即直流电流放大倍数。

$$\bar{\beta}=\frac{I_C}{I_B}$$

（2）共射交流电流放大倍数 β。当晶体管工作在动态时，集电极电流的变化量 ΔI_C 与基极电流的变化量 ΔI_B 的比值称为动态电流放大倍数，即交流电流放大倍数。

$$\beta=\frac{\Delta I_C}{\Delta I_B}$$

显然，$\bar{\beta}$ 和 β 的含义是不同的。但在输出特性曲线近于平行，并且在 I_{CEO} 较小的情况下两者数值较为接近。今后在估算时，常用 $\bar{\beta}\approx\beta$ 这个近似关系式。

2. 极间反向电流

极间反向电流的大小反映了晶体管质量的优劣，其值越小越好。

（1）集电极 - 基极反向饱和电流 I_{CBO}。I_{CBO} 是晶体管的发射极开路时，集电极和基极间的反向漏电流。在温度一定的情况下，I_{CBO} 接近常数，所以又称反向饱和电流。

温度升高时，I_{CBO} 会增大，使管子的稳定性变差。小功率硅管的 I_{CBO} 小于 1 A，锗管的 I_{CBO} 约为 10 μA。I_{CBO} 的测量电路如图 4-21（a）所示。

（2）穿透电流 I_{CEO}。I_{CEO} 为基极开路时，由集电区穿过基区流入发射区的穿透电流，它是 I_{CBO} 的（$1+\beta$）倍，即

$$I_{CEO}=(1+\beta)I_{CBO}$$

而集电极电流 I_C 为

$$I_C=\beta I_B+I_{CEO}$$

因此，由于 I_{CBO} 受温度影响较大，故温度变化对 I_{CEO} 的影响更大，选用管子一般希望极间反向饱和电流尽量小些。I_{CEO} 的测量电路如图 4-21（b）所示。

3. 极限参数

极限参数是指晶体管正常工作时所允许的电流、电压和功率等的极限值。如果超过这些值，就很难保证管子的正常工作，严重时将造成管子的损坏。常用的极限参数有以下几个。

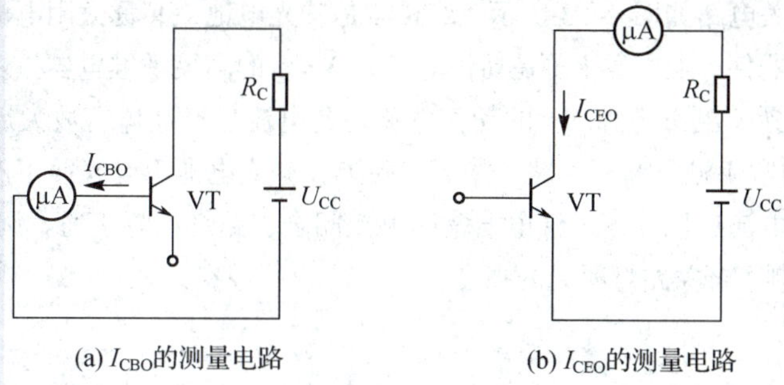

图 4-21 极间反向电流的测量电路

（1）集电极最大允许电流 I_{CM}。晶体管的集电极电流 I_C 超过一定值时，某些参数将变坏，特别是晶体管的 β 值将明显下降。当 β 值下降到正常值的 2/3 时的集电极电流，称为集电极最大允许电流，用 I_{CM} 表示。

（2）集电极－发射极反向击穿电压 $U_{(BR)CEO}$。$U_{(BR)CEO}$ 是指基极开路时，加于集电极与发射极间的反向击穿电压，其值通常为几十伏至几百伏以上。当温度上升时，击穿电压要下降，所以选择晶体管时，$U_{(BR)CEO}$ 应大于工作电压 U_{CE} 的两倍以上。使用中，若电压大于 $U_{(BR)CEO}$，将可能导致晶体管损坏。

（3）发射极－基极反向击穿电压 $U_{(BR)EBO}$。$U_{(BR)EBO}$ 是指集电极开路时，允许加在发射极与基极之间的最高反向电压，一般为几伏至几十伏。

（4）集电极最大允许功耗 P_{CM}。晶体管正常工作时，由于集电结所加反向电压较大，集电极电流 I_{CM} 也较大，因 $U_{CB} \approx U_{CE}$，故将 $U_{CM}I$ 作为集电极的功率损耗。根据管子工作时允许的最高温度，定出了集电极最大允许功率损耗 P_{CM}。晶体管在使用中应保证 $UI<P_{CM}$。根据 P_{CM} 值可在输出特性曲线上画出一条 P_{CM} 线，称为允许管耗线，如图 4-22 所示。使用时，P_C 不允许超过 P_{CM}。

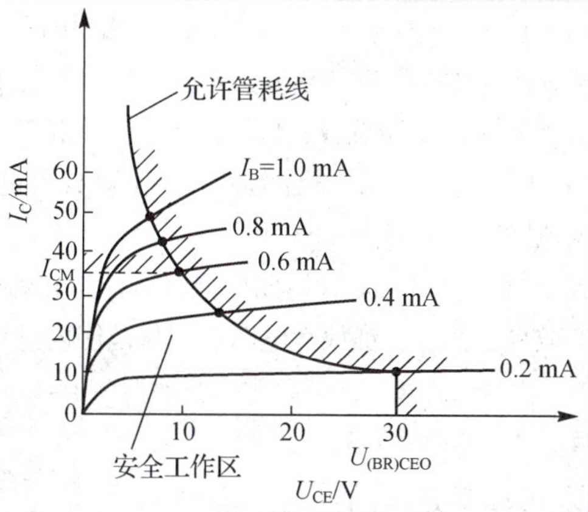

图 4-22 晶体管的安全工作区

4. 应用实例

简易路灯自动开关电路如图 4–23 所示。2CR44 是硅光电池，又称太阳电池，它是把光能直接转换为电能的半导体器件；继电器 KA 是动作电流为 6 mA 的高灵敏继电器。白天，硅光电池受光照产生的电流较小，达不到继电器 KA 的动作电流。此电流需经晶体管放大后，才能驱动继电器 KA 的线圈，使 KA 的常闭触点断开，路灯熄灭。晚上，硅光电池不受光照不产生电流，晶体管没有基极电流，集电极电流近似为零，继电器常闭触点闭合，路灯电源接通。调整电位器 R_P 可以调整基极电流，也就控制了开关路灯时光的强度。

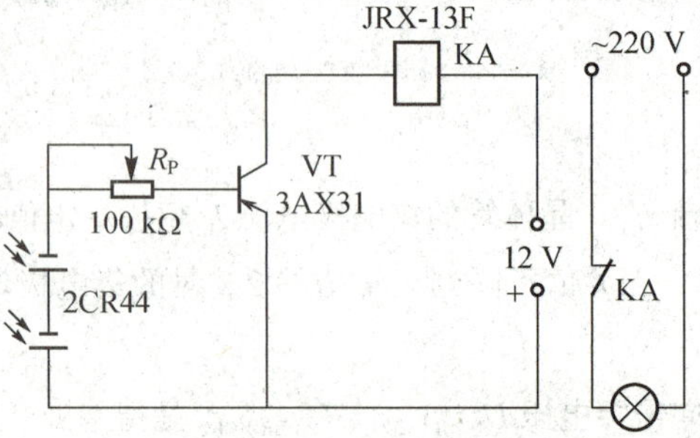

图 4–23 简易路灯自动开关电路

第三节 单管基本放大电路

一、对放大电路的要求

（1）有一定的输出功率。从上一节的实例中已知，由于基极电流对集电极电流有控制作用，所以硅光电池能以微小的功率来控制继电器动作时所需的较大功率。

（2）具有足够的放大倍数。放大倍数是衡量放大电路放大能力的重要参数。放大电路的输入信号十分微弱，要使它的输出达到额定功率，就要求放大电路具有足够的电流、电压放大倍数。

（3）失真要小。凡包含放大电路的仪器设备，如示波器、扩音机等，都要求输出信号与输入信号的波形一致。如果放大过程中波形变化了，就称为失真。实际放大过程中造成失真的因素很多，使用中要求失真不超过允许的范围。

（4）工作要稳定。当工作条件变化时，放大电路中晶体管的工作特性将受到影响。因此，必须采取措施尽量减少干扰，保证放大电路在工作范围内的稳定。

微课
共射极放大电路

二、共射基本放大电路

1. 共射基本放大电路的组成及各元器件的作用

1）电路组成

图 4–24 所示是最基本的交流放大电路。由于晶体管的发射极是输入和输出的公共端，故称为

共射基本放大电路。输入端接需要放大的交流信号源，输入电压为 u_i；输出端接负载电阻 R_L，输出电压为 u_o。

2）各元器件的作用

（1）晶体管 VT。它是放大电路的核心，起电流放大作用，即将微小的基极电流变化量转换成较大的集电极电流变化量，反映了晶体管的电流控制作用。

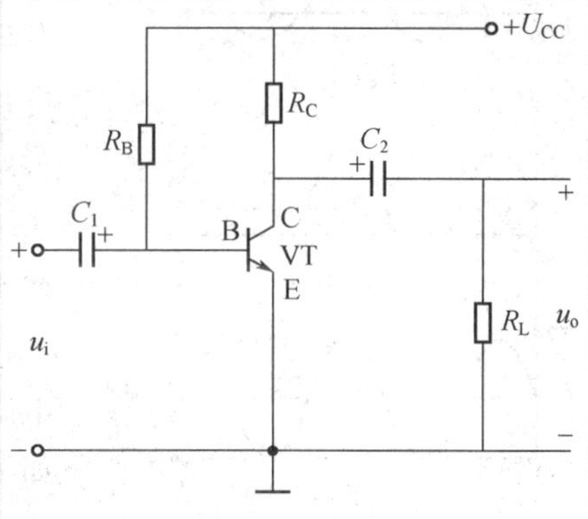

图 4-24 共射基本放大电路

（2）直流电源 U_{CC}。它使晶体管的发射结正偏，集电结反偏，确保晶体管工作在放大状态。它又是整个放大电路的能量提供者。放大电路把小能量的输入信号放大成大能量的输出信号，这些增加的能量就是由 U_{CC} 通过晶体管转换来的，绝非晶体管本身产生的。晶体管非但产生不了能量，还由于在工作时发热而消耗能量。

（3）集电极电阻 R_C。其作用是将晶体管的集电极电流变换成集电极电压（$u_{CE}=U_{CC}-i_CR_C$）。R_C 的值一般取几千欧至几十千欧。

（4）基极偏置电阻 R_B。它的作用是决定静态基极电流 I_{BQ} 的大小。I_{BQ} 也称偏置电流，故 R_B 称为偏置电阻。

（5）电容 C_1 和 C_2。其一是隔断直流，使电路的静态工作点不受输入端的信号源和输出端负载的影响；二是传送交流信号，当 C_1、C_2 的电容量足够大时，它们对交流信号呈现的容抗很小，可近似认为短路，故 C_1、C_2 称为耦合电容。

C_1、C_2 通常是大容量的电解电容，一般为几微法至几十微法。在连接电路时要注意其极性。

2. 共射基本放大电路的静态工作点

放大电路的工作状态分为静态和动态两种。静态是指放大电路无输入信号时的工作状态。静态工作点 Q 是指放大电路在静态时，晶体管各极电压和电流值（主要指 I_{BQ}、I_{CQ} 和 U_{CEQ}）。

静态工作点不同对放大电路有比较大的影响。由晶体的输入特性和输出特性可知，当 I_B 设置非常小，在输入信号为负半周时，交流信号所产生的 i_b 与直流量 I_B 叠加后，很容易使晶体管进入截止区而失去放大作用，如图 4-25（b）所示；当 I_B 设置较大，在输入信号为正半周时，交流信号所产生的 i_b 与直流量 I_B 叠加后，使 i_C 很大，u_{CE} 很小（此时集电结也正偏），这样又很容易使晶体管进入饱和区而失去放大作用，如图 4-25（d）所示。当工作点设置适当时，将得到图 4-25（c）所示的波形。因此，静态工作点设置得是否合理，直接影响着放大电路的工作状态，它是否稳定也影响着放大电路的稳定性。

3. 共射基本放大电路的工作原理

放大电路有输入信号时的工作状态称为动态。这时，放大电路在直流电源电压与输入的交流电压共同作用下，电流和电压既有直流成分，又有交流成分，总的电流与电压是随交流信号变化的脉动直流。

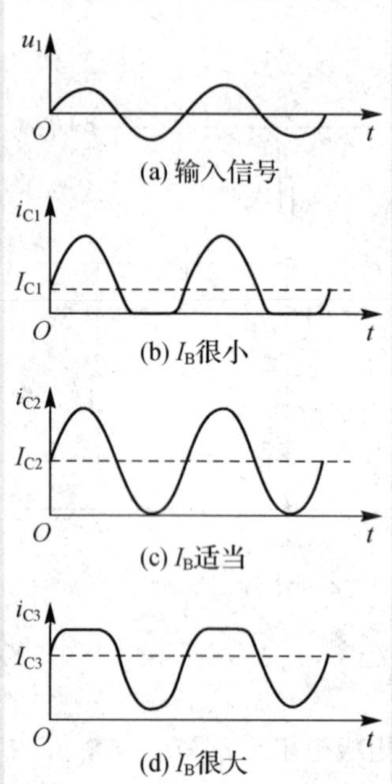

图 4–25 静态工作点对波形的影响

在图 4–26 所示的共射基本放大电路中，交流输入信号 u_i 通过耦合电容 C_1 送到晶体管的基极和发射极。图 4–26（a）所示为输入信号波形。电源 U_{CC} 通过偏置电阻 R_B 提供 U_{BEQ}，基射电压为交流信号 u_i 与直流电压 U_{BE} 的叠加，其波形如图 4–26（b）所示，它使基极电流 I_B 产生相应的变化，其波形如图 4–26（c）所示。

变化的基极电流 i_B 使集电极电流 i_C 有较大的变化，如图 4–26（d）所示。i_C 大时，集电极电阻 R_C 的压降也相应大，使集电极对地的电位降低；反之，i_C 小时，集电极对地电位升高。因此，集射电压 u_{CE} 波形与 i_C 变化情况正好相反，如图 4–26（e）所示。集电极的信号经过电容 C_2 耦合后隔离了直流成分 U_{CEQ}，输出只是信号的交流成分，如图 4–26（f）所示。

综上所述，在共射放大电路中，输入电压 u_i 与输出电压 u_o 频率相同，相位相反，因此这种单级的共发射极放大电路通常也称为反相放大电路。

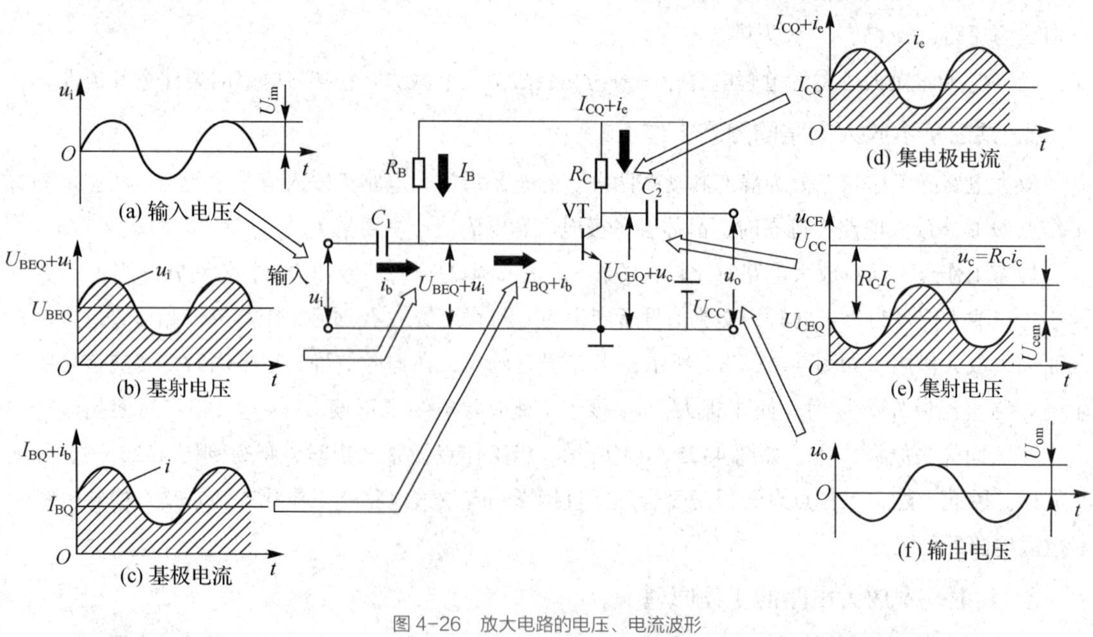

图 4–26 放大电路的电压、电流波形

4. 基本放大电路的估算分析法

由电路理论可知，在一个交流输入信号和直流电源信号共同作用的电路中，当交流信号变化范围较小时，可以将晶体管等效为线性元件。下面应用叠加定理，对共射放大电路进行分析。

1）静态分析

静态分析主要是确定放大电路的静态工作点（I_{BQ}、I_{CQ} 和 U_{CEQ}），这些物理量都是直流量，故可用放大电路的直流通路分析计算。

（1）直流通路的画法。令交流输入信号 u_i=0，电容 C_1 和 C_2 有隔断直流的作用，所以开路。据此画出图 4–24 所示电路的直流通路，如图 4–27 所示。

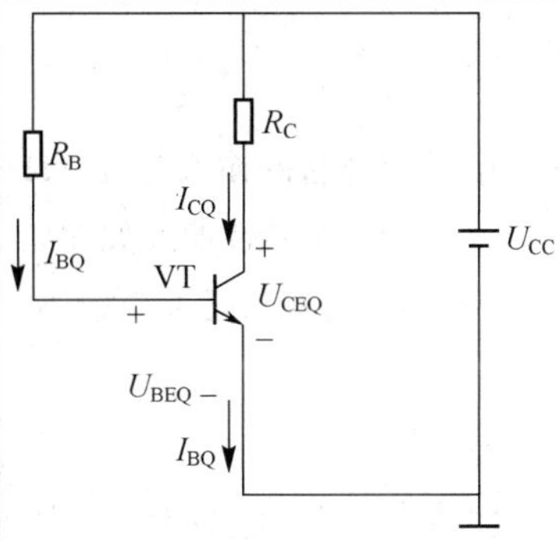

图 4–27　直流通路

（2）直流通路的作用。直流通路主要是为电路实现能量转换提供电能。其次，使电路获得合适的静态工作点。

根据图 4–27 所示的直流通路得出

$$I_{BQ}=\frac{U_{CC}-U_{BEQ}}{R_B}$$

硅管的 U_{BEQ} 约为 0.7 V，锗管的约为 0.3 V。当 $U_{CC}>>U_{BEQ}$ 时，可忽略 U_{BEQ}，即

$$I_{BQ}\approx\frac{U_{CC}}{R_B}$$

根据晶体管的电流放大特性可得

$$I_{CQ}=\beta I_{BQ}$$

再根据图 4–27 所示的直流通路可得

$$U_{CEQ}=\beta I_{BQ}$$

2）动态分析

动态分析主要确定放大电路的电压放大倍数、输入电阻和输出电阻等。动态时，因为有输入信号，晶体管的各个电流和电压瞬时值都含有直流分量和交流分量，而所谓放大，则只考虑其中的交流分量。动态分析最基本的方法是微变等效电路法。

（1）晶体管的微变等效电路。微变等效电路法又称小信号分析法，它将晶体管在静态工作点附近进行线性化，然后用一个线性模型来等效，如图 4–28 所示。下面从共射极接法的晶体管输入特性和输出特性两方面来分析。

由图 4–28（b）可以看出，晶体管的输入特性曲线是非线性的，但在输入小信号时，选择合适的 Q 点，则 Q 点附近的工作段可近似为直线。当 U_{CE} 为常数时，ΔU_{BE} 与 ΔI_B 之比为

$$r_{be}=\frac{\Delta U_{BE}}{\Delta I_B}$$

式中，r_{be} 为晶体管的输入电阻。在小信号工作条件下，r_{be} 是一个常数，因此晶体管的输入电路可

用 r_{be} 来等效，如图 4–28（d）所示。

低频小功率晶体管的 r_{be} 可用下式估算：

$$r_{be} \approx 300\,\Omega + \frac{26\text{ mV}}{I_{BQ}}$$

式中，r_{be} 为晶体管的输入电阻，Ω；I_{BQ} 为基极电流的静态值，mA。

晶体管的输出特性曲线如图 4–28（c）所示，在线性工作区是一组近似等距离平行的直线。当 U_{CE} 为常数时，ΔI_C 与 ΔI_B 之比为

$$\beta = \frac{\Delta I_C}{\Delta I_B} = \frac{i_c}{i_b}$$

β 是晶体管共射极放大电路的电流放大倍数。在小信号工作条件下，β 是常数，它反映晶体管的电流控制作用。晶体管输出回路用受控电流源 $i_c=\beta i_b$ 来代替，如图 4–28（d）所示。在电子技术手册中常用 h 来代表。

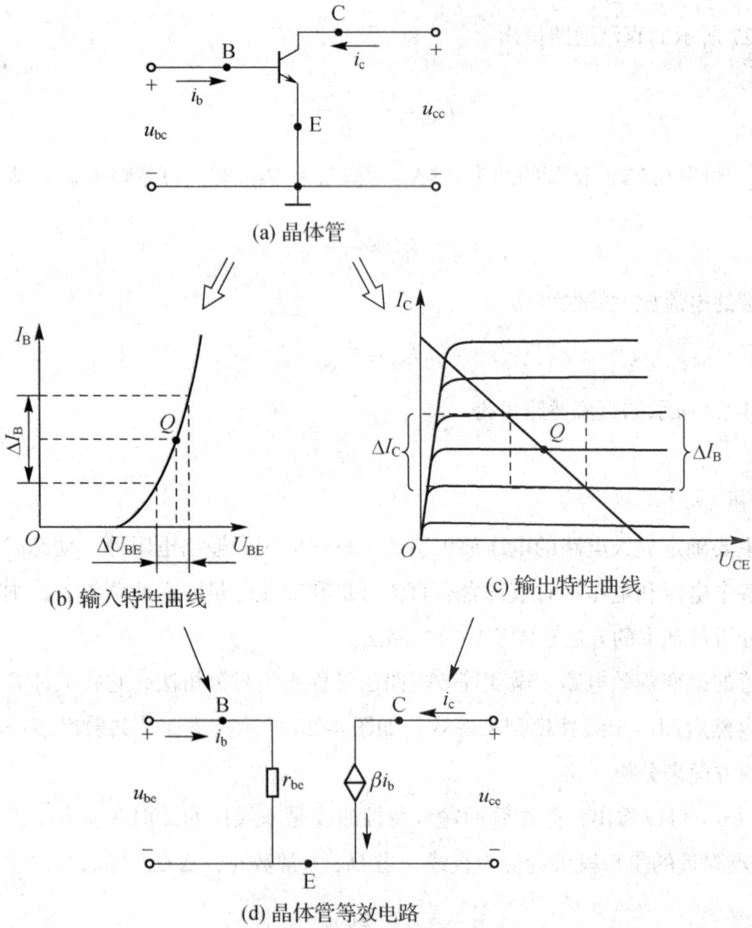

图 4–28　晶体管的微变等效电路

（2）放大电路的微变等效电路。由晶体管微变等效电路和放大电路的交流通路可得出放大电路的微变等效电路。图 4–29（a）是图 4–24 所示共射基本放大电路的交流通路。微变等效电路中的电压、电流都是交流分量。输入信号是正弦信号，可用相量表示，如图 4–29（b）所示。

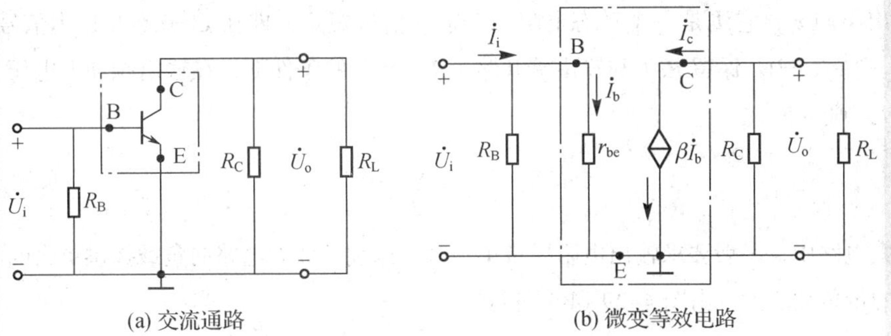

图 4–29　共射基本放大电路的交流通路和微变等效电路

（3）交流通路的画法。令直流电源 $U_{CC}=0$，即将电源正极与地线短接。在电容 C_1 和 C_2 的值较大时，它们对交流信号呈现的容抗很小，可以忽略不计，所以用短路代替。

（4）交流通路的作用。交流通路主要是将微弱的输入信号，按一定要求放大后，从输出端输出。

3）交流参数的计算

（1）电压放大倍数 A_u。放大电路输出电压与输入电压的比值称为电压放大倍数，定义为

$$A_u = \frac{\dot{U}_o}{\dot{U}_i}$$

由图 4–29（b）可得

$$\dot{U}_i = \dot{I}_b r_{be}$$

$$\dot{U}_o = -\dot{I}_o (R_L // R_C) = -\beta \dot{I}_b R'_L$$

$$A_u = \frac{\dot{U}_o}{\dot{U}_i} = -\beta \frac{R'_L}{r_{be}}$$

式中，负号表示输出电压与输入电压反相。若电路中输出端开路（$R_L=\infty$），则

$$A_u = -\beta \frac{R_C}{r_{be}}$$

（2）输入电阻 r_i。放大电路对信号源（或前一级放大电路）而言是一个负载，可以用一个动态电阻来等效，这个动态电阻就是放大电路的输入电阻，其定义为

$$r_i = \frac{\dot{U}_i}{\dot{I}_i}$$

由图 4–29（b）可得

$$r_i=R_B//r_{be}$$

一般 $R_B>>r_{be}$，故上式可近似为

$$r_i\approx r_{be}$$

（3）输出电阻 r_o。放大电路对负载（或后一级放大电路）而言是一个信号源，其内阻即为放大电路的输出电阻 r_o，它也是一个动态电阻。令输入信号短路，即在 $U_i=0$（当 U 为信号源 U_S 和内阻 R_S 时，只令 $U_S=0$，保留 R_S）和输出端开路（$R_L=\infty$）的条件下，在输出端加上电压 U，若产生的电流为 I，则

$$r_o=\frac{U}{I}$$

在放大电路中，一般要求输出电阻尽量小一些，以利于放大电路向负载提供更大的电流，提高放大电路的带负载能力。由图 4–29（b）可得

$$r_o=R_C$$

三、分压式偏置电路

共射基本放大电路结构简单，电压和电流放大作用都比较大，缺点是静态工作点不稳定。

静态工作点不稳定的原因很多，如电源电压波动、电路参数变化、晶体管老化等，但主因是晶体管特性参数（U_{BE}、β、I_{CBO}）随温度变化。

例如，当温度升高时，对于同样的 I_{BQ}，输出特性曲线将上移。严重时将使晶体管进入饱和区而失去放大能力，这是不希望的。为了克服上述问题，常使用图 4–30 所示的分压式偏置电路。

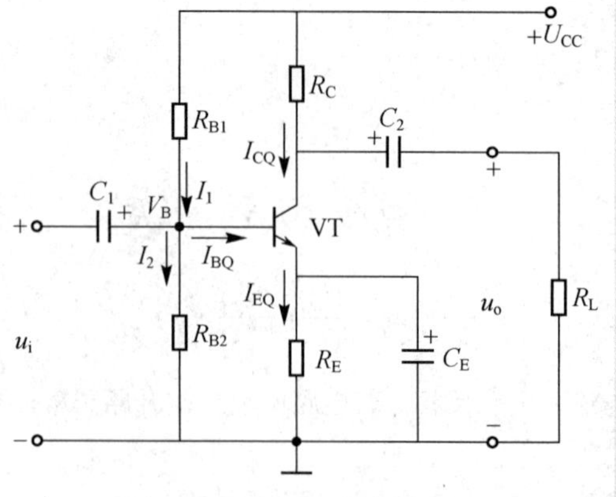

图 4–30　分压式偏置电路

分压式偏置电路的特点是：

（1）基极电位稳定。设流过电阻 R_{B1} 和 R_{B2} 的电流分别为 I_1 和 I_2，且 $I_1=I_2+I_{BQ}$，一般 I_{BQ} 很小，所以 $I_1>>I_{BQ}$，可以近似地认为 $I_1=I_2$，则

$$V_B \approx \frac{R_{B2}U_{CC}}{R_{B1}+R_{B2}}$$

所以基极电位 V_B 由电压 U_{CC} 经 R_{B1} 和 R_{B2} 分压所决定，随温度变化很小。

（2）静态工作点稳定。利用发射极电阻 R_E 来获得反映电流 I_E 变化的信号，反馈到输入端，实现工作点稳定。其过程为

$$t(℃)\uparrow — I_{CQ}\uparrow — V_E\uparrow — U_{BEQ}\downarrow — I_{BQ}\downarrow — I_{CQ}\downarrow$$

通常 $V_B >> U_{BEQ}$，所以发射极电流

$$I_{EQ}=\frac{V_B-U_{BEQ}}{R_E}\approx\frac{V_B}{R_E}$$

根据 $I_1>>I_{BQ}$ 和 $V_B>>U_{BEQ}$ 两个条件，得出的式子分别说明了 V_B 和 I_{EQ} 是稳定的，基本不随温度而变，而且也基本与管子的参数 β 无关。

例 4–2　在图 4–30 所示电路中，已知 U_{CC}=12 V，$R_C=R_E$=2 kΩ，R_{B1}=20 kΩ，R_{B2}=10 kΩ，R_L=2 kΩ，晶体管的 β=40，试计算：

（1）静态工作点。

（2）输入电阻 r_i、输出电阻 r_o 和电压放大倍数 A_u。

解　图 4–30 所示电路的直流通路和微变等效电路如图 4–31 所示。

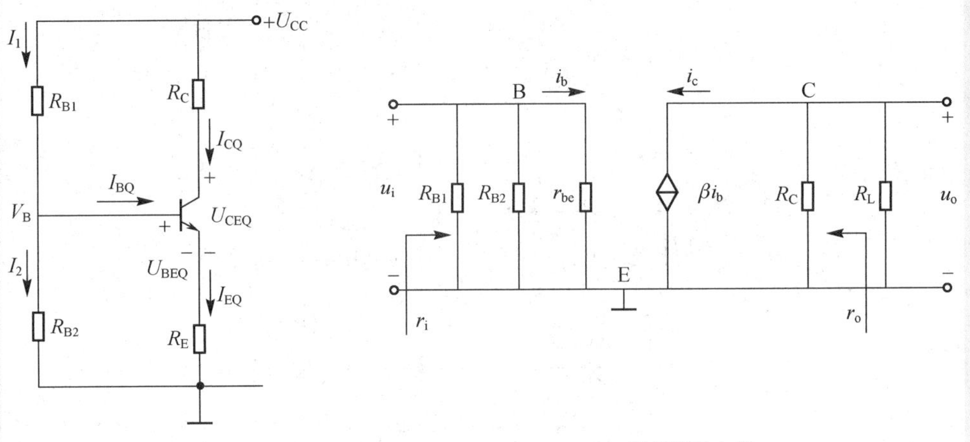

(a) 直流通路　　(b) 微变等效电路

图 4–31　例 4–2 图

（1）可得

$$I_{EQ}\approx\frac{V_B}{R_E}\approx\frac{R_{B2}U_{CC}}{(R_{B1}+R_{B2})R_E}=\frac{10\times12}{(10+20)\times2}\text{mA}=2\text{ mA}$$

则

$$I_{CQ}\approx I_{EQ}=2\text{ mA}$$

$$I_{BQ}=\frac{I_{CQ}}{\beta}=\frac{2}{40}\text{mA}=0.05\text{ mA}$$

$$U_{CEQ}\approx U_{CC}-I_{CQ}(R_C+R_E)=12\text{ V}-2\times(2+2)\text{ V}=4\text{ V}$$

（2）可得

$$r_{be}=300\,\Omega+\frac{26\text{ mV}}{I_{BQ}}=300\,\Omega+\frac{26}{0.05}\,\Omega=820\,\Omega$$

由图 4–31（b）所示电路可计算其交流参数如下：

$$r_i=R_{B1}//R_{B2}//r_{be}\approx r_{be}=820\,\Omega$$

$$r_o=R_C=2\text{ k}\Omega$$

$$R_L'=R_C//R_L=\frac{2\times2}{2+2}\text{k}\Omega=1\text{ k}\Omega$$

$$A_u=-\beta\frac{R_L'}{r_{be}}=-40\times\frac{1\times10^3}{820}\approx-49$$

四、射极输出器

图 4–32 所示是一个射极输出器。

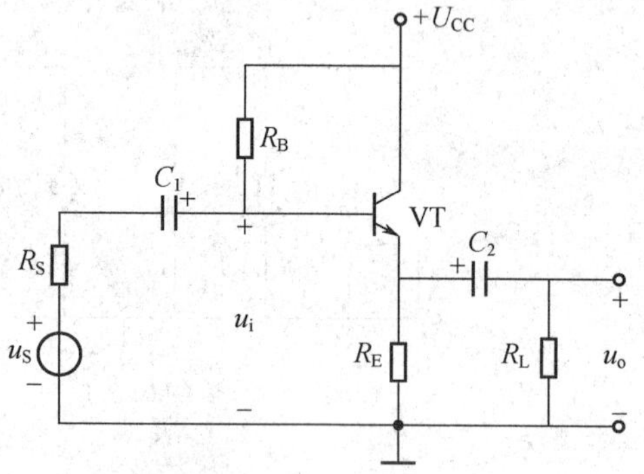

图 4–32 射极输出器

1. 电路分析

通过静态分析得出，射极输出器中的电阻 R_E 同样具有稳定工作点的作用。

通过动态分析得出：

（1）电压放大倍数。

$$A_u=\frac{\dot{U}_o}{\dot{U}_i}=\frac{(1+\beta)R_L'}{r_{be}+(1+\beta)R_L'}<1$$

式中，A_u 略小于 1。正因为输出电压接近输入电压，二者的相位又相同，故射极输出器又称为射极跟随器，简称跟随器。

（2）输入电阻。

$$r_i = R_B // [r_{be} + (1+\beta)R'_L]$$

式中，$R'_L=R_E//R_L$。

通常 R_B 的阻值较大（几十千欧至几百千欧），R_E 的阻值也有几千欧，因此上式表明射极输出器的输入电阻较高，可达几十千欧至几百千欧。

（3）输出电阻。

$$r_o = R_E // \frac{r_{be} + (R_S // R_B)}{1+\beta}$$

式中，R_S 为信号源内阻（通常较小）。上式表明射极输出器的输出电阻较小，通常为几欧至几百欧。

由此可见，射极输出器的特点是输入电阻高，输出电阻低，没有电压放大能力。

2. 射极输出器在电路中的应用

（1）用于输入级。由于其输入电阻高，从信号源吸取的电流小，对信号源影响小，因此在放大电路中多用它作高输入电阻的输入级。

（2）用于输出级。放大电路的输出电阻越小，带负载能力越强。当放大电路接入负载或负载变化时，对放大电路影响小，可以保持输出电压的稳定。由于射极输出器的输出电阻小，因此常使用它作多级放大电路的输出级。

（3）用于隔离级。在共射放大电路的级间耦合中，往往存在着前级输出电阻大、后级输入电阻小这种阻抗不匹配的现象，这将造成耦合中的信号损失，使放大倍数下降。利用射极输出器输入电阻大、输出电阻小的特点，将其接入上述两级放大电路之间，在隔离前、后级的同时，起到了阻抗匹配的作用。

第四节 多级放大电路

在实际应用中，放大电路的输入信号都较微弱，有时可低到毫伏或微伏级。为了驱动负载工作，必须由多级放大电路对微弱信号进行连续放大，方可在输出端获得必要的电压幅度或足够的功率。图 4–33 所示为用作音频功放的多级放大电路的组成框图，其中输入级和中间级主要用作电压放大，可将微弱的输入电压放大到足够的幅度；后面的末前级和输出级用作功率放大，以输出负载所需要的功率。在多级放大电路中，每两个单级放大电路之间的连接方式称为级间耦合。常用的级间耦合方式有阻容耦合、直接耦合、变压器耦合和光耦合四种。

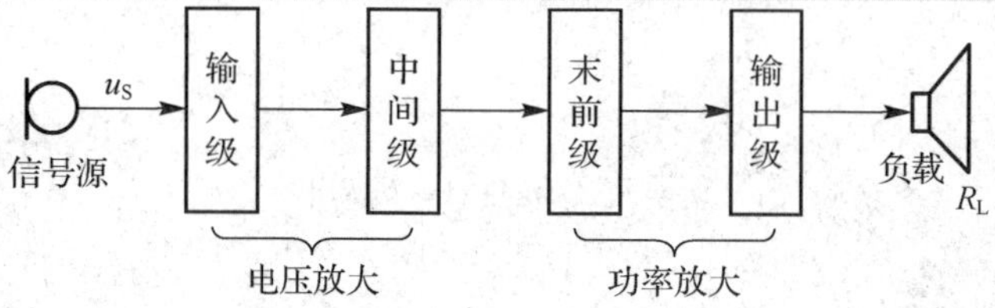

图 4-33　用作音频功放的多级放大电路的组成框图

一、级间耦合方式及特点

1. 阻容耦合

图 4-34 所示为两级阻容耦合放大电路，两级之间是通过电容耦合起来的。由于电容有“隔直流、通交流”的作用，因此前一级的交流输出信号可以通过耦合电容传送到后一级的输入端，而各级放大电路的静态工作点相互没有影响。此外，它还具有体积小、质量轻的优点。这些优点使它在多级放大电路中得到广泛应用。但阻容耦合方式不适合传送变化缓慢的信号，因为这类信号在通过耦合电容时会有很大的衰减。至于直流信号，则根本不能传送。

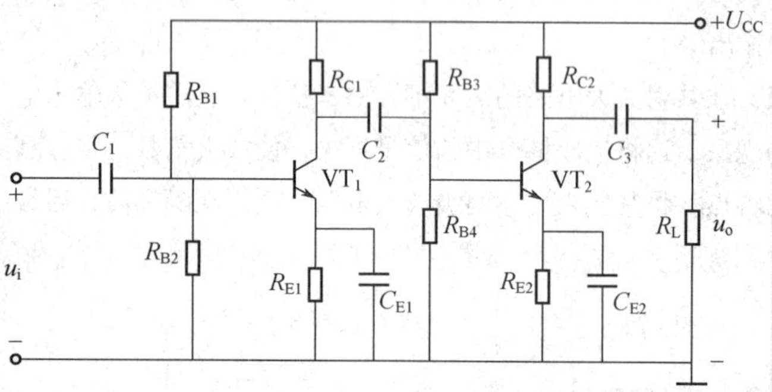

图 4-34　阻容耦合

2. 直接耦合

为了避免耦合时电容对缓慢信号造成的衰减，可以把前一级的输出端直接接到下一级的输入端，如图 4-35 所示。把这种连接方式称为直接耦合。直接耦合放大电路不仅能放大交流信号，还能放大直流信号或变化缓慢的信号；但直接耦合使各级的直流通路互相连通，各级的静态工作点互相影响，温度变化造成的直流工作点的漂移会被逐级放大，温漂较大。直接耦合是集成电路内部常用的耦合方式。

3. 变压器耦合

通过变压器实现级间耦合的放大电路如图 4-36 所示。变压器 T_1 将第一级的输出电压信号变换成第二级的输入电压信号，变压器 T_2 将第二级的输出电压信号变换成负载所要求的电压。

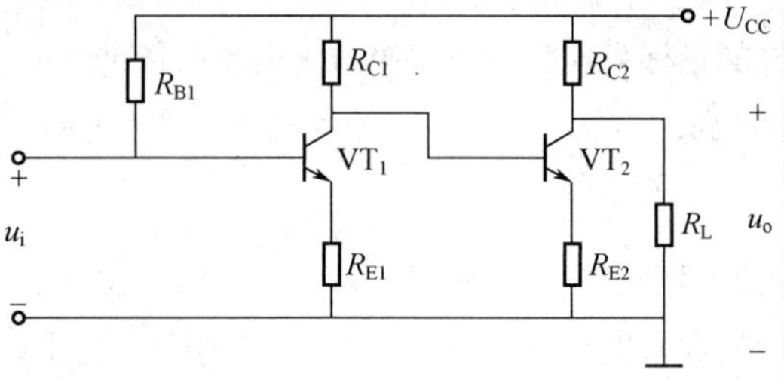

图 4-35 直接耦合

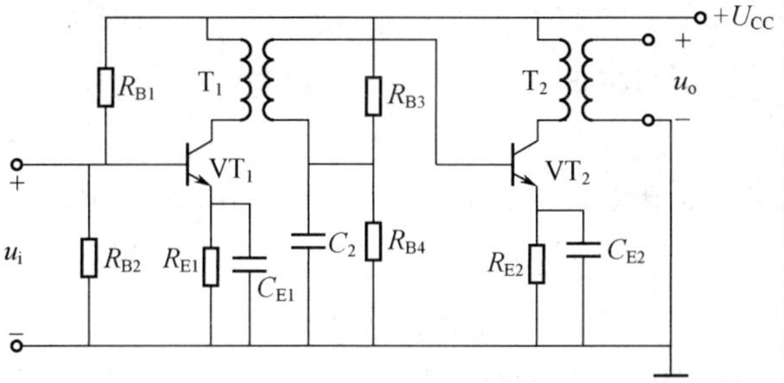

图 4-36 变压器耦合

变压器耦合的最大优点是能够进行阻抗、电压和电流的变换，这在功率放大器中常常用到。由于变压器对直流电无变换作用，因此其具有很好的隔直作用。变压器耦合的缺点是体积和质量都较大，高频性能差，价格昂贵，不能传送变化缓慢的信号或直流信号。

4. 光耦合

图 4-37 所示为光耦合放大器，其前级与后级的耦合器件是光耦合器件。前级的输出信号通过发光二极管转换为光信号，该光信号照射在光敏晶体管上，还原为电信号送至后级输入端。光耦合既可传输交流信号又可传输直流信号，既可实现前后级的电隔离又便于集成化。

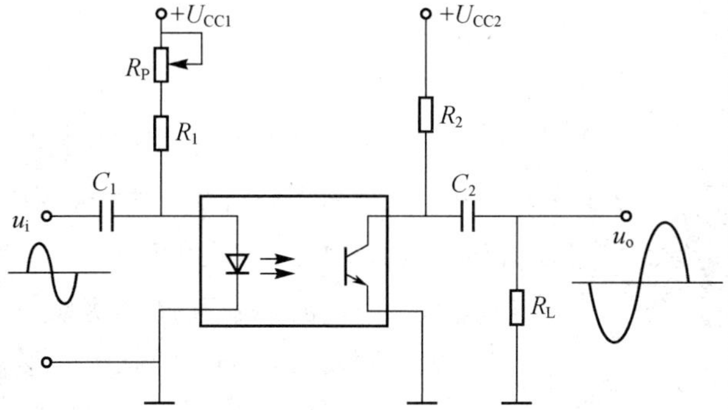

图 4-37 光耦合

二、多级放大电路的分析

单级放大电路的某些性能指标可作为分析多级放大电路的依据，但多级放大电路又有其特点。为此，我们将分析多级放大电路的电压放大倍数、输入电阻、输出电阻及非线性失真等内容。

1. 电压放大倍数

多级放大电路对被放大的信号而言，属串联关系。前一级的输出信号就是后一级的输入信号。设各级放大电路的电压放大倍数依次为 A_{u_1}、A_{u_2}、…、A_{u_n}，则输入信号 u_i 被第一级放大电路放大后输出电压成了 $A_{u_1}u_i$，经第二级放大电路放大后的输出电压成为 $A_{u_1}A_{u_2}u_1$，以此类推，通过 n 级放大电路放大后，输出电压为 $A_{u_1}A_{u_2}A_{u_3}\cdots A_{u_n}u_i$。所以，多级放大电路总的电压放大倍数为各级电路电压放大倍数之积，即

$$A_u=A_{u_1}A_{u_2}\cdots A_{u_n}$$

式中，A_{u_1}、A_{u_2}、…、$A_{u_{n-1}}$ 为有负载时的电压放大倍数，其负载为相应后级的输入电阻；A_{u_n} 则视具体电路而定。

电压放大倍数在工程中常用对数形式来表示，称为电压增益，用字母 G_u 表示，单位为分贝（dB）：

$$G_u=20\lg|A_u|$$

若用分贝表示，则总增益为各级增益的代数和，即

$$G=20\lg|A_{u_1}A_{u_2}\cdots A_{u_n}|=20\lg|A_{u_1}|+20\lg|A_{u_2}|+\cdots+20\lg|A_{u_n}|$$
$$=G_{u_1}+G_{u_2}+\cdots+G_{u_n}$$

2. 输入电阻和输出电阻

多级放大电路的输入电阻和输出电阻与单级放大电路类似。其输入电阻是从输入端看进去的等效电阻，也就是第一级的输入电阻；输出电阻是从输出端看进去的等效电阻，即最后级的输出电阻。

3. 非线性失真

晶体管的输入特性曲线不是直线；输出特性曲线簇中，每一条输出特性曲线也不完全是直线，其间隔也不完全相等。这就导致了输入输出特性的非线性，经放大电路放大后的输出信号波形与输入信号波形相比总是有一些变异，称为波形失真。这种变异是由晶体管的非线性特性引起的，所以这种波形失真又称非线性失真。

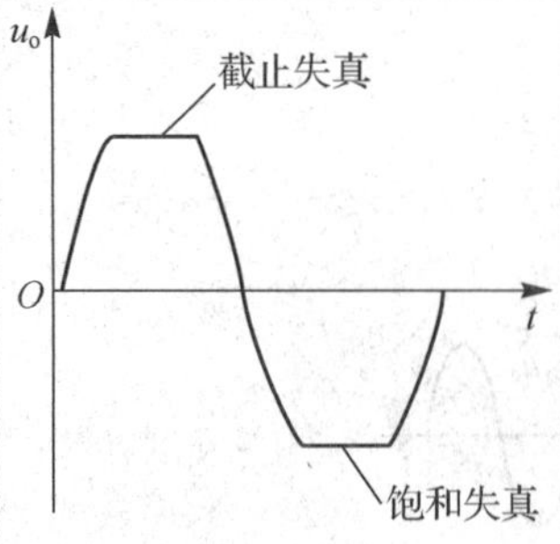

图 4-38　单管共射放大电路非线性失真波形

另外，如果放大电路的静态工作点选得不恰当或输入信号幅度过大，信号进入晶体管的截止区或饱和区而造成波形失真，这种失真分别称为截止失真和饱和失真，如图 4-38 所示，它们均属于非线性失真。对任何放大电路，总希望它的非线性失真越小越好。在多级放大电路中，由于各级均存在失真，则输出端波形失真更大。要减小输出波形的失真，就要尽力克服各单级放大电路的失真。

三、差动放大电路

在自动控制和检测装置中，待处理的电信号有许多是变化极为缓慢的，这类信号统称为直流信号。用来放大直流信号的放大电路称为直流放大电路，直流放大电路不能使用阻容耦合或变压器耦合方式，只有采用直接耦合方式才能使直流信号逐级顺利传送，但采用直接耦合必须处理好抑制零点漂移这一关键问题。

1. 零点漂移

将直流放大电路的输入端对地短路，使之处于静态时，在输出端用直流毫伏表进行测量，会出现不规则变化的电压，即表针时快时慢不规则摆动，这种现象称为零点漂移，简称零漂，如图 4–39 所示。在直接耦合放大电路中，前一级的零漂电压会传到后级并被逐级放大，严重时零漂电压会超过有用的信号，这将导致测量和控制系统出错。

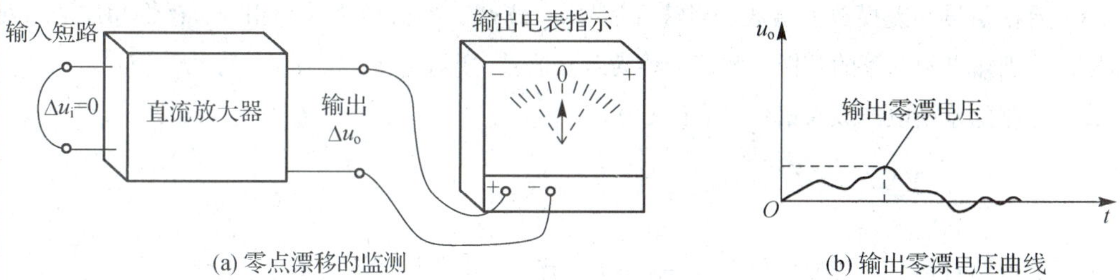

图 4–39 零点漂移现象

造成零漂的原因是电源电压的波动和晶体管参数随温度的变化，其中温度变化是产生零漂的最主要原因。

抑制零漂的方法很多，如采用高稳定度的稳压电源抑制电源电压波动引起的零漂，利用恒温系统消除温度变化的影响等。最常用的方法是利用两只特性相同的晶体管接成差动放大电路，这种电路在集成运放（详见第五章）及其他模拟集成电路中常作为输入级及前置级。

2. 基本差动放大电路

（1）电路结构。差动放大电路是一种能够有效抑制零漂的直流放大电路，图 4–40 所示是最基本的电路形式。从电路中可以看出，它是由两个完全对称的单管放大电路组成的。两个晶体管及对应的电阻参数基本一致。u_{id} 是输入电压，它经 R_1、R_2 分压为 u_{i1} 与 u_{i2}，分别加到两管的基极，经过放大后获得输出电压 u_o。输出电压 u_o 等于两管集电极输出电压之差：$u_o=u_{o1}-u_{o2}$。

（2）抑制零漂原理。因为左右两个放大电路完全对称，所以在输入信号 $u_{id}=0$ 时，$u_{o1}=u_{o2}$，因此输出电压 $u_o=0$，即表明放大电路具有零输入时零输出的特点。

当温度变化时，左右两个管子的输出电压 u_{o1}、u_{o2} 都发生变动，但由于电路对称，两管的输出变化量（即每管的零漂）相同，即 $\Delta u_{o1}=\Delta u_{o2}$，则 $u_o=0$。可见，利用两管的零漂在输出端相抵消，可以有效抑制零漂。

第一章 第二章 第三章 第四章 第五章 第六章 第七章 第八章

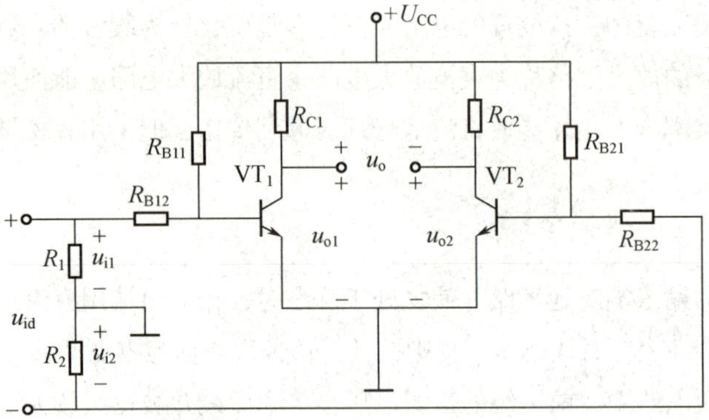

图 4-40　基本差动放大电路

（3）差模信号和差模放大倍数。当输入信号 u_{id} 被 R_1、R_2 分压为大小相等、极性相反的一对输入信号，分别输入到两管的基极，此信号称为差模信号，即 $u_{id1}=u_{id}/2$，$u_{id2}=-u_{id}/2$。

放大电路的差模电压放大倍数 A_{ud} 定义为

$$A_{ud}=\frac{u_{od}}{u_{id}}$$

因两侧电路对称，电压放大倍数 $A_{u1}=A_{u2}=A_u$，有

$$A_{ud}=\frac{u_{od}}{u_{id}}=\frac{u_{od1}-u_{od2}}{u_{id}}=\frac{A_{u1}u_{id1}-A_{u2}u_{id2}}{u_{id}}=A_u$$

即

$$A_{ud}=A_u$$

该电路以多一倍的元件换来了对零漂抑制能力的提高。

（4）共模信号和共模抑制比。在两个输入端分别加上大小相等、极性相同的信号，此信号称为共模信号，即 $u_{ic}=u_{ic1}=u_{ic2}$，这种输入方式称为共模输入。共模电压放大倍数定义为

$$A_{uc}=\frac{u_{oc}}{u_{ic}}$$

对于完全对称的放大电路，其共模输出电压 $u_{oc}=u_{oc1}-u_{oc2}=0$，则

$$A_{uc}=0$$

在理想情况下，由于温度变化、电源电压波动等原因所引起两管的输出电压漂移量 Δu_{o1} 和 Δu_{o2} 相等，它们分别折合为各自的输入电压漂移也必然相等，即为共模信号。可见，零点漂移等效于共模输入。实际上，放大电路不可能绝对对称，故共模放大信号不为零。共模放大倍数 A_{uc} 越小，则表明放大电路抑制零漂的能力越强。

常用共模抑制比 K_{CMR} 来衡量放大电路对有用信号的放大能力以及对无用漂移的抑制能力，其定义是

$$K_{CMR}=\left|\frac{A_{ud}}{A_{uc}}\right|$$

共模抑制比越大，放大电路的性能越好。

（5）差模信号与共模信号共存。当放大电路两个输入端的实际输入信号为 u_{i1}、u_{i2} 时，则

$$u_{id}=u_{i1}-u_{i2}$$

$$u_{ic}=\frac{u_{i1}+u_{i2}}{2}$$

此时，输出电压 u_o 中既有差模输出信号 u_{od}，又有共模输出信号 u_{oc}，即

$$u_o=u_{od}+u_{oc}$$

习题

一、填空题

4-1 二级管的主要特性是 ________，其主要参数有 ________、________ 和 ________。

4-2 二极管的两端加正向电压时，有一段死区电压，锗管约为 ______，硅管约为 ______。

4-3 整流电路是利用二极管的单向导电性，将 ________ 转换成脉动的 ________。

4-4 晶体管具有放大作用的外部条件是 ________ 结正向偏置，________ 结反向偏置。

4-5 晶体管是一种 ________ 控制 ________ 的控制器件。

4-6 共射极放大电路的输出电压与输入电压相位 ________。射极输出器的输出电压与输入电压相位 ________。

4-7 对直流通路而言，放大器中的电容可视作 ________；对于交流通路而言，容抗小的电容可视作 ________，直流电源可视作 ________。

二、选择题

4-8 在图 4-41 所示电路中，若测得 a、b 两端的电位如图所示，则二极管工作状态为（　　）。

A. 导通　　B. 截止　　C. 不确定

4-9 电路如图 4-42 所示，二极管为理想元件，U_S=3 V，则输出电压 U_o 为（　　）。

A.2/3 V　　B.3 V　　C.0

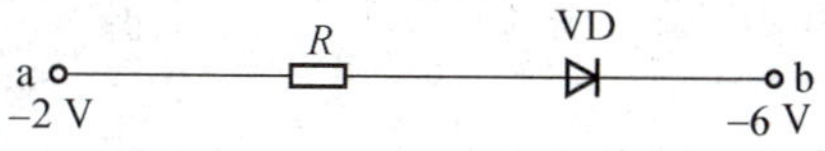

图 4-41 题 4-8 图

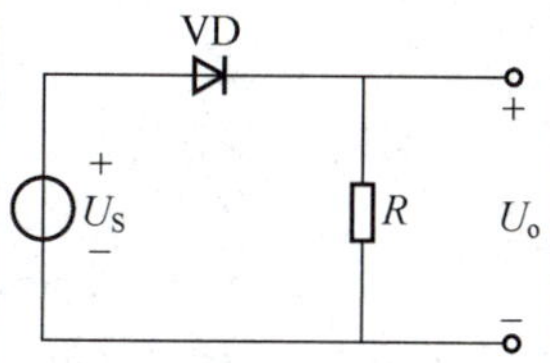

图 4-42 题 4-9 图

4-10　在图 4-43 所示电路中，所有二极管均为理想元件，则 VD_1、VD_2、VD_3 的工作状态分别为（　　）。

A.VD_1 导通，VD_2、VD_3 截止

B.VD_1、VD_2 截止，VD_3 导通

C.VD_2、VD_3 截止，VD_1 导通

4-11　在图 4-44 所示电路中，稳压管 VS_1 的稳压值为 6 V，稳压管 VS_2 的稳压值为 12 V，则输出电压 U_o 等于（　　）。

A.12 V　　B.6 V　　C.18 V

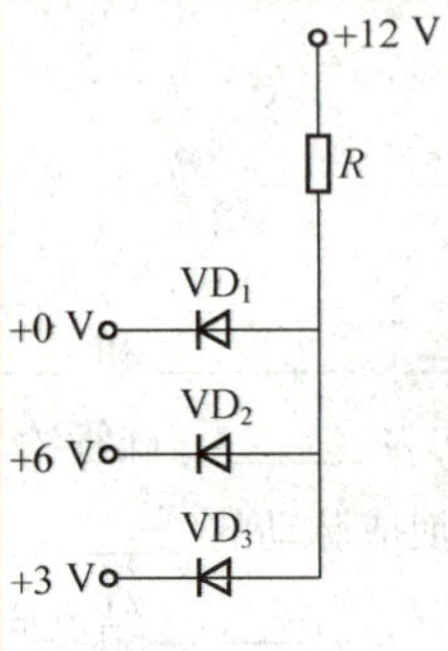

图 4-43　题 4-10 图

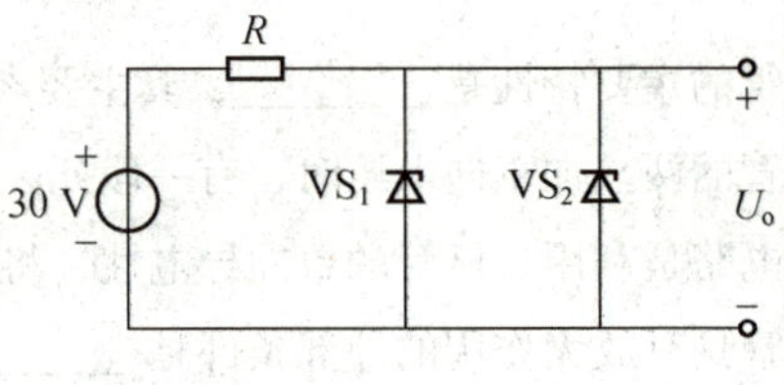

图 4-44　题 4-11 图

4-12　单相桥式整流电路如图 4-12 所示，已知交流电压 U_2=100 V，若有一个二极管损坏（断开），输出电压的平均值 U_o 为（　　）。

A.31.82 V　　B.45 V　　C.0

4-13　以下各项中，（　　）是正确的单相桥式整流电路。

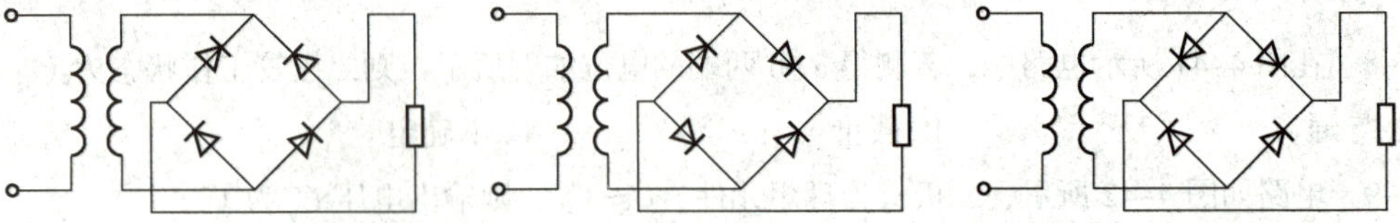

4-14　已知某两级单管放大电路的电压放大倍数分别为 20 和 30，且耦合方式为阻容耦合，其总的电压放大倍数为（　　）。

A.600　　B.50　　C.10

三、综合题

4-15　电路如图 4-45 所示，设二极管为理想元件，试求输出电压 U_o。

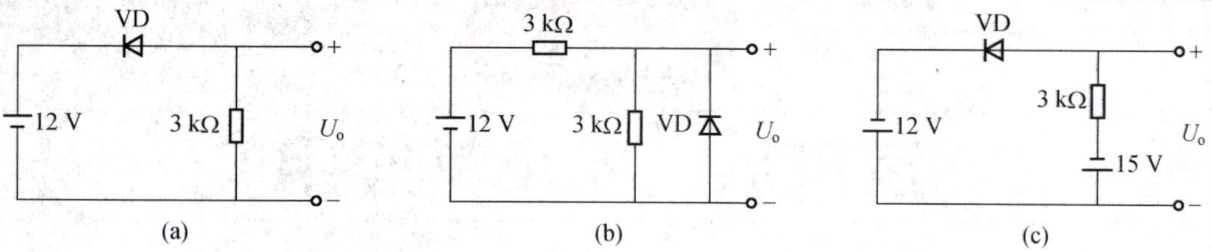

图 4-45 题 4-15 图

4-16 单相半波整流电路如图 4-10 所示，负载电阻 R_L=2 kΩ，变压器二次绕组电压 U_2=30 V。试求输出电压 U_o 和电流 I_o。

4-17 单相桥式整流电路如图 4-12 所示，已知负载电阻 R_L=1 kΩ。要求该整流电路输出直流电压 U_o=80 V，试求变压器二次绕组电压 U_2。

第五章 运算放大器及其应用

本章学习要点

（1）运算放大器的线性应用。

（2）运算放大器的非线性应用。

集成电路是利用半导体制造工艺把整个电路的各个元器件以及相互之间的连接线同时制造在一块半导体芯片上，组成一个不可分割的整体，实现了材料、元器件和电路的统一。集成电路与分立元器件电路比较，具有体积小、质量轻、功耗低的优点。由于减少了焊点，工作可靠性高，价格也较便宜。就导电类型而言，集成电路有双极型（晶体管）、单极型（场效应晶体管）和两种兼容的。就功能而言，集成电路有数字集成电路和模拟集成电路，而后者又有集成运算放大器、集成功率放大器和集成稳压电源等多种，本章主要介绍集成运算放大器。

第一节 集成运算放大器

集成运算放大器简称集成运放或运放，是具有高增益的多级直接耦合放大电路，在信号运算、信号处理、信号测量及波形产生等方面获得广泛应用。

一、集成运算放大器的组成

集成运算放大器的内部包括四个部分，即输入级、中间级、输出级和偏置电路，如图 5-1 所示。

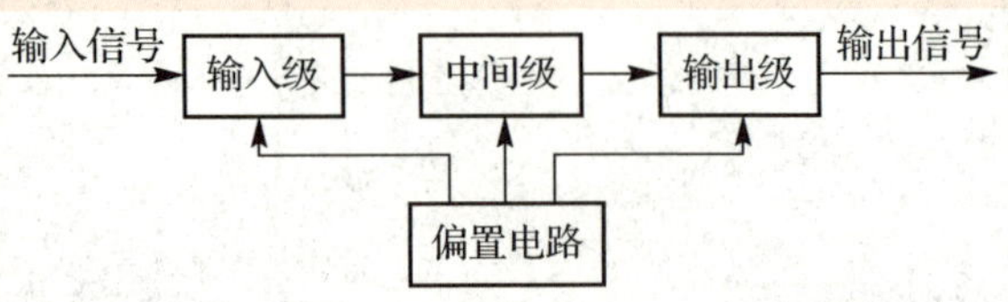

图 5-1 集成运算放大器的组成框图

微课
集成运算放大器的基本结构及内部电路

输入级是提高运算放大器质量的关键部分，要求其输入电阻高，能够抑制零点漂移和干扰信号。因此，输入级都采用差动放大电路，它有同相和反相两个输入端。

中间级主要进行电压放大，要求电压放大倍数高，一般由共射放大电路组成。

输出级与负载相接，要求其输出电阻低，带负载能力强，一般由互补对称电路或射极输出器组成。

偏置电路的作用是为上述各级电路提供稳定和合适的偏置电流，决定各级的静态工作点，一般由各种恒流源组成。

由于运算放大器内部电路相当复杂，对使用者而言，主要是掌握如何使用，知道它的各引脚的功能、主要参数及外部特性，对内部结构了解即可。

二、集成运算放大器的图形符号及外形

集成运算放大器的图形符号如图 5-2 所示。图中，u_+ 为同相输入端；u_- 为反相输入端；u_o 为输出端，$+U_{CC}$ 接正电源，$-U_{CC}$ 接负电源。

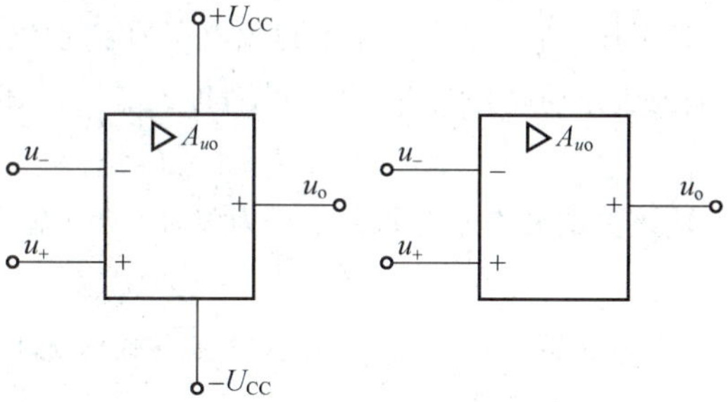

(a) 一般符号　　(b) 简化符号

图 5-2　集成运算放大器的图形符号

常见集成运放的外形有双列直插式和圆壳式等，如图 5-3 所示。双列直插式引脚号的识别方法是：引脚朝外，缺口向左，从左下脚开始为 1，逆时针排列。例如，LM358 是 8 引脚的双集成运放，各引脚号及功能如图 5-4 所示。需要注意的是，集成运放种类很多，不同型号的用途不同，引脚功能也不同，使用前必须查阅相关的手册和说明。

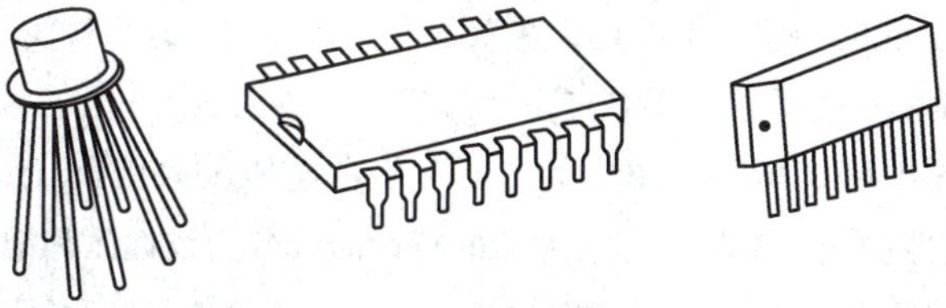

图 5-3　集成运放的外形

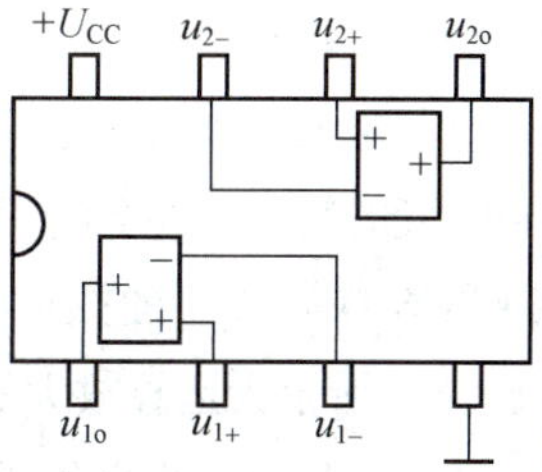

图 5-4　LM358 引脚功能图

三、集成运算放大器的主要参数

为了合理选择和正确使用运算放大器，必须了解运算放大器的主要参数及意义。其他参数可查阅手册。

（1）开环电压放大倍数 A_{uo}。开环电压放大倍数 A_{uo} 指运算放大器在无外加反馈情况下的空载电压放大倍数（差模输入），它是决定运算精度的重要因素，其值越大越好，一般为 10^4~10^7，即 80~140 dB（$20\lg|A_{uo}|$）。

（2）差模输入电阻 r_{id}。差模输入电阻 r_{id} 指运算放大器在差模输入时的开环输入电阻，一般为几十千欧至几十兆欧。r_{id} 越大，运放性能越好。

（3）开环输出电阻 r_o。开环输出电阻 r_o 指运算放大器无外加反馈回路时的输出电阻。r_o 越小，运放带负载能力越强。一般为 20~200 Ω。

（4）共模抑制比 K_{CMR}。共模抑制比 K_{CMR} 用来综合衡量运算放大器的放大和抗零漂、抗共模干扰的能力，K_{CMR} 越大，运放抗共模干扰能力越强。一般为 65~75 dB。

（5）输入失调电压 U_{io}。对于实际运算放大器，当输入电压 $u_+=u_-=0$ 时，输出电压 $u_o \neq 0$，将其折合到输入端就是输入失调电压。它在数值上等于输出电压为零时两输入端之间应施加的直流补偿电压。U_{io} 的大小反映了输入级差动放大电路的不对称程度，显然其值越小越好，一般为几毫伏，高质量的在 1 mV 以下。

（6）输入失调电流 I_{io}。输入失调电流 I_{io} 是输入信号为零时，两个输入端静态电流之差。I_{io} 一般为纳安级，其值越小越好。

（7）最大输出电压 U_{OPP}。最大输出电压 U_{OPP} 指运放在空载情况下，最大不失真输出电压的峰 - 峰值。

四、理想运算放大器的条件及分析依据

1. 理想化条件

集成运放的理想化条件如下：

（1）开环电压放大倍数 $A_{uo}\to\infty$。

（2）差模输入电阻 $r_{id}\to\infty$。

（3）开环输出电阻 $r_o\to 0$。

（4）共模抑制比 $K_{CMR}\to\infty$。

以上条件俗称“三高一低”。由于实际运算放大器的上述指标接近理想化条件，因此，在分析时用理想运算放大器代替实际放大器所引起的误差并不严重，在工程上是允许的，这样就使分析过程得到极大的简化。在分析运算放大器时，一般可将它看成是一个理想运算放大器。

理想运算放大器的图形符号如图 5–5（a）所示，图中的“∞”表示电压放大倍数 $A_{uo}\to\infty$。图 5–5（b）所示为运算放大器的传输特性曲线。实际运算放大器的特性曲线分为线性区和饱和区，理想运算放大器的特性曲线无线性区。实际运算放大器可工作在线性区，也可工作在饱和区，但分析方法截然不同。

当运算放大器工作在线性区时，它是一个线性放大元件，u_o 和（u_+-u_-）是线性关系，满足

$$u_o=A_{uo}(u_+-u_-) \tag{5-1}$$

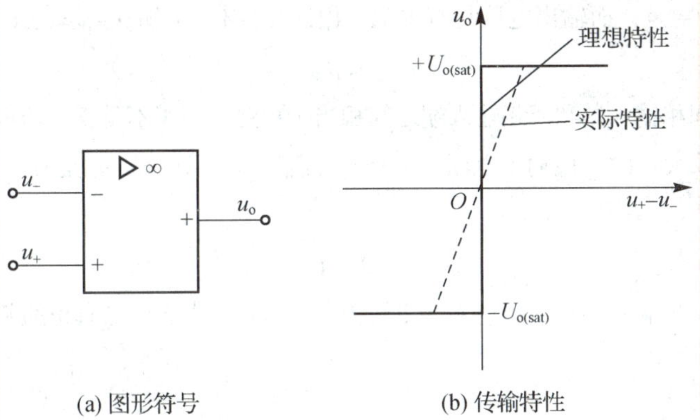

图 5–5 运算放大器的图形符号和传输特性

由于放大倍数很高，即使输入毫伏级以下的信号，也足以使输出电压饱和，其饱和值为 $\pm U_{o(sat)}$，在数值上接近正、负电源电压。另外，由于干扰，在线性区工作难于稳定。所以，要使运算放大器工作在线性区，通常引入深度负反馈。

当运算放大器的工作范围超出线性区在饱和区时，输出电压和输入电压不再满足式（5–1）表示的关系，此时输出只有两种可能，即

$$\left.\begin{array}{l} 当u_+ > u_-时，\quad u_o = +U_{o(sat)} \\ 当u_+ < u_-时，\quad u_o = -U_{o(sat)} \end{array}\right\} \tag{5-2}$$

例 5–1 F007 运算放大器如图 5–2 所示，正负电源电压为 ±15 V，开环电压放大倍数 $A_{uo}=2\times10^5$，输出最大电压为 ±13 V。分别加入下列输入电压，求输出电压及极性。

（1）$u_+=15\ \mu V$，$u_-=-10\ \mu V$。

（2）$u_+=-5\ \mu V$，$u_-=10\ \mu V$。

（3）$u_+=0\ V$，$u_-=5\ mV$。

（4）$u_+=5\ mV$，$u_-=0\ V$。

解 由式（5–1）得

$$u_+ - u_- = \frac{u_o}{A_{uo}} = \frac{\pm 13}{2\times10^5}\ V = \pm 65\ \mu V$$

可见，当两个输入端之间的电压绝对值小于 65 μV，输出与输入满足式（5–1），否则输出就满足式（5–2），因此有

（1）$u_o=A_{uo}(u_+-u_-)=2\times10^5\times(15+10)\times10^{-6}\ V=+5\ V$。

（2）$u_o=A_{uo}(u_+-u_-)=2\times10^5\times(-5-10)\times10^{-6}\ V=-3\ V$。

（3）$u_o=-13\ V$。

（4）$u_o=+13\ V$。

2. 分析依据

运算放大器工作在线性区时，依据“虚短”“虚断”两个重要的概念对运算放大器组成的电路

进行分析，极大地简化了分析过程。

（1）由于 $A_{uo}\to+\infty$，而输出电压是有限值，由式（5-1）可知 $u_+-u_-=u_o/A_{uo}\approx 0$，即

$$u_+\approx u_- \tag{5-3}$$

式（5-3）说明同相输入端和反相输入端之间相当于短路。由于不是真正的短路，故称为“虚短”。

（2）由于运算放大器的差模输入电阻 $r_{id}\to\infty$，而输入电压 $u_i=u_+-u_-$ 是有限值，两个输入端电流 $i_+=i_-=u_i/r_{id}$，即

$$i_+=i_-\approx 0 \tag{5-4}$$

式（5-4）说明同相输入端和反相输入端之间相当于断路。由于不是真正的断路，故称为“虚断”。

第二节 负反馈放大器

反馈在模拟电子电路中得到了非常广泛的应用。在放大电路中引入负反馈可以稳定静态工作点，稳定放大倍数，改变输入电阻、输出电阻，拓展通频带，减小非线性失真等。因此，研究负反馈是非常必要的。

一、反馈的基本概念

凡是将放大电路输出信号 X_o（电压或电流）的一部分或全部通过某种电路（反馈电路）引回到输入端，就称为反馈。若引回的反馈信号削弱输入信号而使放大电路的放大倍数降低，则称这种反馈为负反馈；若反馈信号增强输入信号，则称为正反馈。本节主要讲解负反馈。图 5-6 所示分别为无负反馈的基本放大电路和带有负反馈的放大电路的框图。显然，任何带有负反馈的放大电路都包含基本放大电路和反馈电路两部分。

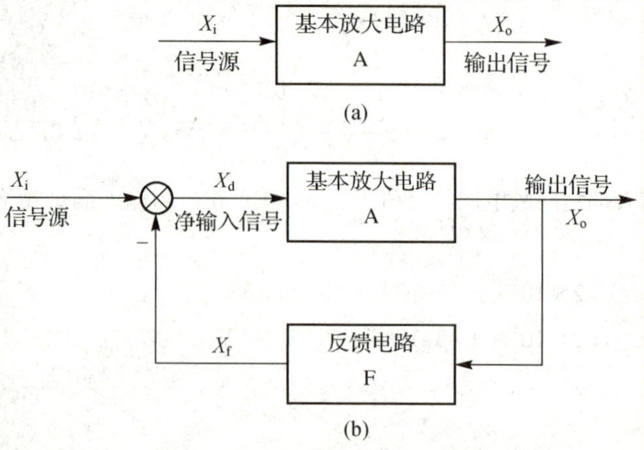

图 5-6 反馈放大电路框图

输入信号 X_i 与反馈信号 X_f 在"⊗"处叠加后产生净输入信号 X_d（$X_d=X_i-X_f$）。基本放大电路（开环）的放大倍数 $A=X_o/X_d$，反馈电路的反馈系数 $F=X_f/X_o$，带有负反馈的放大电路（闭环）的放大倍数 $A_f=X_o/X_i$。

二、反馈类型的判别方法

（1）有、无反馈的判别。判断有无反馈，就是判断有无反馈通道，即在放大电路的输出端与输入端之间有无电路连接。如果有电路连接，就有反馈，否则就没有反馈。反馈通道一般由电阻或电容组成。例如，图 5-7 所示电路有反馈，而 5-8 所示电路无反馈。

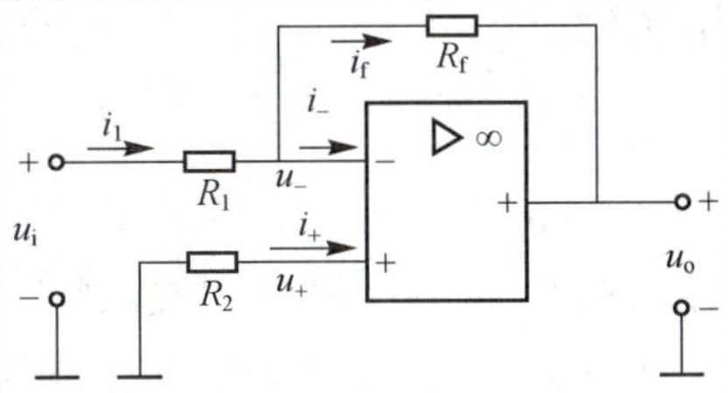

图 5-7 反相比例运算电路

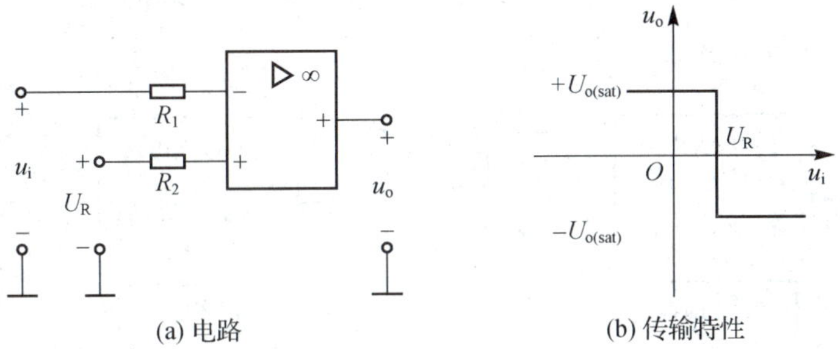

图 5-8 电压比较器

（2）交、直流反馈的判别。直流通路中所具有的反馈称为直流反馈，交流通路中所具有的反馈称为交流反馈。例如，分压式偏置电路中，电容 C 的通交流作用使 R_E 上只有直流反馈信号，并且使净输入 U_{BE} 减小，所以是直流负反馈。直流负反馈的目的是稳定静态工作点。再如射极输出器中的 R_E 既在直流通路上也在交流通路上，所以交、直流反馈都有。交流负反馈的目的是改善放大电路的性能，因此下面主要研究交流负反馈。

（3）正、负反馈的判别。用瞬时极性法，首先在放大器输入端设输入信号的极性为"+"或"–"，再依次按相关点的相位变化推出各点对地交流瞬时极性，最后根据反馈回输入端（或输入回路）的反馈信号瞬时极性看其效果，使净输入信号减小的是负反馈，否则是正反馈。例如，图 5-9（a）中净输入 $u_d=u_i-u_f$，图 5-9（b）中净输入 $i_d=i_i-i_f$，它们都是负反馈。如果将图中 u 的极性反相，i 的方向反相，则净输入增加，它们就是正反馈了。晶体管的净输入是 u_{be} 或 i_b。集成运算放大器的净输入是 $u_+ - u_-$ 或 i_- 及 i_+。

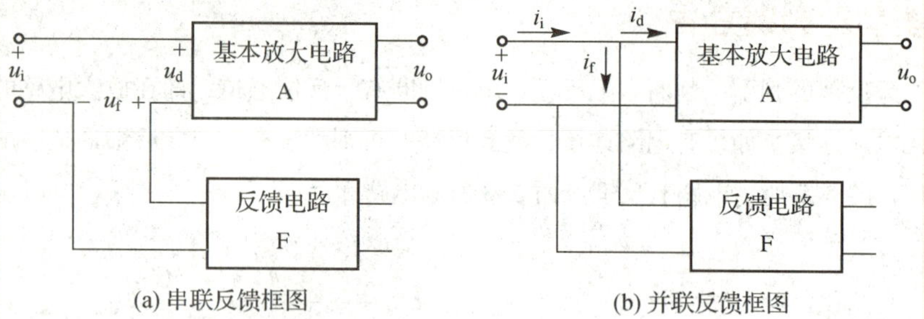

(a) 串联反馈框图　　(b) 并联反馈框图

图 5-9　正负反馈及串并联反馈的判别

（4）串联、并联反馈的判别。图 5-9 所示电路中，若输入信号 u_i 与反馈信号 u_f 在输入端相串联，且以电压相减的形式出现，即 $u_d=u_i-u_f$，则为串联负反馈；若输入信号 i_i 与反馈信号 i_f 在输入回路并联且以电流相减形式出现，即 $i_d=i_i-i_f$，则为并联负反馈。

（5）电流、电压反馈的判别。图 5-10 所示电路中，反馈信号取自输出电压，且 $X_f \propto u_o$，则是电压反馈；若反馈信号取自输出电流，且 $X_f \propto i_o$，则是电流反馈。实用的判断方法：将输出电压短接，若反馈量仍然存在，并且与 i_o 有关，则为电流反馈；若反馈量不存在或与 i_o 无关，则为电压反馈。

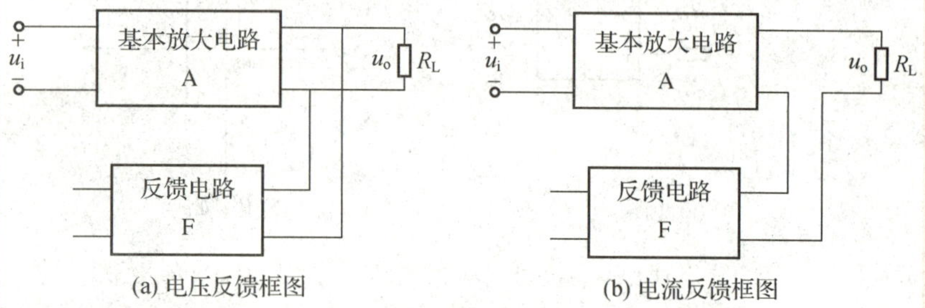

(a) 电压反馈框图　　(b) 电流反馈框图

图 5-10　电压、电流反馈判别

三、负反馈放大器的四种组态

综合上述反馈类型，负反馈有四种组态（类型），下面以图 5-11 所示的运算放大器中的负反馈电路为例进行介绍。

由于基本放大电路是运算放大器，因此在分析图 5-11 中的反馈组态时还要运用“虚断”“虚短”的概念。图 5-11（a）和图 5-11（c）都是反相输入，运算放大器的反相输入端为“虚地”。明确了上述概念后，先设 u_i 的极性，根据同相端、反相端的概念得出输出端的极性，再由反馈通道引回输入端，逐步判断出反馈量的极性或方向，这样就不难理解图 5-11 中电压标注的极性⊕都是实际极性，有助于反馈组态的分析。

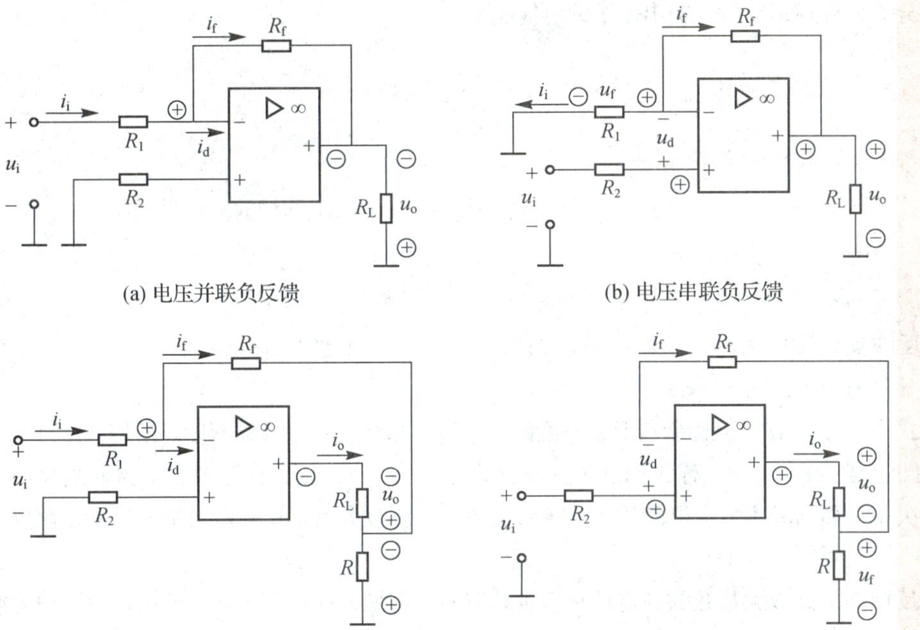

(a) 电压并联负反馈　(b) 电压串联负反馈

(c) 电流并联负反馈　(d) 电流串联负反馈

图 5-11　四种类型负反馈

（1）图 5-11（a）所示电路，从输入端看，净输入 $i_d=i_i-i_f$，因此是并联反馈。从反馈量看，$i_f=-u_o/R_f>0$（由图中 u_o 的实际极性可知 $u_o<0$），因此既是负反馈，又是电压反馈。综上所述，反馈组态为电压并联负反馈。

（2）图 5-11（b）所示电路，从输入端看，净输入 $u_d=u_i-u_f$，因此是串联反馈。从反馈量看，$u_f=R_1u_o/（R_f+R_1）>0$（由图中 u_o 的实际极性可知 $u_o>0$），因此既是负反馈，又是电压反馈。综上所述，反馈组态为电压串联负反馈。

（3）图 5-11（c）所示电路，从输入端看，净输入 $i_d=i_i-i_f$，因此是并联反馈。由“虚地”可看出 R_f 与 R 相当于并联的关系，所以反馈量 $i_f=-Ri_o/（R_f+R）>0$（由图中 i_o 的实际方向可知 $i_o<0$），因此既是负反馈，又是电流反馈。综上所述，反馈组态为电流并联负反馈。

（4）图 5-11（d）所示电路，从输入端看，净输入 $u_d=u_i-u_f$，因此是串联反馈。由于反相输入端的电流为零，因此 R 与 R_L 是串联关系，反馈量 $u_f=Ri_o>0$（由图中 i_o 的实际方向可知 $i_o>0$），因此既是负反馈又是电流反馈。如果将输出 u_o 短接，反馈信号仍然存在，也可判断出是电流反馈。综上所述，反馈组态为电流串联负反馈。

从上述的分析可以得出一般规律：

（1）反馈电路直接从输出端引出的，是电压反馈；反馈电路是通过一个与负载串联的电阻引出的，是电流反馈。

（2）输入信号和反馈信号分别加在两个输入端上的，是串联反馈；加在同一个输入端上的，是并联反馈。

（3）反馈信号使净输信号减小的，是负反馈，否则是正反馈。

（4）由分立元件组成的反馈电路，可仿照运放组成的反馈电路的分析方法进行分析，其关键是要理解分立元件与运放输入输出端子的对应关系。

四、负反馈对放大电路性能的影响

1. 降低放大倍数及提高放大倍数的稳定性

根据图 5-6（b）可以推导出具有负反馈（闭环）的放大电路的放大倍数为

$$A_f = \frac{X_o}{X_i} = \frac{A}{1+AF}$$

F 反映反馈量的大小，其数值为 0~1。$F=0$，表示无反馈；$F=1$，则表示输出量全部反馈到输入端。显然有负反馈时，$A_f<A$。

上式中的（$1+AF$）是衡量负反馈程度的一个重要指标，称为反馈深度。反馈深度越大，放大倍数 A_f 越小。当 $AF>>1$ 时，称为深度负反馈，此时 $A_f \approx 1/F$，可以认为放大电路的放大倍数只由反馈电路决定，而与基本放大电路的放大倍数无关。运算放大器负反馈电路都能够满足深度负反馈的条件。

负反馈能提高放大倍数的稳定性是不难理解的。例如，如果由于某种原因使输出信号减小，则反馈信号也相应减小，于是净输入信号增大，随之输出信号也相应增大，这样就牵制了输出信号的减小，使放大电路能比较稳定地工作。如果引入的是深度负反馈，则放大倍数 $A_f=1/F$，即基本不受外界因素变化的影响，这时放大电路的工作将非常稳定。

2. 改善非线性失真

图 5-12 所示电路中，假定输出的失真波形是正半周大、负半周小，负反馈信号电压 u_f 与输入信号 u_i 进行叠加后使净输入信号 u_d 产生预失真，即正半周小、负半周大。这种失真波形通过放大电路放大后正好弥补了放大电路的缺陷，使输出信号比较接近无失真的波形。但是，如果原信号本身就有失真，引入负反馈也无法改善。

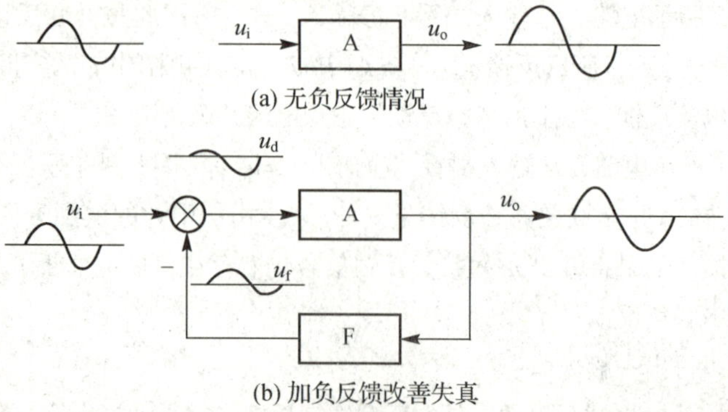

图 5-12　负反馈对非线性失真的改善

通频带是放大电路的重要指标，与放大电路的放大倍数和输入信号的频率有关。定义放大倍数为最大放大倍数的 $\sqrt{2}/2$ 倍以上所对应的频率范围为放大电路的通频带。在一些要求有较宽频带的音、视频放大电路中，引入负反馈是拓展通频带的有效措施之一。

引入负反馈后，将引起放大电路放大倍数的下降。在中频区，放大电路的输出信号较强，反馈信号也相应较大，使放大倍数下降得较多；在高频区和低频区，放大电路的输出信号相对较小，反馈信号也相应减小，因而放大倍数下降得少些。如图 5-13 所示，加入负反馈后，幅频特性变得平坦，通频带变宽。

3. 对输入电阻和输出电阻的影响大

（1）负反馈对输入电阻的影响取决于反馈信号在输入端的连接方式。串联负反馈使输入电阻提高，并联负反馈使输入电阻降低。

在图 5-14 所示电路中，当信号源 u_i 不变时，引入串联负反馈 u_f 后，u_f 抵消了 u_i 的一部分，所以基本放大电路的净输入电压 u_d 减小，使输入电流 i_i 减小，从而引起输入电阻 r_{if}（$=u_i/i_i$）比无反馈时的输入电阻增加。反馈越深，r_{if} 增加越多。输入电阻增大，减小了向信号源索取的电流，电路对信号源的要求降低了。

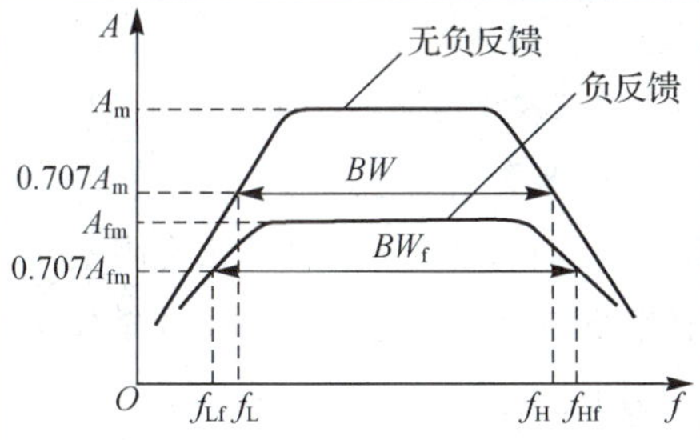

图 5-13　负反馈展宽放大电路的通频带

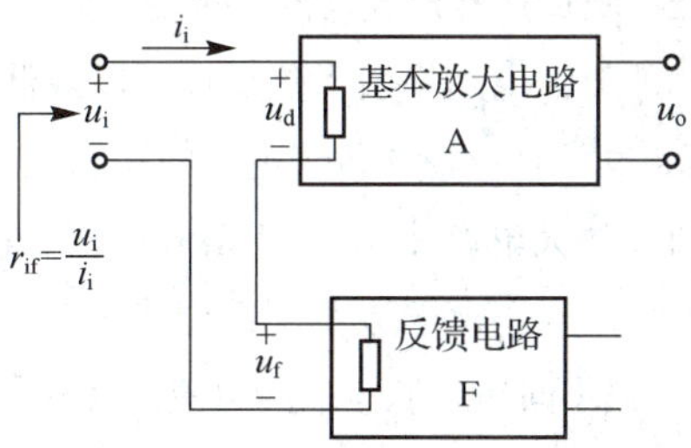

图 5-14　串联负反馈提高输入电阻

并联负反馈由于输入电流 i_i（$i_i=i_d+i_f$）的增加，致使输入电阻 r_{if}（$r_{if}=u_i/i_i$）减小，如图 5-15 所示，并联负反馈越深，r_{if} 减小越多。

（2）负反馈对输出电阻的影响取决于输出端反馈信号的取样方式。电压负反馈降低输出电阻，目的是稳定输出电压；电流负反馈提高输出电阻，目的是稳定输出电流。

如果是电压负反馈，从输出端看放大电路，可用戴维南等效电路来等效，如图 5-16（a）所示。等效电路中的电阻就是放大电路的输出电阻，等效电路中的电压源就是放大电路的输出信号电压源。理想状态下，输出电阻为零，输出电压为恒压源特性，这意味着电压负反馈越深，输出电阻越小，输出电压越稳定，越接近恒压源特性。所以，电压负反馈能够减小输出电阻，稳定输出电压，增强带负载能力。

如果是电流负反馈，从输出端看，放大电路可等效为电流源与电阻并联的形式，如图 5-16（b）所示。等效电阻中的电阻仍然为输出电阻，电流源为输出信号电流源。理想状态下，输出电阻为无穷大，输出电流为恒流源特性。这意味着电流负反馈越深，输出电阻越大，输出电流越稳定，越接近恒流源特性。所以，电流负反馈能够增加输出电阻，稳定输出电流。

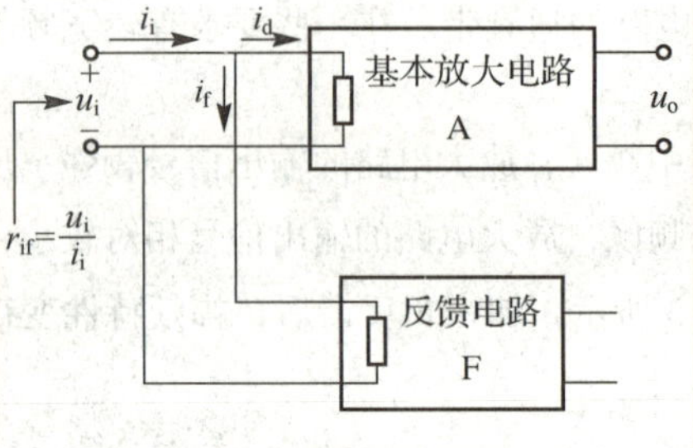

图 5-15 并联负反馈降低输入电阻

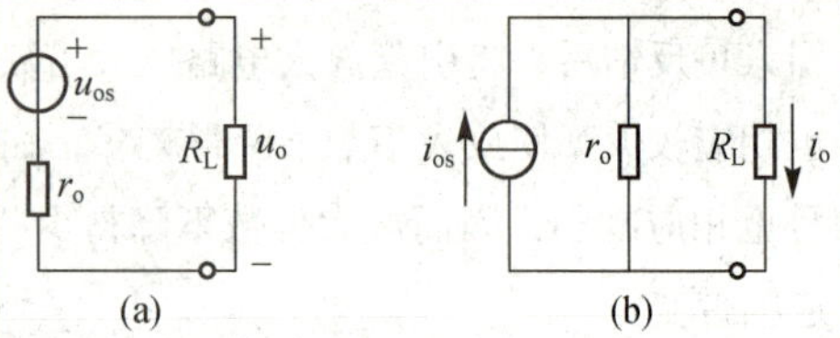

图 5-16 负反馈放大电路输出端等效图

习 题

一、填空题

5-1 集成运算放大器是高放大倍数的 ______ 耦合多级放大电路。其内部有 ______ 级、______ 级、______ 级及偏置电路。为了抑制零点漂移，集成运算放大器的输入级采用 ______ 放大电路。

5-2 集成运算放大器的三种输入方式是 ______、______ 和 ______。

5-3 放大电路中引入负反馈，以降低放大倍数为代价来改善电路的性能。直流负反馈能稳定 ______；交流负反馈能改善电路的动态性能，稳定 ______，拓宽 ______，减小 ______ 等。

5-4 放大电路中引入的负反馈中，电压负反馈能稳定输出 ______，使输出电阻 ______，带负载能力 ______；电流负反馈能稳定输出 ______，使输出电阻 ______；串联负反馈使输入电阻 ______，减小向信号源索取的电流；并联负反馈使输入电阻 ______。

5-5 负反馈的类型包含 ______、______、______ 和 ______。

二、选择题

5-6 电路如图 5-17 所示，若 u_i 一定，当可调电阻 R_P 的电阻值由大适当地减小时，则输出电压的变化情况为（ ）。

A. 由小变大　　B. 由大变小　　C. 基本不变

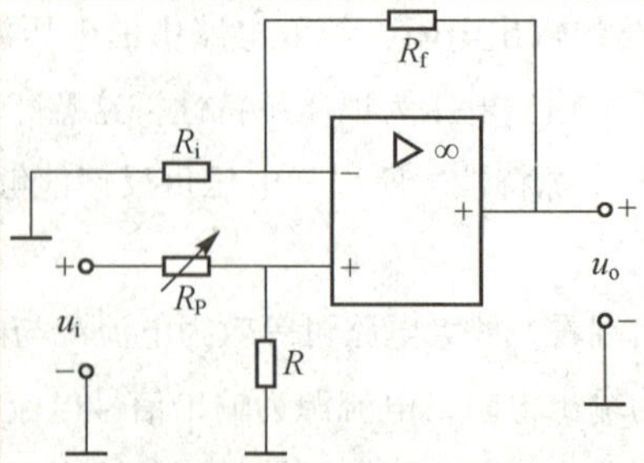

图 5-17 题 5-6 图

5-7 电路如图 5-18 所示，若输入电压 u_i=-0.5 V，则输出电流 i 为（　　）。

A.10 mA　　　　B.-5 mA　　　　C.5 mA

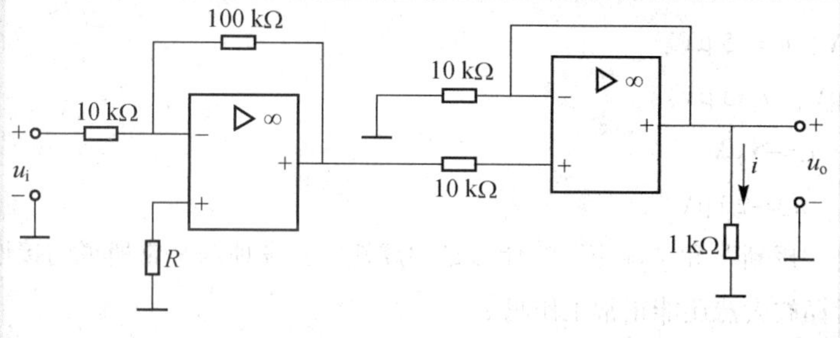

图 5-18　题 5-7 图

5-8 在图 5-19 所示由理想运算放大器组成的运算电路中，若运算放大器所接电源为 ±12 V，且 R_i=10 kΩ，R_f=100 kΩ，则当输入电压 U_i=2 V 时，输出电压 U_o 最接近（　　）。

A.20 V　　　　B.-12 V　　　　C.-20 V

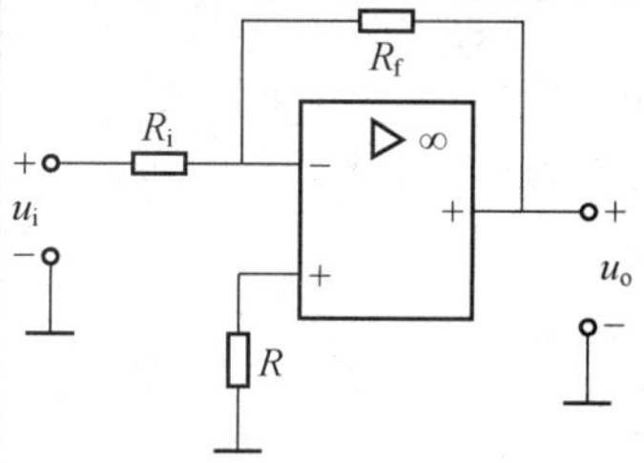

图 5-19　题 5-8 图

5-9 图 5-20 所示电路的输出电压 u_o 为（　　）。

A.$-2u_i$　　　　B.$-u_i$　　　　C.u_i

5-10 电路如图 5-21 所示，运算放大器的最大输出电压为 ±12 V，晶体管 VT 的 β=50，为了使灯 HL 亮，限额输入电压 u_i 应满足（　　）。

A.$u_i>0$　　　　B.$u_i=0$　　　　C.$u_i<0$

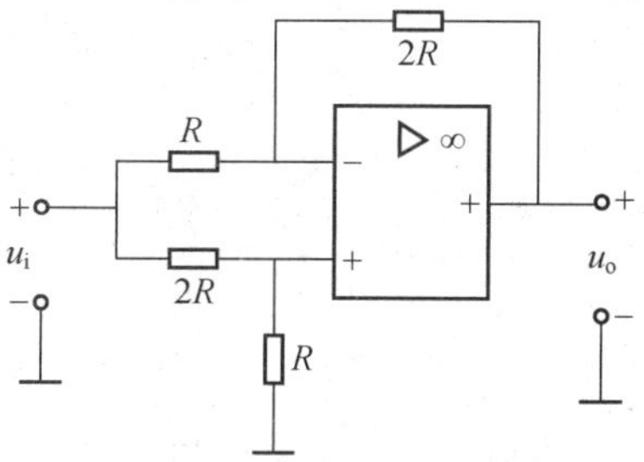

图 5-20　题 5-9 图

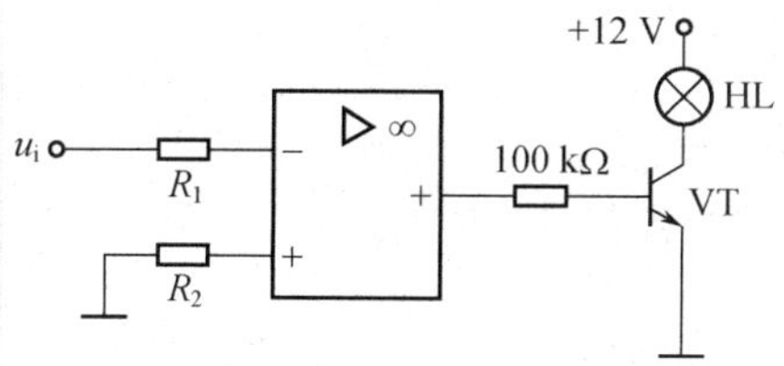

图 5-21　题 5-10 图

三、综合题

5-11 运算放大器如图 5-2 所示，正负电源电压为 ±15 V，开环电压放大倍数 $A_{uo}=1\times10^6$，输出最大电压为 ±13 V。分别加入下列输入电压，求输出电压及极性。

（1）$u_+=-10$ μV，$u_-=-5$ μV。

（2）$u_+=-100$ μV，$u_-=3$ μV。

（3）$u_+=5$ μV，$u_-=-5$ μV。

（4）$u_+=-5$ μV，$u_-=-20$ μV。

5-12 什么是“虚断”和“虚短”？什么是“虚地”？虚地与平常所说的接地有什么区别？若将虚地点接地，运算放大器还能正常工作吗？

第六章 数字逻辑电路

本章学习要点

（1）掌握常用逻辑门电路的逻辑符号、逻辑功能和表示方法。

（2）了解集成逻辑门电路的参数及应用。

（3）掌握典型组合逻辑电路的功能及应用。

第一节 数字电路基础

电子电路中的信号可分为两大类：一类是随时间连续变化的信号，称为模拟信号，如模拟语音的音频信号、热电偶得到的反映温度变化的电压信号等。另一类是在时间和数值上都不连续的信号，多以脉冲信号的形式出现，称为数字信号，如当用电子电路记录自动生产线上输出的零件数目时，每送出一个零件给电子电路一个信号，使之记为 1（或加 1），没有零件通过时记为 0（或不计数）。

按照电子电路中工作信号的不同，通常把电路分为模拟电路和数字电路。用于传递和处理模拟信号的电子电路称为模拟电路，如各类放大电路、稳压电路等。用于处理数字信号的电子电路称为数字电路，如后面介绍的各类门电路、触发器、译码器、计数器等。

一、数字电路的特点

数字电路包含的内容十分广泛，包括信号的放大与整形、脉冲的产生与控制以及计数、译码、显示等典型的数字单元电路。与模拟电路相比较，数字电路有以下特点。

（1）数字电路在计数和进行数值运算时采用二进制数，是利用脉冲信号的有无来代表和传输 0 和 1 这样的数字信息的，读作高电平（或高电位）和低电平（或低电位）。

（2）数字电路不仅能完成数值运算，而且能进行逻辑判断和逻辑运算，因此也把数字电路称为逻辑电路。

（3）数字电路的分析方法重点在于研究各种数字电路输出与输入之间的相互关系，即逻辑关系，因此分析数字电路的数学工具是逻辑代数，表达数字电路逻辑功能的方式主要是真值表、逻辑表达式和波形图等。

（4）数字电路具有抗干扰能力强、功耗低、对电路元件精度要求不高、可靠性强、便于集成化和系列化生产等优点。

（5）数字电路保密性好，信息能长期在电路中存储。

微课
数制转换

二、数制与编码

1. 数制

在日常生活中，人们习惯采用十进制数，而数字电路中的基本工作信号是数字信号，只能表示0和1两个基本数字。因此，在数字系统中进行数字运算和处理时，采用的都是二进制数。但二进制数有时表示起来不太方便，位数太多，所以也经常采用十六进制。

1）数的表示方法

（1）十进制。十进制是最常用的计数体制，其特点如下。

① 基数是10。十进制数采用10个基本数码，即0、1、2、3、4、5、6、7、8、9。任何数值都可以用上述10个数码按一定规律排列起来表示。

② 计数规律是“逢十进一”，即9+1=10。0~9可以用一位基本数码表示，10以上的数则要用两位及以上的数码表示。每一数码处于不同的位置时，它代表的数值是不同的，即不同的数位有不同的位权。如十进制数2009代表的数值为

$$2009=2\times10^3+0\times10^2+0\times10^1+9\times10^0$$

每位的位权分别为10^3、10^2、10^1、10^0。

任意一个n位十进制正整数N所表示的数值，等于其各位权系数之和，可表示为

$$[N]_{10}=k_{n-1}\times10^{n-1}+k_{n-2}\times10^{n-2}+\cdots+k_1\times10^1+k_0\times10^0=\sum_{i=0}^{n-1}k_i\times10^i$$

式中的下标10表示N是十进制数。

例如，$[123]_{10}=1\times10^2+2\times10^1+3\times10^0=123$。

（2）二进制。数字电路中应用最为广泛的是二进制。二进制只有0和1两个数码，很容易与电路的状态对应起来。如电路的“通”与“断”，照明灯的“亮”与“暗”，晶体管的“导通”与“截止”等，均可以用0和1两个数码表示。二进制的特点如下。

① 基数是2，采用0和1两个数码。

② 计数规律是“逢二进一”。

二进制数的位权分别为2^0、2^1、$2^2\cdots$，任何一个n位二进制正整数N可表示为

$$[N]_2=k_{n-1}\times2^{n-1}+k_{n-2}\times2^{n-2}+\cdots+k_1\times2^1+k_0\times2^0=\sum_{i=0}^{n-1}k_i\times2^i$$

式中的下标2表示N是二进制数。

例如，$[1111]_2=1\times2^3+1\times2^2+1\times2^1+1\times2^0=[15]_{10}$。

（3）十六进制。二进制数的位数通常很多，不便于书写和记忆，因此引入十六进制。例如，要表示十进制数157，若用二进制数表示为10011101，若用十六进制表示则为9D，因此在数字系统的资料中常采用十六进制来表示二进制数。十六进制的特点如下。

① 基数是16。采用16个数码，即0、1、2、3、4、5、6、7、8、9、A、B、C、D、E、F，其

中 A~F 表示 10~15。

② 计数规律是“逢十六进一”，每位的位权是 16 的幂，则 n 位十六进制正整数 N 可表示为

$$[N]_{16}=\sum_{i=0}^{n-1}k_i\times 16^i$$

例如，$[FB4]_{16}=15\times 16^2+11\times 16^1+4\times 16^0=[4020]_{10}$。

2）不同进制数间的转换

（1）二进制、十六进制数转换为十进制数。把二进制或十六进制数按权展开，再把每位的位值相加，即得相应的十进制数。

例 6-1 将二进制数 100101、十六进制数 9A2 分别转换成对应的十进制数。

解 $[100101]_2=1\times 2^5+0\times 2^4+0\times 2^3+1\times 2^2+0\times 2^1+1\times 2^0=32+0+0+4+0+1=[37]_{10}$

$[9A2]_{16}=9\times 16^2+10\times 16^1+2\times 16^0=2304+160+2=[2466]_{10}$

（2）十进制数转换为二进制数。将十进制正整数转换为 n 位二进制数可以采用除 2 倒取余法，转换步骤如下。

① 把给定的十进制数除以 2，取出余数（0 或 1），即二进制数最低数位的数码 k_0。

② 将前一步得到的商再除以 2，再取出余数，即得到次低位的数码 k_1。

③ 以下各步类推，直到商为 0 为止，最后取出的余数为二进制数最高位的数码 k_{n-1}。

例 6-2 将十进制数 57 转换为二进制数。

解 2∟57……余 1，即 $k_0=1$ 低位

2∟28……余 0，即 $k_1=0$

2∟14……余 0，即 $k_2=0$

2∟7……余 1，即 $k_3=1$

2∟3……余 1，即 $k_4=1$

2∟1……余 1，即 $k_5=1$ 高位

0

即 $[57]_{10}=[111001]_2$。

（3）二进制与十六进制数的相互转换。

① 将二进制正整数转换为十六进制数。将二进制数从最低位开始，每 4 位分为一组（最高位可补 0），每组都转换为 1 位相应的十六进制数即可。

例 6-3 将二进制数 $[1001011]_2$ 转换为十六进制数。

解 二进制数	0100	1011
	↑	↑
十六进制数	4	B

即 $[1001011]_2=[4B]_{16}$。

② 将十六进制正整数转换为二进制数。将十六进制数的每一位转换为相应的 4 位二进制数即可。

例 6-4 将 $[6B]_{16}$ 转换为二进制数。

解 由十六进制与二进制的对应关系可知：6 → 0110，B → 1011，

即 $[6B]_{16}=[01101011]_2=[1101011]_2$。

第一章 第二章 第三章 第四章 第五章 第六章 第七章 第八章

2. 编码

在数字电路中，数码不仅可以表示数量的大小，而且能用来表示不同的事物。在后一种情况下，这些数码已不再表示数量的大小差别，而只是不同事物的代号而已。将这些表示各种文字、符号等信息的二进制数码称为代码。这如同运动会上，给所有参加运动会的运动员编上不同的号码一样，不同的号码仅代表不同的运动员，而没有数量大小的含义。建立这种代码与文字、符号或是特定对象之间一一对应关系的过程，称为编码。

最常用的编码关系是在数字系统中，用 4 位二进制数码表示 0~9 这十个 1 位十进制数码，这种编码方法称为二 – 十进制编码，简称 BCD 码。表 6–1 列出了几种常用的 BCD 编码，其中 8421BCD 码应用最广，余 3 码和格雷码为无权码。

表 6–1　几种常用的 BCD 编码

十进制数码	8421 编码	5421 编码	2421 编码	余 3 码（无权码）	格雷码（无权码）
0	0000	0000	0000	0011	0000
1	0001	0001	0001	0100	0001
2	0010	0010	0010	0101	0011
3	0011	0011	0011	0110	0010
4	0100	0100	0100	0111	0110
5	0101	1000	1011	1000	0111
6	0110	1001	1100	1001	0101
7	0111	1010	1101	1010	0100
8	1000	1011	1110	1011	1100
9	1001	1100	1111	1100	1000
权	8421	5421	2421	无权	无权

第二节　基本逻辑关系

因为数字电路研究输入输出信号之间的逻辑关系，所以先讨论逻辑代数的基本概念。

逻辑代数是按一定逻辑规律进行运算的代数，又称开关代数或布尔代数，用来判断在一定的条件下事件发生的可能性。它只有两种可能的逻辑状态，相应的逻辑变量只能取“0”“1”两个值，所以逻辑函数又称二状态函数。

在数字电路中，逻辑关系是以输入、输出脉冲信号电平的高低来实现的。如果约定高电平用逻辑“1”表示，低电平用逻辑“0”表示，称为正逻辑系统。反之，如果高电平用逻辑“0”表示，低电平用逻辑“1”表示，则称为负逻辑系统。下面讨论时都采用正逻辑系统。

逻辑关系是渗透在生产和生活中各种因果关系的抽象概括。事物之间的逻辑关系是多种多样的，也是十分复杂的，但最基本的逻辑关系只有三种:“与”逻辑关系、“或”逻辑关系、“非”逻辑关系。

一、“与”逻辑关系

当决定某一种结果的所有条件都具备时，这个结果才能发生，这种逻辑关系称为“与”逻辑关系，简称与逻辑，又称逻辑乘、逻辑与。

微课
基本逻辑关系

如图 6-1 所示，以 L 代表电灯，A、B、C 代表各个开关，若以 Y 表示灯泡的状态亮与灭，规定灯亮 Y 为 1，灯灭 Y 为 0；以 A、B、C 表示开关的状态（闭合与断开），规定开关闭合 A、B、C 为 1，开关断开 A、B、C 为 0。由于 A、B、C 三个开关串联接入电路，只有当开关 A、B、C 都闭合时灯 L 才会亮，这时 Y 和 A、B、C 之间便存在“与”逻辑关系。

“与”逻辑关系的表示方法如下。

（1）用逻辑符号表示。“与”逻辑关系的逻辑符号如图 6-2 所示。

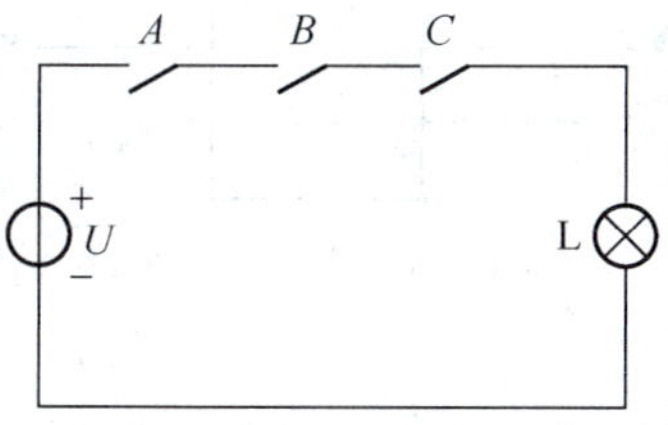

图 6-1 “与”逻辑关系

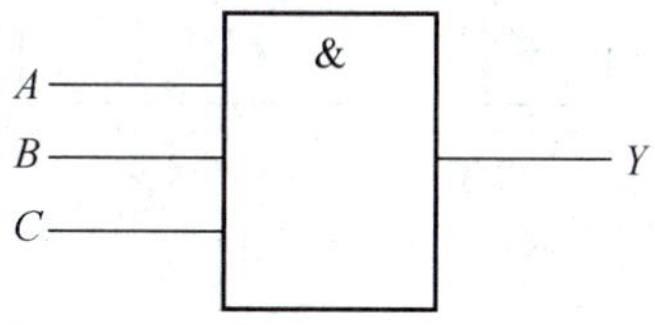

图 6-2 “与”逻辑关系的逻辑符号

（2）用逻辑关系式表示。“与”逻辑关系可以用输入输出的逻辑关系式来表示，若输出（判断结果）用 Y 表示，输入（条件）分别用 A、B、C 等表示，则记为

$$Y=ABC$$

（3）用真值表表示。把输入变量 A、B、C 的所有可能取值的组合列出后，对应地列出它们的输出变量 Y 的逻辑值，如表 6-2 所示。这种用“1”“0”表示“与”逻辑关系的图表称为真值表。

表 6-2 “与”逻辑关系的真值表

A	B	C	Y
0	0	0	0
0	0	1	0
0	1	0	0
0	1	1	0
1	0	0	0
1	0	1	0
1	1	0	0
1	1	1	1

从表 6–2 中可见，“与”逻辑关系可以用“全高出高，有低出低”的口诀来记忆。

二、“或”逻辑关系

在决定某一结果的几个条件中，只要有一个或一个以上的条件具备，结果就发生，这种逻辑关系称为“或”逻辑关系，简称或逻辑，又称逻辑加。

如图 6–3 所示，由于各个开关是并联的，只要开关 *A*、*B*、*C* 中任意一个闭合（条件具备），灯就会亮（事件发生），即 *Y*=1，这时 *Y* 与 *A*、*B*、*C* 之间就存在“或”逻辑关系。

“或”逻辑关系的表示方法如下。

（1）用逻辑符号表示。“或”逻辑关系的逻辑符号如图 6–4 所示。

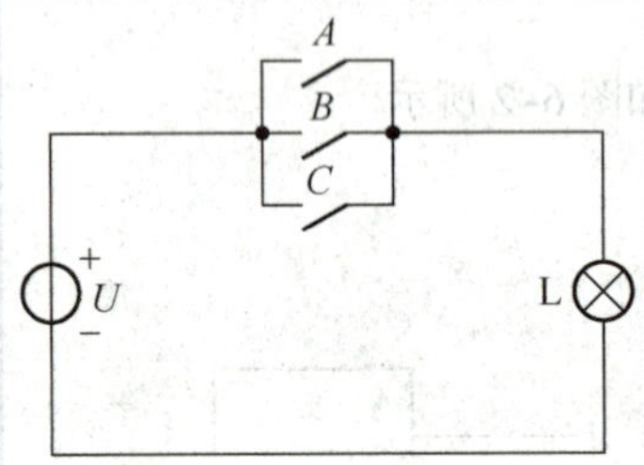

图 6–3 “或”逻辑关系

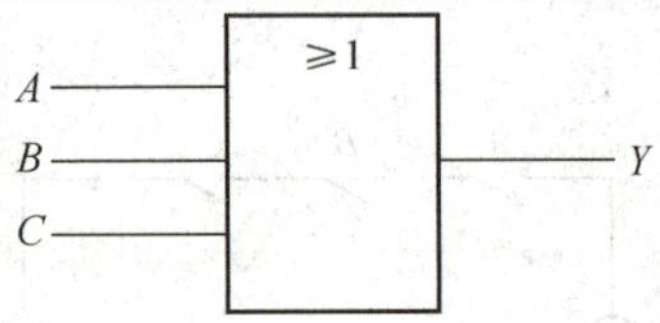

图 6–4 “或”逻辑关系的逻辑符号

（2）用逻辑关系式表示。“或”逻辑关系也可以用输入输出的逻辑关系式来表示。若输出（判断结果）用 *Y* 表示，输入（条件）分别用 *A*、*B*、*C* 等表示，则记为

$$Y=A+B+C$$

（3）用真值表表示。如果把输入变量 *A*、*B*、*C* 的所有取值的组合列出后，对应地列出它们的输出变量 *Y* 的逻辑值，就得到“或”逻辑关系的真值表，如表 6–3 所示。

表 6–3 “或”逻辑关系的真值表

A	*B*	*C*	*Y*
0	0	0	0
0	0	1	1
0	1	0	1
0	1	1	1
1	0	0	1
1	0	1	1
1	1	0	1
1	1	1	1

从表 6–3 中可见，“或”逻辑关系可以用“有高出高，全低出低”的口诀来记忆。

三、“非”逻辑关系

“非”逻辑关系决定事件的条件只有一个，当这个条件具备时事件不会发生，条件不具备时事件就会发生。如图 6-5 所示，只要开关 A 闭合（条件具备），灯就不会亮（事件不发生），Y=0，开关断开（A=0），灯就亮，Y=1。这时 A 与 Y 之间存在“非”逻辑关系。

表示“非”逻辑关系的方法如下。

（1）用逻辑符号表示。“非”逻辑关系的逻辑符号如图 6-6 所示。

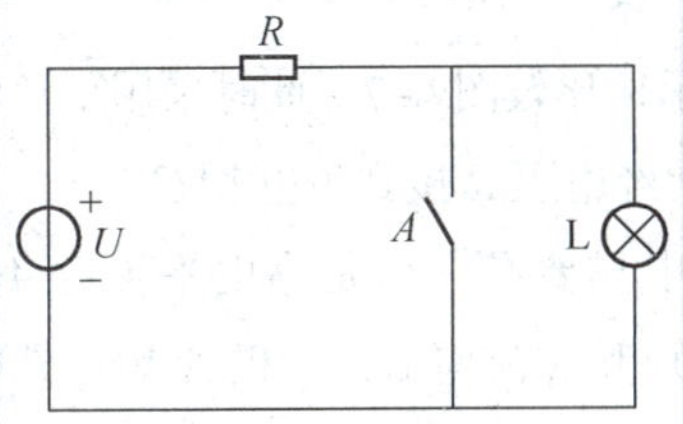

图 6-5 “非”逻辑关系

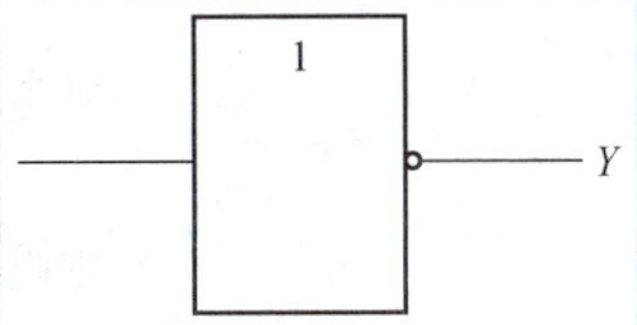

图 6-6 “非”逻辑关系的逻辑符号

（2）“非”逻辑关系式。$Y=\overline{A}$（读作 A 非或 A 反）。

（3）用真值表表示。“非”逻辑关系的真值表如表 6-4 所示。

表 6-4 “非”逻辑关系的真值表

A	Y	A	Y
0	1	1	0

“与”“或”“非”是三种最基本的逻辑关系，其他任何复杂的逻辑关系都可以在这三种逻辑关系的基础上得到。

第三节 门 电 路

开关元件经过适当组合构成的电路可以实现一定的逻辑关系。这种实现一定逻辑关系的电路称为逻辑门电路，简称门电路。

一、分立元件门电路

由电阻、电容、二极管和三极管等构成的各种逻辑门电路称为分立元件门电路。

1. 二极管“与”门电路

如图 6-7 所示，当三个输入端都是高电平时（$A=B=C=1$，设三者电位都是 3 V），则电源 U 向这三个输入端流入电流，三个二极管均正向导通，输出端电位比输入端高一个正向导通压降（一般采用锗管，为 0.2 V），输出电压为 3.2 V，仍属于“3 V 左右”，所以 Y=1。

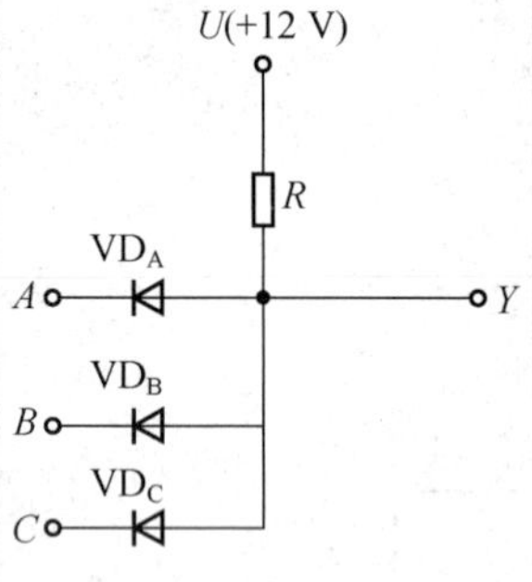

图 6-7　二极管“与”门电路

三个输入端中有一个或两个是低电平，设 A=0 V，其余是高电平，由二极管的导通特性可知，二极管正端并联时，负端电平最低的二极管导通（VD_A 导通），其他二极管（VD_B、VD_C）截止，输出端电位比 A 端电位高一个正向导通压降，即 V_Y=0.2 V，属于“0 V 左右”，所以 Y=0。输入端和输出端的逻辑关系和“与”逻辑关系相符，故称为“与”门电路。

2. 二极管“或”门电路

如图 6–8 所示，比较图 6–7，此时采用了负电源，且二极管采用负极并联，经电阻 R 接到负电源 U。

三个输入端中只要有一个是高电平（设 A=1，V_A=3 V），则电流从 A 经 VD_A 和 R 流向 U，二极管 VD_A 导通，其他两个二极管截止，输出端 Y 的电位比输入端 A 低一个正向导通压降（一般采用锗管，为 0.2 V），输出电压为 2.8 V，仍属于“3 V 左右”，所以 Y=1。

当三个输入端输入全为低电平时（A=B=C=0），设三者电位都是 0 V，则电流从三个输入端经三个二极管和 R 流向 U，三个二极管均正向导通，输出端 Y 的电位比输入端低一个正向导通压降，输出电压为 –0.2 V，仍属于“0 V 左右”，所以 Y=0。

输入端和输出端的逻辑关系和“或”逻辑关系相符，故称为“或”门电路。

3. 三极管“非”门电路

如图 6–9 所示，三极管此时工作在开关状态，当输入端 A 为高电平，即 V_A=3 V 时，适当选择 R_{B1} 的大小，可使三极管饱和导通，输出饱和压降 U_{CES}=0.3 V，Y=0；当输入端 A 为低电平时，三极管截止，这时输出高电平，钳位二极管 VD 导通，所以输出为 V_Y=3.2 V，Y=1。

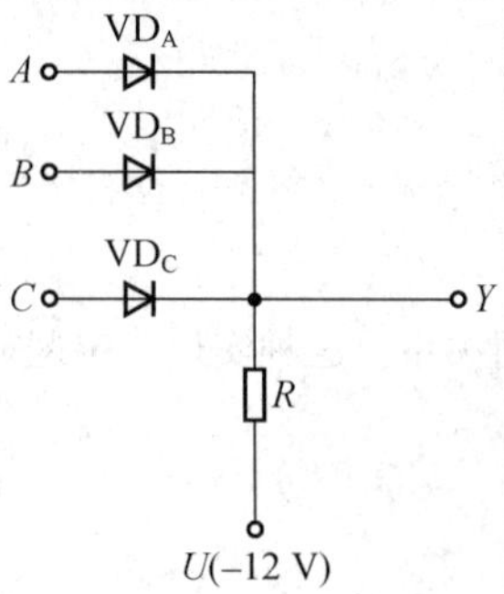

图 6-8　二极管“或”门电路

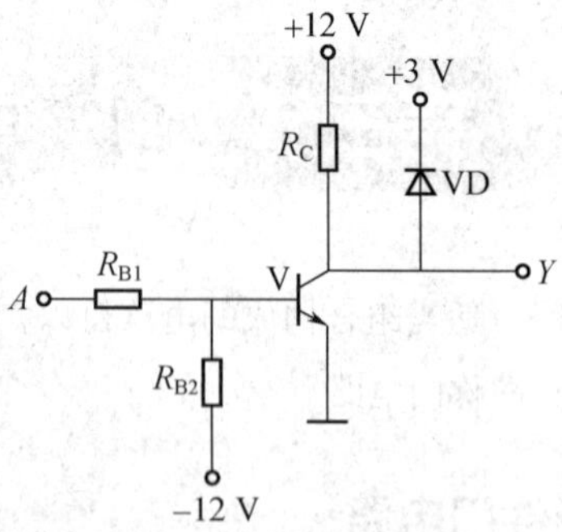

图 6-9　三极管“非”门电路

二、复合逻辑门电路

复合逻辑门电路就是把与门、或门和非门结合起来作为一个门电路来使用。在实际工作中，经常使用与非门、或非门、与或非门、异或门等复合门电路作为基本单元来组成各种逻辑电路。

1. 与非门

（1）将一个与门和一个非门连接起来，就构成了一个与非门。

（2）与非门的逻辑函数表达式为 $Y=\overline{AB}$。

（3）与非门的逻辑结构及符号如图 6–10 所示。

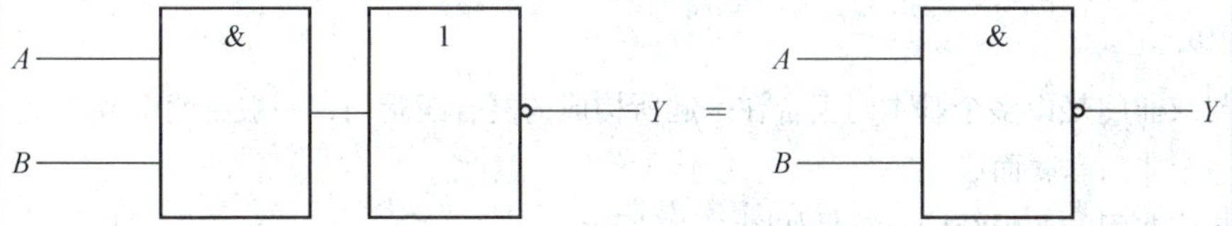

图 6–10 与非门的逻辑结构及符号

（4）与非门的真值表见表 6–5。

表 6–5 与非门的真值表

A	B	AB	Y
0	0	0	1
0	1	0	1
1	0	0	1
1	1	1	0

与非门的逻辑功能是“有 0 出 1，全 1 为 0”。

2. 或非门

（1）在或门后面接一个非门，就构成了或非门。

（2）或非门的逻辑函数表达式为 $Y=\overline{A+B}$。

（3）或非门的逻辑结构及符号如图 6–11 所示。

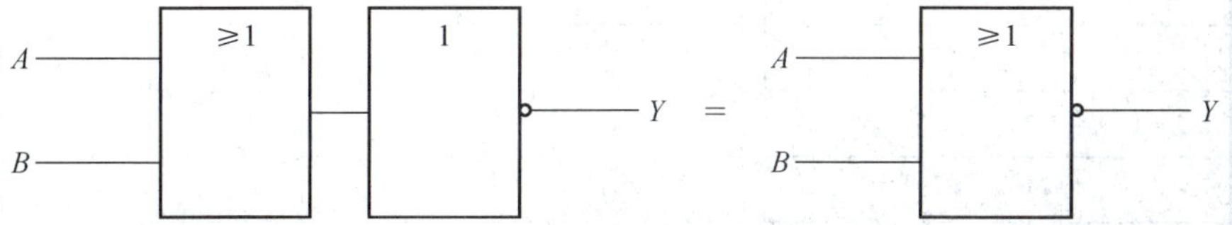

图 6–11 或非门的逻辑结构及符号

（4）或非门的真值表见表 6–6。

第一章 第二章 第三章 第四章 第五章 第六章 第七章 第八章

表 6-6 或非门的真值表

A	B	$A+B$	Y
0	0	0	1
0	1	1	0
1	0	1	0
1	1	1	0

或非门的逻辑功能是“有 1 出 0，全 0 为 1”。

3. 与或非门

（1）与或非门是由多个基本门组合在一起所构成的复合逻辑门，一般由两个或多个与和一个或门，再和一个非门串联而成。

（2）与或非门的逻辑结构及符号如图 6-12 所示。

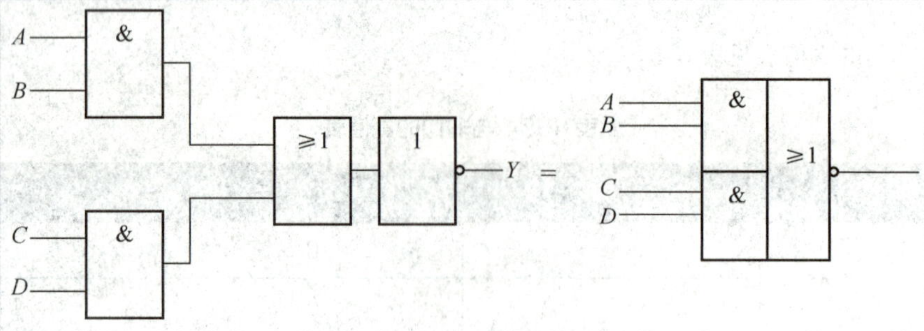

图 6-12 与或非门的逻辑结构及符号

（3）与或非门的逻辑函数表达式为 $Y=\overline{AB+CD}$。

（4）与或非门的真值表见表 6-7。

表 6-7 与或非门的真值表

A	B	C	D	Y
0	0	0	0	1
0	0	0	1	1
0	0	1	0	1
0	0	1	1	0
0	1	0	0	1
0	1	0	1	1
0	1	1	0	1
0	1	1	1	0
1	0	0	0	1
1	0	0	1	1
1	0	1	0	1

续表

A	B	C	D	Y
1	0	1	1	0
1	1	0	1	0
1	1	1	0	0
1	1	1	1	0

与或非门的逻辑关系是“输入端分别先与，然后或，最后非”。

4. 异或门

异或门在数字电路中作为判断两个输入信号是否相同的门电路，是一种常用的门电路。

（1）异或门的逻辑结构及符号如图 6–13 所示。

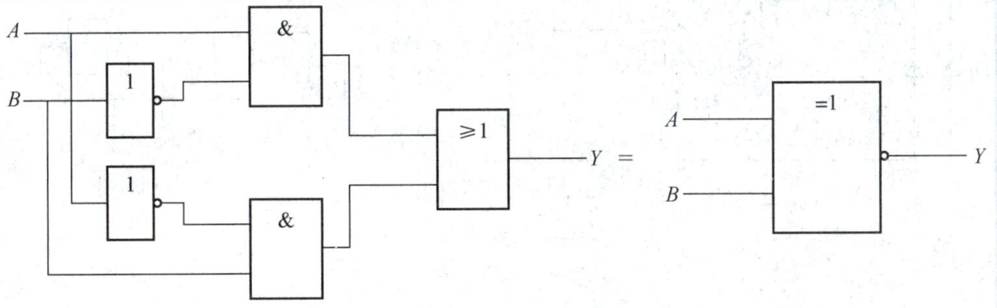

图 6–13 异或门的逻辑结构及符号

（2）异或门的逻辑函数表达式为 $Y=A\overline{B}+\overline{A}B$ 或 $Y=A\oplus B$。

（3）异或门的真值表见表 6–8。

表 6–8 异或门的真值表

A	B	Y
0	0	0
0	1	1
1	0	1
1	1	0

异或门的逻辑功能是“当两个输入端一个为 0，另一个为 1 时，输出为 1；而两个输入端均为 0 或均为 1 时，输出为 0（同出 0，异出 1）”。

三、集成逻辑门电路

前面介绍的门电路可以由分立元件组成，但实际使用时一般采用集成逻辑门。常用的集成逻辑门有两种类型：TTL 电路和 CMOS 电路。

1. TTL 集成逻辑门电路

TTL 集成逻辑门电路全称为晶体管 - 晶体管集成逻辑门电路。TTL 电路有不同系列的产品，各系列产品的参数不同，其中 LSTTL 系列产品综合性能较好，应用广泛，下面以此为例介绍 TTL 电路。

1）TTL 与非门电路

（1）电路组成。TTL 的基本电路形式是与非门，74LS00 是一种四 2 输入的与非门，其内部有 4 个两输入端的与非门，其电路图和引脚图如图 6-14 所示。

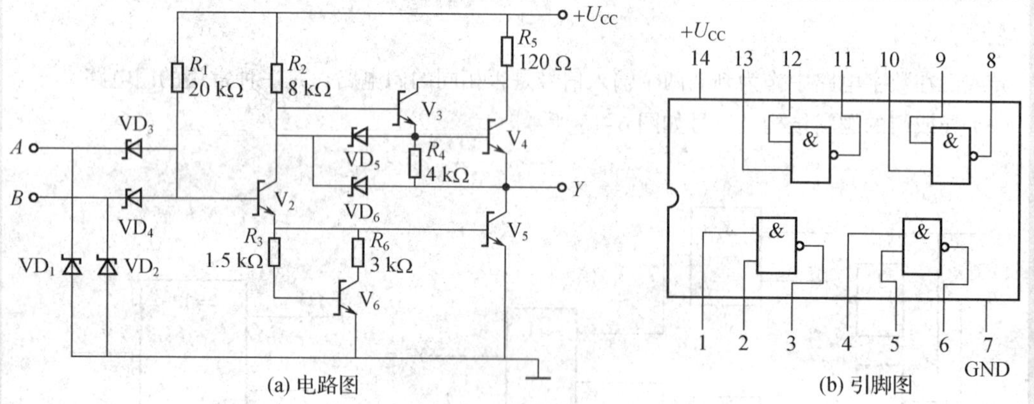

图 6-14　与非门 74LS00

在图 6-14（b）中，引脚 7 和 14 分别接地（GND）和电源（+5 V 左右）。

在 LSTTL 电路内部，为了提高工作速度，采用了肖特基晶体管。肖特基晶体管的符号如图 6-15 所示。肖特基晶体管的主要特点是开关时间短，工作速度快。

LSTTL 与非门电路由输入级、中间倒相级和输出级三部分组成。当电路的任意一个输入端有低电平时，输出为高电平；当输入全为高电平时，输出为低电平。即有 0 出 1，全 1 出 0。电路输出与输入之间为与非逻辑关系，即 $Y=\overline{AB}$。

（2）TTL 门电路的主要参数。门电路的参数反映门电路的特性，是合理使用门电路的重要依据。在使用中若超出了参数规定的范围，就会引起逻辑功能混乱，甚至损坏集成块。现以 TTL 与非门为例说明 TTL 电路参数的含义。

① 输出高电平 U_{OH}。U_{OH} 是指输入端有一个或一个以上为低电平时的输出高电平值。性能较好的器件空载时 U_{OH} 约为 4 V。手册中给出的是在一定测试条件下（通常是最坏的情况）所测量的最小值。正常工作时，U_{OH} 不小于手册中给出的数值。74LS00 的 U_{OH} 为 2.7 V。

② 输出低电平 U_{OL}。U_{OL} 是指输入端全部接高电平时的输出低电平值。U_{OL} 是在额定的负载条件下测试的，应注意手册中的测试条件。手册中给出的通常是最大值。74LS00 的 $U_{OL} \leqslant 0.5$ V。

③ 输入短路电流 I_s。I_s 是指输入端有一个接地，其余输入端开路时，流入接地输入端的电流。在多级电路连接时，I_s 实际上就是灌入前级的负载电流。显然，I_s 增大，则前级带同类与非门的能力下降。74LS00 的 $I_s \leqslant 0.4$ mA。

④ 高电平输入电流 I_{IH}。I_{IH} 为一个输入端接高电平，其余输入端接地时，流入该输入端的电流。

对前级来讲是拉电流。74LS00 的 $I_{IH} \leq 20$ A。

⑤ 输入高电平最小值 U_{IHmin}。当输入电平高于该值时，输入的逻辑电平即为高电平。74LS00 的 U_{IHmin}=2 V。

⑥ 输入低电平最大值 U_{IHmax}。只要输入电平低于 U_{IHmax}，输入端的逻辑电平即为低电平。74LS00 的 U_{IHmax}=0.8 V。

⑦ 平均传输时间 t_{pd}。TTL 电路中的二极管和晶体管在进行状态转换时，即由导通状态转换为截止状态，或由截止状态转换为导通状态时，都需要一定的时间，这段时间称为二极管和晶体管的开关时间。同样，门电路的输入状态改变时，其输出状态的改变也要滞后一段时间。平均传输时间 t_{pd} 是指电路在两种状态间相互转换时所需时间的平均值。

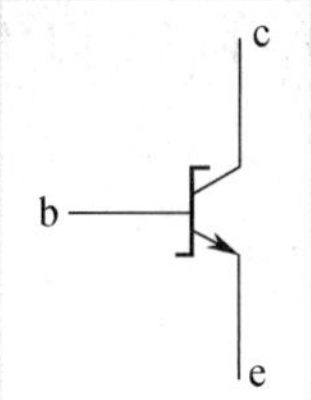

图 6-15　肖特基晶体管的符号

例 6-5　图 6-16（a）所示为 74LS00 与非门构成的电路，A 端为信号输入端，B 端为控制端，试根据其输入波形画出其输出波形。

解　图 6-16（a）中，当控制端 B 为 0 时，不论 A 是什么状态，输出端 L 总为高电平，Y 总为低电平，信号不能通过；当控制端 B 为 1 时，$L=\overline{AB}=\overline{A}$，$Y=\overline{L}=\overline{\overline{A}}=A$，输入端 A 的信号可能通过。其波形如图 6-16（b）~ 图 6-16（d）所示。

可以看出，当 B=1 时，输出信号和输入信号的波形相同，所以该电路可作为数字频率计的受控传输门。当控制信号 B 的脉宽为 1 s 时，该与非门的脉冲个数等于 A 输入端的输入信号频率 f。

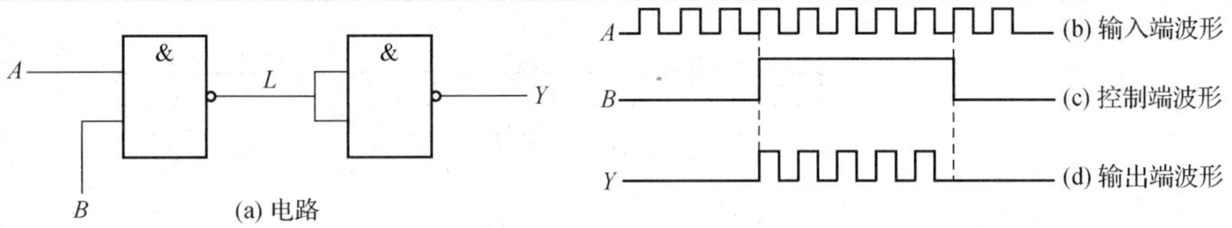

图 6-16　例 6-5 图

2）TTL 其他类型的门电路

为实现多种多样的逻辑功能及控制，除与非门以外，厂家还生产了多种类型的 TTL 单元电路。这些电路的参数和与非门相似，只是逻辑功能不同。下面介绍几种常见的其他类型的 LSTTL 门电路，其内部电路不再给出。

（1）或非门 74LS27。74LS27 是一种三 3 输入或非门。内部有三个独立的或非门，每个或非门有三个输入端，图 6-17（a）、图 6-17（b）分别为它的逻辑符号与引脚图。

或非门的逻辑关系为“有高出低，全低出高”，即 $Y=\overline{A+B+C}$。

74LS27 中每个或非门有三个输入端，若用它实现 $Y=\overline{A+B}$，对多余的输入端可以接地或与有用端并接；另外，也可以把它当作非门使用，如图 6-17（c）所示。图中：

$$Y_1=\overline{A+B+0}=\overline{A+B};\quad Y_2=\overline{C+C+D}=\overline{C+D};\quad Y_3=\overline{E+E+E}=\overline{E}$$

（2）异或门 74LS86。74LS86 是一种四异或门，内部有 4 个异或门。其逻辑符号如图 6-18 所示。

异或门的逻辑函数表达式为 $Y = A\bar{B} + \bar{A}B = A \oplus B$，其输入相异（一个为 0，一个为 1）时，输出为 1；输入相同时，输出为 0。

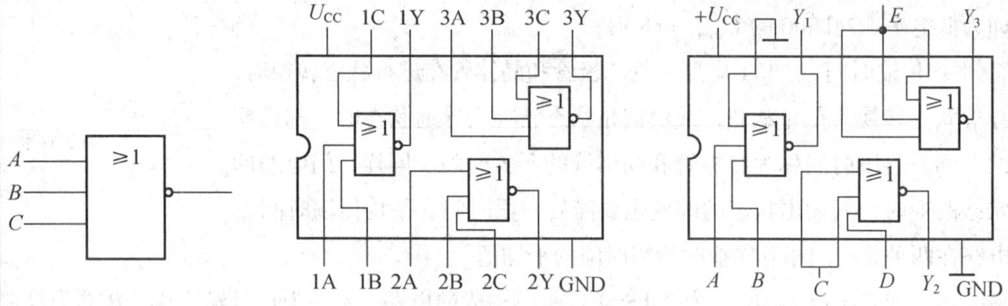

(a) 逻辑符号　(b) 引脚图　(c) 或非门无用端的处理

图 6–17　74LS27 或非门电路

图 6–19 所示电路为异或门构成的正码 / 反码电路。当控制端 B 为低电平时，输出 $Y_i = A_i\bar{B} + \bar{A}_iB = A_i\bar{0} + \bar{A}_i0 = A_i + \bar{A}_i0 = A_i$，输出与输入相等，输出为二进制码的原码（即正码）；当控制端 B 为高电平时，输出 $Y = A_i\bar{B} + \bar{A}_iB = \bar{A}_i$，输出与输入相反，输出为输入二进制码的反码。

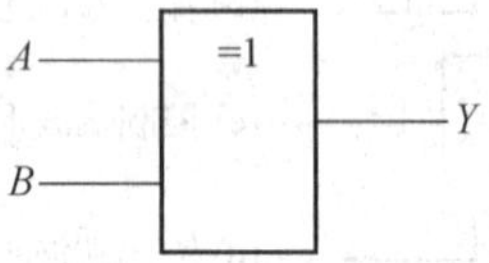

图 6–18　异或门的逻辑符号

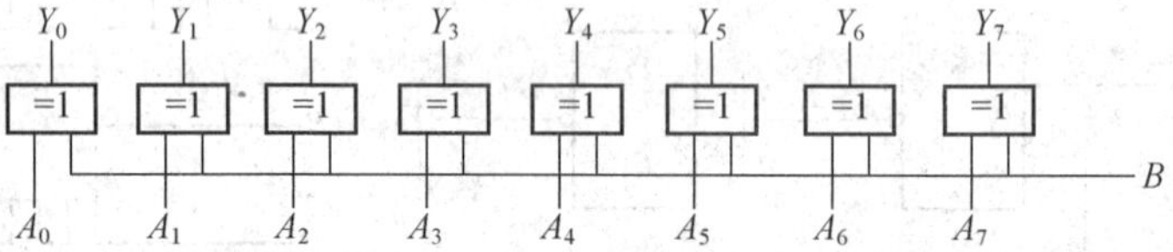

图 6–19　异或门构成的正码 / 反码电路

2. CMOS 集成逻辑门电路

与 TTL 电路比较，MOS 电路虽然工作速度较低，但具有集成度高、功耗低、工艺简单等优点，因此，在数字系统中，特别是大规模集成电路领域内得到广泛的应用。在 MOS 电路中，应用最广泛的是 CMOS 电路。

1）CMOS 反相器

CMOS 反相器电路如图 6–20（a）所示，由一个 N 沟道增强型 MOS 管 V_N 和一个 P 沟道增强型 MOS 管 V_P 组成。图中，CMOS 反相器的电源电压 U_{DD} 需大于 V_N 和 V_P 的开启电压绝对值之和，一般两管的开启电压的绝对值相等。

当输入低电平时，V_N 管截止，V_P 管导通，等效电路如图 6–20（b）所示，输出为高电平；当输入为高电平时，V_N 管导通，V_P 管截止，等效电路如图 6–20（c）所示，输出为低电平。

CMOS 反相器中常用的有六反相器 CD4069，其内部由六个反相器单元组成。

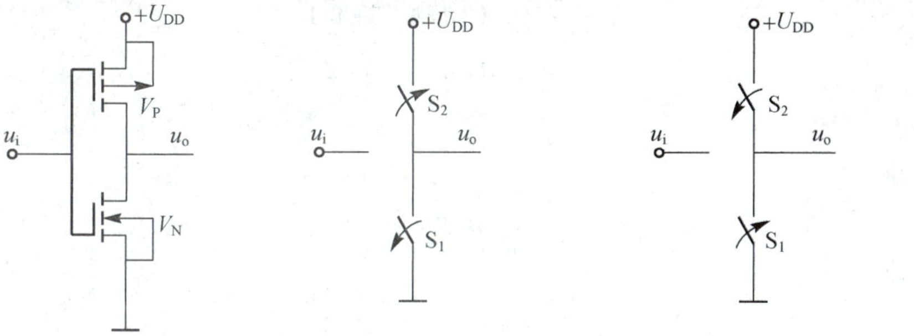

(a) 电路　(b) 输入为低电平时的等效电路　(c) 输入为高电平时的等效电路

图 6-20　CMOS 反相器及其等效电路

2）其他逻辑功能的 CMOS 门

CMOS 与非门 CD4011 是一种四 2 输入与非门，其内部有四个与非门，每个与非门有两个输入端，其引脚图及参数可参见有关手册。

CMOS 或非门 CD4025 是一种三 3 输入或非门，它内部有三个或非门，每个或非门有三个输入端，其引脚图及参数可参见有关手册。

CMOS 与或非门 CD4085 是一种 CMOS 双 2-2 输入与或非门，并带有禁止端，其逻辑图如图 6-21 所示。其中禁止端的作用是：当禁止端有效时，输出状态被锁定为 0；禁止端无效时，电路正常工作。即当 INH=0 时，$Y=\overline{AB+CD}$；当 INH=1 时，Y=0，此时输出状态被锁定为 0。

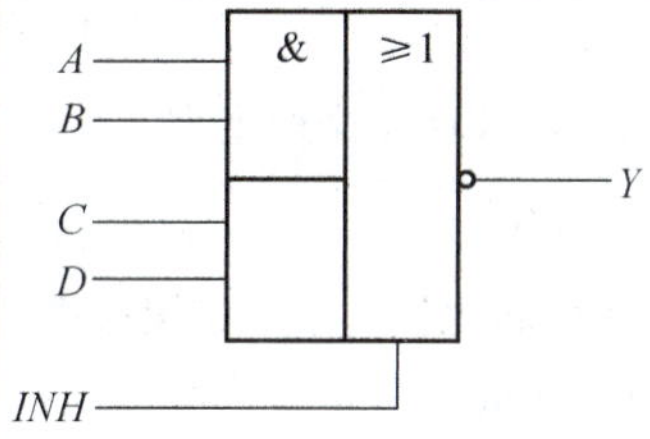

图 6-21　带禁止端的 CMOS 与或非门的逻辑图（1/2CD4085）

第四节　组合逻辑电路

有了基本的逻辑电路后，在实际中将这些基本逻辑电路组合起来，构成组合逻辑电路，以实现各种逻辑功能。在设计逻辑电路时，为了达到同一种逻辑关系，可以有多种逻辑电路的构成方法。实际中要结合器件的特点，尽可能化简逻辑电路，或使用尽可能少的集成电路。为使组合逻辑电路尽可能合理，先讨论逻辑代数的基本规律，用它来化简逻辑电路。

一、逻辑代数的基本定律

1. 基本运算法则

$$0\cdot0=0 \quad 0\cdot1=1\cdot0=0 \quad 1\cdot1=1$$

$$0+0=0 \quad 0+1=1+0=1+1=1$$

$$0\cdot A=0\quad 1\cdot A=A\quad A\cdot A=A$$

$$A\cdot \overline{A}=0\quad 0+A=A\quad 1+A=1$$

$$A+A=A\quad A+\overline{A}=1\quad A=\overline{\overline{A}}$$

2. 基本代数规律

1）交换律

$$A\cdot B=B\cdot A$$

2）结合律

$$ABC=(AB)C=A(BC)$$

$$A+B+C=A+(B+C)=(A+B)+C$$

3）分配律

$$A\cdot(B+C)=AB+AC$$

$$A+BC=(A+B)(A+C)$$

证明：$(A+B)(A+C)=AA+AC+AB+BC=A+A(B+C)+BC$

$$=A[1+(B+C)]+BC=A+BC$$

4）反演律（摩根定理）

$$\overline{A}\overline{B}=\overline{A}+\overline{B}\quad \overline{A}+\overline{B}=\overline{A}\overline{B}$$

在化简比较复杂的逻辑关系时，这个定理很有用。

5）吸收律

逻辑表达式和普通代数表达式的一个重要区别是，逻辑表达式中的某些项可能被其他项所吸收。吸收规律如下。

$$A(A+B)=A$$

$$A+AB=A$$

$$A(\overline{A}+B)=AB$$

$$A+\overline{A}B=A+B$$

例 6–6 应用逻辑代数证明下面的等式成立。

$$ABC+\overline{A}+\overline{B}+\overline{C}=1$$

证明 $ABC+\overline{A}+\overline{B}+\overline{C}$

$=ABC+\overline{A}\overline{B}\overline{C}$（反演律）

$=1$

例 6–7 应用逻辑代数化简下面的等式。

$$AB+\overline{A}\overline{C}+B\overline{C}$$

解 原式可化为

$$AB+\overline{A}\overline{C}+B\overline{C}=AB+\overline{A}\overline{C}+(A+\overline{A})B\overline{C}\text{（配项法}A+\overline{A}=1\text{）}$$

$$=AB+\overline{A}\overline{C}+AB\overline{C}+\overline{A}B\overline{C}\text{（分配律）}$$

$$=(AB+AB\overline{C})+(\overline{A}\overline{C}+\overline{A}B\overline{C})\text{（吸收律）}$$

$$=AB+\overline{A}\overline{C}$$

二、组合逻辑电路的分析

由前述内容可知，数字电路的逻辑关系可以用真值表、逻辑表达式及逻辑图（用基本逻辑符号构成的逻辑电路图）表示。真值表直观，可以清楚表明在各种输入情况下的输出，但当输入变量较多时，比较烦琐；逻辑表达式简单，且可通过逻辑代数的基本定律进行化简，达到最简表达式；逻辑图则与硬件直接相关，根据逻辑图可以方便地接线，组成实际电路。分析电路时也是从实际逻辑电路图出发，故在实际应用中，要求能熟练地对这三种表达方法进行转换。

组合逻辑电路的分析是指分析实际构成的逻辑电路的输入输出之间的关系，判断其逻辑功能。组合逻辑电路的分析步骤如下。

（1）根据已知的逻辑电路图写出逻辑表达式，要按门电路逻辑关系从前向后逐级写出。

（2）根据表达式列出真值表。将输入的各种状态代入表达式，求出对应的输出，将输入状态及对应的输出结果列成真值表。

（3）通过分析真值表，确定电路的逻辑功能。

例 6–8　分析图 6–22 所示电路的逻辑功能。

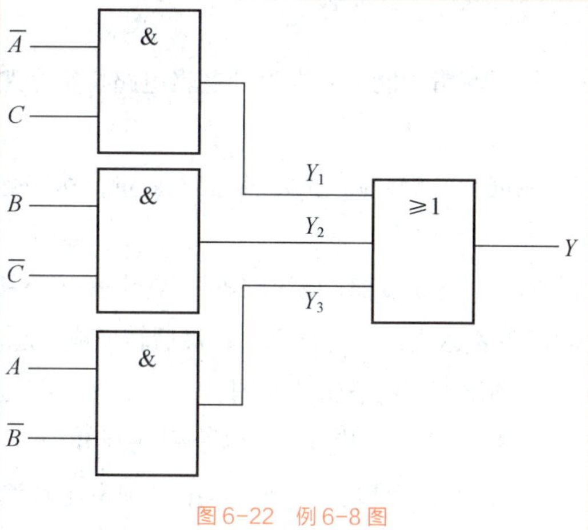

图 6–22　例 6–8 图

解　（1）写出输出 Y 的表达式。

各与门的表达式为

$$Y_1=\overline{A}C \quad Y_2=B\overline{C} \quad Y_3=A\overline{B}$$

输出或门的表达式为

$$Y=Y_1+Y_2+Y_3=\overline{A}C+B\overline{C}+A\overline{B}$$

（2）列出真值表。该电路有 3 个输入端 A、B、C，它们有 000~111 八种可能的输入状态，只有一个输出端 Y。因此该真值表应有 9 行、4 列，如表 6–9 所示，输入状态按二进制数的规律排列。将每一种输入状态的值代入表达式，则可求得对应 Y 的值。

表 6-9 例 6-8 真值表

A	B	C	Y
0	0	0	0
0	0	1	1
0	1	0	1
0	1	1	1
1	0	0	1
1	0	1	1
1	1	0	1
1	1	1	0

（3）确定电路的逻辑功能。从真值表看出，当输入变量 A、B、C 一致（全为 0 或全为 1）时，输出 Y=0；当输入不一致时，Y=1。该电路可用于检查输入信号是否一致，称为“输入不一致鉴别器”。

三、组合逻辑电路的设计

组合逻辑电路的设计就是根据逻辑功能的要求设计逻辑电路。组合逻辑电路的设计步骤与分析相反。

（1）对命题要求的逻辑功能进行分析，确定哪些是输入变量，哪些是输出变量，以及它们的相互关系，并对逻辑变量赋值。

（2）根据逻辑功能列出真值表。逻辑变量的赋值不同，真值表也不一样。

（3）由真值表写出相应的逻辑表达式，并进行化简，最后转换成命题所要求的逻辑函数表达式。

（4）根据最简逻辑表达式，画出相应的逻辑电路图。

例 6-9 举重比赛有三个裁判，一个主裁判 A，两个副裁判 B、C。杠铃举起的裁决，由每个裁判按一下面前的按钮来决定。只有两个以上裁判（其中必须有主裁判）判明成功时，表明“成功”的灯才亮。如何设计这个逻辑电路？

解 （1）根据已知实际问题，设 Y 为指示灯，1 表示灯亮，0 表示灯不亮。A 为主裁判，B、C 为副裁判，则可列出真值表，如表 6-10 所示。

表 6-10 例 6-9 真值表

A	B	C	Y
0	0	0	0
0	0	1	0
0	1	0	0
0	1	1	0
1	0	0	0

续表

A	B	C	Y
1	0	1	1
1	1	0	1
1	1	1	1

（2）根据真值表写出逻辑函数表达式：

$$Y=A\overline{B}C+AB\overline{C}+ABC$$

（3）化简逻辑函数表达式：

$$Y=A\overline{B}C+AB\overline{C}+ABC=A\overline{B}C+AB(\overline{C}+C)$$
$$=A\overline{B}C+AB=A(\overline{B}C+B)=A(B+C)$$

（4）由化简后的逻辑表达式画出逻辑图，如图 6–23 所示。

实现上述逻辑功能，则可用图 6–24 所示电路。

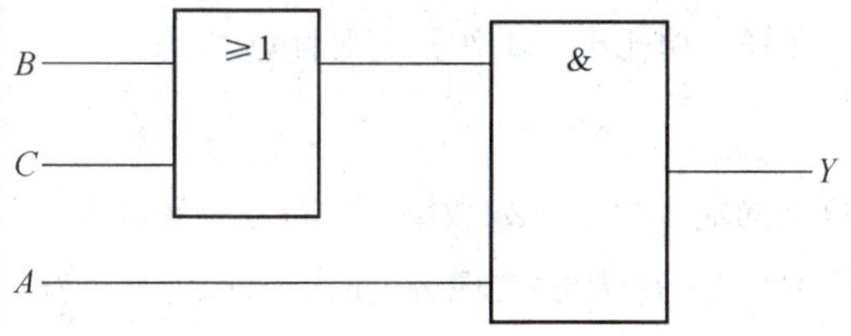

图 6–23 例 6–9 逻辑图

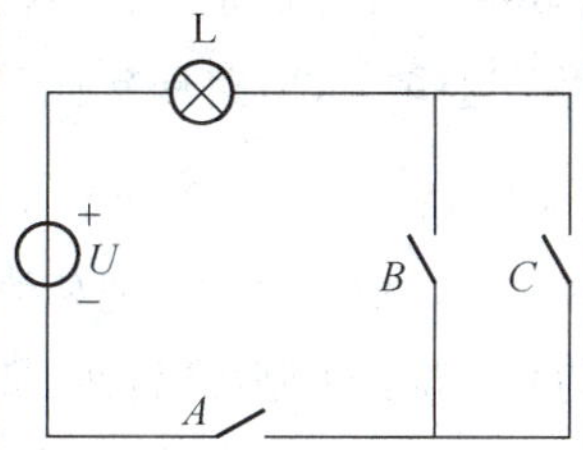

图 6–24 例 6–9 电路

例 6–10 设计一个楼梯开关的控制逻辑电路，以控制楼梯灯，使之在上楼前用楼下开关开灯，上楼后用楼上开关关灯；或者在下楼前用楼上开关开灯，下楼后再用楼下开关关灯。

解 （1）由逻辑要求列出真值表。设楼上开关为 A，楼下开关为 B，灯泡为 Y，并假设 A、B 闭合时为 1，断开时为 0，Y=1 表示灯亮，Y=0 表示灯灭。根据逻辑要求列出的真值表，见表 6–11。

表 6–11 例 6–10 真值表

A	B	Y
0	0	0
0	1	1
1	0	1
1	1	0

（2）由表 6–11 可直接写出逻辑表达式：

$$Y=A\overline{B}+\overline{A}B=A\oplus B$$

（3）由逻辑表达式画逻辑电路图，如图 6–25（a）所示。在实际应用时，可用两个单刀双掷开

第一章 第二章 第三章 第四章 第五章 第六章 第七章 第八章

关完成这一逻辑功能，如图 6-25（b）所示。

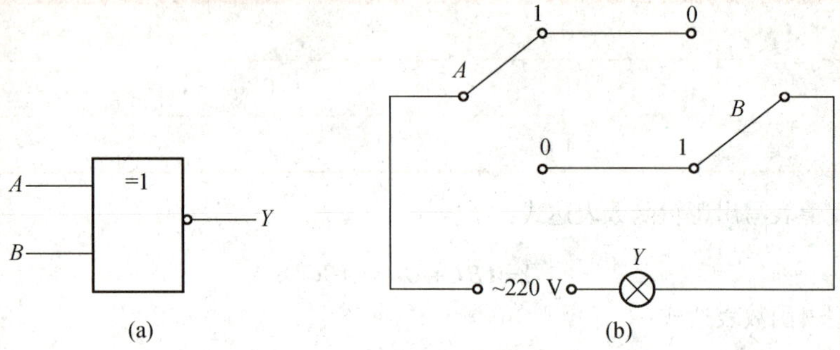

图 6-25　例 6-10 图

四、常用组合逻辑电路

有一些组合逻辑电路在各类数字电路系统中经常被大量使用。为了方便，已将这些电路的设计标准化，并由厂家制成了中、小规模单片集成电路产品，包括编码器、译码器、数字选择器、数值比较器等。这些集成电路具有通用性强、兼容性好、功耗小、工作稳定等优点。

1. 编码器

在数字系统中，常常要把某种具有特定意义的输入信号（如数字、字符或某种控制信号等）编成相应的若干位二进制代码来处理，这一过程称为编码。能够实现编码的电路称为编码器。

1）二进制编码器

（1）二进制编码器的基本要求。以三位二进制编码器为例，其示意图如图 6-26 所示。三位二进制编码器有八个输入端（I_0~I_7，可与八个开关或其他逻辑电路相连）和三个输出端 Y_0~Y_2，因此，它也称为 8 线 -3 线编码器。图 6-26 要求八个输入中只能有一个输入为 1，其余输入为 0。例如，当输入 I_4 为 1，其他都为 0 时，输出 $Y_2Y_1Y_0$=100；当输入 I_6 为 1，其余都为 0 时，输出 $Y_2Y_1Y_0$=110。其真值表见表 6-12。

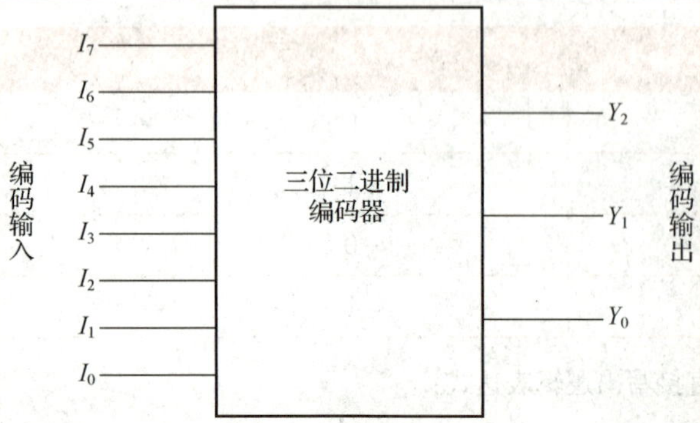

图 6-26　三位二进制编码器示意图

表 6-12　三位二进制编码器真值表

输入								输出		
I_0	I_1	I_2	I_3	I_4	I_5	I_6	I_7	Y_2	Y_1	Y_0
0	0	0	0	0	0	0	1	1	1	1
0	0	0	0	0	0	1	0	1	1	0
0	0	0	0	0	1	0	0	1	0	1
0	0	0	0	1	0	0	0	1	0	0
0	0	0	1	0	0	0	0	0	1	1
0	0	1	0	0	0	0	0	0	1	0
0	1	0	0	0	0	0	0	0	0	1
1	0	0	0	0	0	0	0	0	0	0

（2）八位优先编码器。在上面所讨论的 8 线 -3 线编码器中，不允许同时有两个及以上的信号输入（输入端为 1），否则将使编码器输出发生混乱。为解决这一问题，一般都把编码器设计成优先编码器。

在优先编码器中，由于在设计时预先对所有的编码输入按优先顺序排了队，当同时有两个及以上的编码信号输入时，编码器将只对其中优先等级最高的一个输入进行编码，这样就不会发生混乱了。

CD4532 是一种常用的 8 线 -3 线优先编码器，其真值表见表 6-13，逻辑框图如图 6-27 所示。

表 6-13　CD4532 真值表

输入									输出				
E_{in}	I_7	I_6	I_5	I_4	I_3	I_2	I_1	I_0	Y_{EX}	Y_2	Y_1	Y_0	E_{out}
0	×	×	×	×	×	×	×	×	0	0	0	0	0
1	0	0	0	0	0	0	0	0	0	0	0	0	1
1	1	×	×	×	×	×	×	×	1	1	1	1	0
1	0	1	×	×	×	×	×	×	1	1	1	0	0
1	0	0	1	×	×	×	×	×	1	1	0	1	0
1	0	0	0	1	×	×	×	×	1	1	0	0	0
1	0	0	0	0	1	×	×	×	1	0	1	1	0
1	0	0	0	0	0	1	×	×	1	0	1	0	0
1	0	0	0	0	0	0	1	×	1	0	0	1	0
1	0	0	0	0	0	0	0	1	1	0	0	0	0

从其真值表可以看出，除八个编码输入信号 I_0~I_7 外，还有一个使能输入端 E_{in}。当 E_{im}=0 时，禁止编码，此时不论输入为何种状态，输出 $Y_2Y_1Y_0$=000；当 E_{in}=1 时，允许编码。从真值表还可以看出，I_7 的优先等级最高，依次降低，I_0 的优先等级最低。当 I_7=1 时，不管其他输入端是 0 还是 1（图中用 × 表示），只要允许编码，输出都是 7 的编码，即 $Y_2Y_1Y_0$=111。

E_{out} 为使能输出端，Y_{EX} 为扩展输出端，它们受控制。当 E_{in}=0 时，E_{out}=0，Y_{EX}=0。当 E_{in}=1 时，有两种情况：当 I_0~I_7 端无信号时（全部为 0），E_{out}=1，Y_{EX}=0，表示本级电路无输入信号，输出不是输入信号的编码；当 I_0~I_7 有信号时，表示本级输出为输入信号的编码输出，E_{out}=0，Y_{EX}=1。

2）10 线 –4 线 8421BCD 码优先编码器

10 线 –4 线 8421BCD 码优先编码器有 10 个入端，每一个输入端对应一个十进制数（0~9），其输出端输出的是输入信号相应的 BCD 码。为防止输出产生混乱，该编码器通常都设计成优先编码器。

CD40147 是一种标准型 CMOS 集成 10 线 –4 线 8421BCD 码优先编码器。其逻辑框图如图 6–28 所示，真值表见表 6–14。

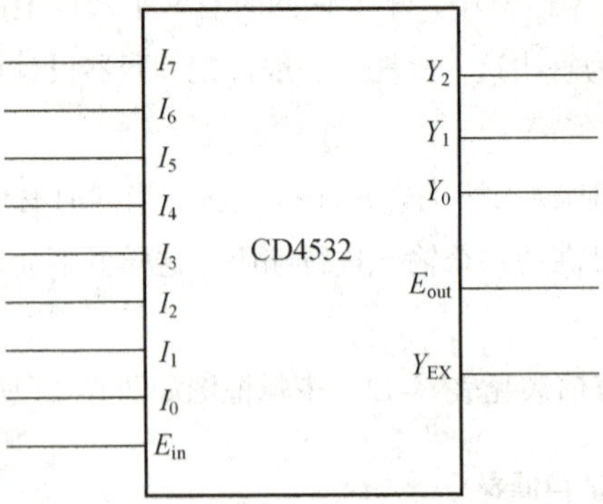

图 6–27 8 线 –3 线优先编码器 CD4532 的逻辑框图

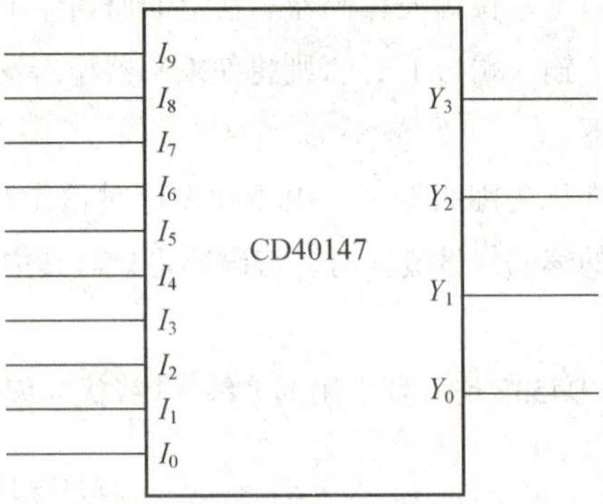

图 6–28 10 线 –4 线 8421BCD 码优先编码器 CD40147 的逻辑框图

CD40147 有 10 个输入端（I_0~I_9），4 个输出端（Y_3、Y_2、Y_1、Y_0），输入端的优先等级是从 9 到 0。例如，当 I_9=1 时，无论其他输入端为何种状态，输出 $Y_3Y_2Y_1Y_0$=1001；当 I_9=I_8=0，I_7=1 时，输出 $Y_3Y_2Y_1Y_0$=0111；当其他输入端为 0，I_0=1 时，输出 $Y_3Y_2Y_1Y_0$=0000；当 10 个输入信号全为 0 时，输出 $Y_3Y_2Y_1Y_0$=111，这是一种伪码，表示没有编码输入。

表 6–14 CD40147 真值表

输入										输出			
I_0	I_1	I_2	I_3	I_4	I_5	I_6	I_7	I_8	I_9	Y_3	Y_2	Y_1	Y_0
0	0	0	0	0	0	0	0	0	0	1	1	1	1
1	0	0	0	0	0	0	0	0	0	0	0	0	0
×	1	0	0	0	0	0	0	0	0	0	0	0	1

续表

输入										输出			
I_0	I_1	I_2	I_3	I_4	I_5	I_6	I_7	I_8	I_9	Y_3	Y_2	Y_1	Y_0
×	×	1	0	0	0	0	0	0	0	0	0	1	0
×	×	×	1	0	0	0	0	0	0	0	0	1	1
×	×	×	×	1	0	0	0	0	0	0	1	0	0
×	×	×	×	×	1	0	0	0	0	0	1	0	1
×	×	×	×	×	×	1	0	0	0	0	1	1	0
×	×	×	×	×	×	×	1	0	0	0	1	1	1
×	×	×	×	×	×	×	×	1	0	1	0	0	0
×	×	×	×	×	×	×	×	×	1	1	0	0	1

10 线 –4 线编码器可用于键盘编码。

2. 译码器及显示电路

译码是编码的逆过程，也就是把二进制代码所表示的特定含义“翻译”出来的过程。

实现译码功能的电路称为译码器，目前主要采用集成电路来构成。译码器按用途大致分为三大类：一是二进制译码器，又称变量译码器，是表示输入变量状态的译码器；二是码制变换译码器，常见的是把 BCD 码转换成十进制的译码器，简称二－十进制译码器；三是显示译码器，是用来驱动数码管等显示器件的译码器。

1）二进制译码器

（1）二进制译码器的基本要求。以三位二进制译码器为例，其示意图如图 6–29 所示。它有三个输入端 A_2、A_1、A_0，有八种输入状态的组合，分别对应着八个输出端 Y_0~Y_7。因此，它也称为 3 线 –8 线译码器。其真值表见表 6–15。

表 6–15　CD40147 真值表

输入			输出							
A_2	A_1	A_0	Y_0	Y_1	Y_2	Y_3	Y_4	Y_5	Y_6	Y_7
0	0	0	0	0	0	0	0	0	0	0
0	0	1	0	1	0	0	0	0	0	0
0	1	0	0	0	1	0	0	0	0	0
0	1	1	0	0	0	1	0	0	0	0
1	0	0	0	0	0	0	1	0	0	0
1	0	1	0	0	0	0	0	1	0	0

续表

输入			输出							
A_2	A_1	A_0	Y_0	Y_1	Y_2	Y_3	Y_4	Y_5	Y_6	Y_7
1	1	0	0	0	0	0	0	0	1	0
1	1	1	0	0	0	0	0	0	0	1

在输入的任意一组取值下，八个输出中总有一个也只有一个为 1，其余七个输出都为 0，即每一个输出都对应着一种输入状态的组合，所以其又称状态译码器。

（2）3 线 -8 线译码器。下面介绍一种高速 CMOS 集成 3 线 -8 线译码器 74HC138，其逻辑框图如图 6-30 所示，其真值表见表 6-16。

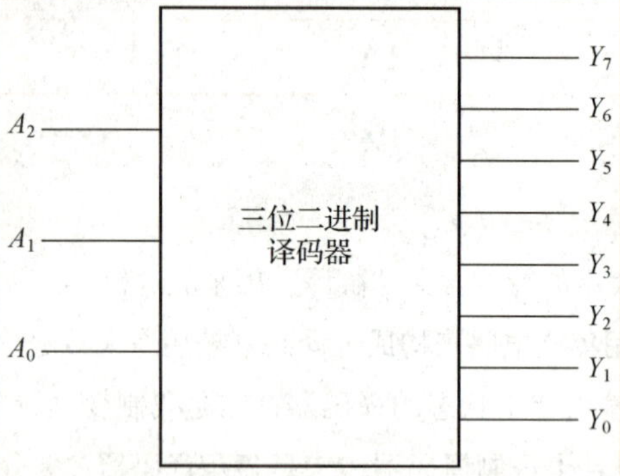

图 6-29　三位二进制译码器示意图

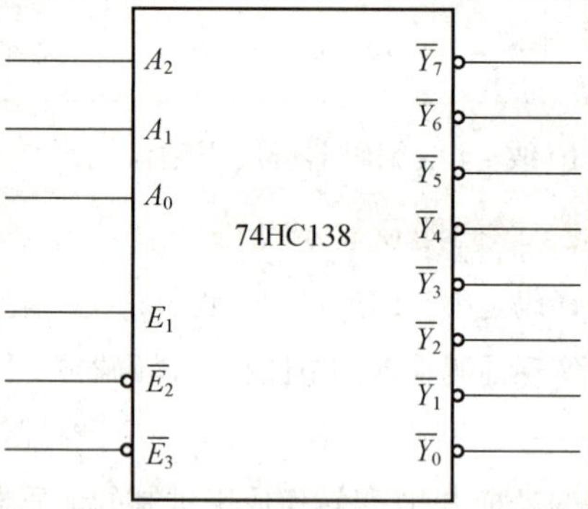

图 6-30　HC138 的逻辑框图

与前面论述的基本电路相比，74HC138 主要有以下两点不同。

① 在正常译码（称为“使能”）情况下，八个译码输出端 $\overline{Y}_0 \sim \overline{Y}_7$ 中只有一个输出端为低电平，其余输出端为高电平。由此可见，其译码输出 $\overline{Y}_0 \sim \overline{Y}_7$ 为低电平有效，即低电平表示有信号，高电平表示没有信号。若框图的符号上已有非号，图中圆圈可以不加。

表 6-16　74HC138 真值表

输入						输出							
E_1	$\overline{E}_2$	$\overline{E}_3$	A_2	A_1	A_0	$\overline{Y}_0$	$\overline{Y}_1$	$\overline{Y}_2$	$\overline{Y}_3$	$\overline{Y}_4$	$\overline{Y}_5$	$\overline{Y}_6$	$\overline{Y}_7$
0	×	×	×	×	×	1	1	1	1	1	1	1	1
×	1	×	×	×	×	1	1	1	1	1	1	1	1
×	×	1	×	×	×	1	1	1	1	1	1	1	1
1	0	0	0	0	0	0	1	1	1	1	1	1	1
1	0	0	0	0	1	1	0	1	1	1	1	1	1
1	0	0	0	1	0	1	1	0	1	1	1	1	1

续表

输入						输出							
E_1	$\bar{E}_2$	$\bar{E}_3$	A_2	A_1	A_0	$\bar{Y}_0$	$\bar{Y}_1$	$\bar{Y}_2$	$\bar{Y}_3$	$\bar{Y}_4$	$\bar{Y}_5$	$\bar{Y}_6$	$\bar{Y}_7$
1	0	0	0	1	1	1	1	1	0	1	1	1	1
1	0	0	1	0	0	1	1	1	1	0	1	1	1
1	0	0	1	0	1	1	1	1	1	1	0	1	1
1	0	0	1	1	0	1	1	1	1	1	1	0	1
1	0	0	1	1	1	1	1	1	1	1	1	1	0

② 增设了三个使能输入端 E_1、$\bar{E}_2$、$\bar{E}_3$。只有当 E_1、E_2、E_3 分别为 1、0、0 时，译码器才能正常译码，否则译码器不能译码，所有输出（$\bar{Y}_0 \sim \bar{Y}_7$）全为高电平。

74HC138 的基本用途是实现 3 线 –8 线译码，即以三位二进制数作为译码输入，以 $\bar{Y}_0 \sim \bar{Y}_7$ 作为译码输出。为使其能正常译码，E_1、$\bar{E}_2$、$\bar{E}_3$ 应输入 1、0、0，这样，每输入一个二进制数，就总有一个且只有一个输出为低电平，其余输出端为高电平。例如，当 $A_2A_1A_0$=101 时，$\bar{Y}_5$ =0，其他输出端均为 1。

利用 74HC138 的使能端 E_1、$\bar{E}_2$、$\bar{E}_3$ 可以扩展译码器输入变量数。图 6–31 所示电路是由两片 74HC138 构成的 4 线 –16 线译码器。另外，74HC138 还可以构成其他功能的组合逻辑电路。

2）二 – 十进制译码器

二 – 十进制译码器就是能把某种二 – 十进制代码（即 BCD 码）变换为相应的十进制数码的组合逻辑电路，也称为 4 线 –10 线译码器，也就是把代表四位二 – 十进制代码的 4 个输入信号的每一种组合变换成对应的十进制输出信号。二 – 十进制译码器有 10 个输出信号，每一个对应着一个十进制数。

74HC42 是一种 4 线 –10 线译码器，其逻辑框图和真值表如图 6–32 和表 6–17 所示。当输入为 1010~1111 时，输出端 Y_0~Y_9 均为 1，能自动拒绝伪码输入。另外，74LS45、CD4028 等也都是 4 线 –10 线译码器。

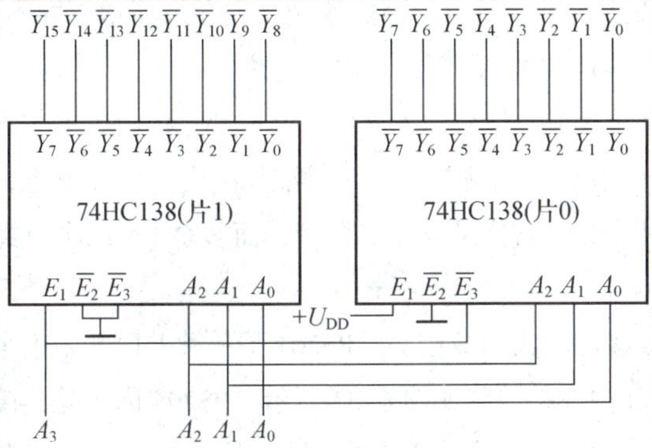

图 6–31　由两片 74HC138 构成的 4 线 –16 线译码器

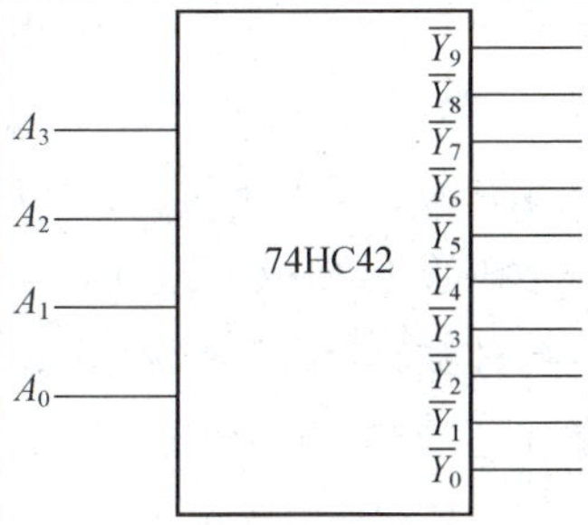

图 6–32　74HC42 的逻辑框图

表 6-17　74HC42 真值表

十进制数	输入				输出									
	A_3	A_2	A_1	A_0	$\overline{Y}_0$	$\overline{Y}_1$	$\overline{Y}_2$	$\overline{Y}_3$	$\overline{Y}_4$	$\overline{Y}_5$	$\overline{Y}_6$	$\overline{Y}_7$	$\overline{Y}_8$	$\overline{Y}_9$
0	0	0	0	0	0	1	1	1	1	1	1	1	1	1
1	0	0	0	1	1	0	1	1	1	1	1	1	1	1
2	0	0	1	0	1	1	0	1	1	1	1	1	1	1
3	0	0	1	1	1	1	1	0	1	1	1	1	1	1
4	0	1	0	0	1	1	1	1	0	1	1	1	1	1
5	0	1	0	1	1	1	1	1	1	0	1	1	1	1
6	0	1	1	0	1	1	1	1	1	1	0	1	1	1
7	0	1	1	1	1	1	1	1	1	1	1	0	1	1
8	1	0	0	0	1	1	1	1	1	1	1	1	0	1
9	1	0	0	1	1	1	1	1	1	1	1	1	1	0
无效输入	1	0	1	0	1	1	1	1	1	1	1	1	1	1
	1	0	1	1	1	1	1	1	1	1	1	1	1	1
	1	1	0	0	1	1	1	1	1	1	1	1	1	1
	1	1	0	1	1	1	1	1	1	1	1	1	1	1
	1	1	1	0	1	1	1	1	1	1	1	1	1	1
	1	1	1	1	1	1	1	1	1	1	1	1	1	1

3）显示译码器

在数字测量仪表和各种数字系统中，常常需要显示译码器将二–十进制代码译成十进制数，并驱动数字显示器显示数码。显示译码器由两大部分组成，一部分为译码器，另一部分是与显示器相连接的功率驱动器。在讨论显示译码器之前，应先了解数字显示器（即数码显示器或数码管）。

（1）数码显示器。在各种数码管中，分段式数码管利用不同的发光段组合来显示不同的数字，应用广泛。下面介绍最常见的分段式数码管——半导体数码管及其驱动电路。

半导体发光二极管是一种将电能或电信号转换成光信号的发光器。其内部是由特殊的半导体材料组成的 PN 结。当 PN 结正向导通时，发光二极管能辐射发光。辐射波长决定了发光颜色，通常有红、绿、橙、黄等颜色。单个 PN 结封装而成的产品就是发光二极管，而多个 PN 结可以封装成半导体数码管（LED 数码管）。

半导体数码管内部有两种接法，即共阳极接法和共阴极接法。BS201 是一种七段共阴极半导体数码管（还带有一个小数点），其引脚排列图和内部接线图如图 6-33 所示。BS204 内部是共阳极接法，共阳极接法的引脚排列图和内部接线图如图 6-34 所示，其外引脚排列图与图 6-33 所示基本相同（共阴极输出变为共阳极输出）。

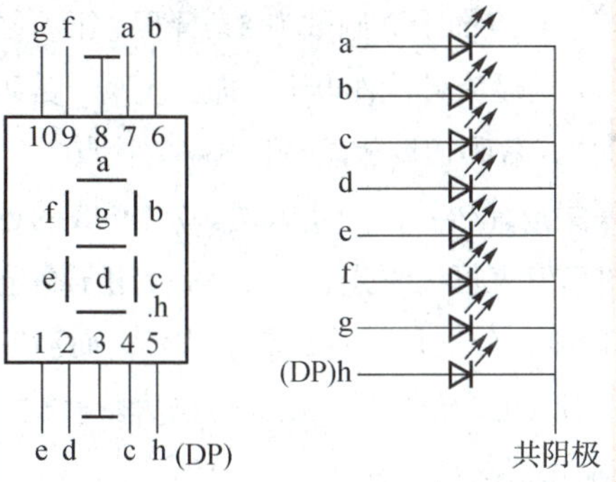

(a) 引脚排列图　(b) 内部接线图

图 6-33　共阴极半导体七段数码管 BS201

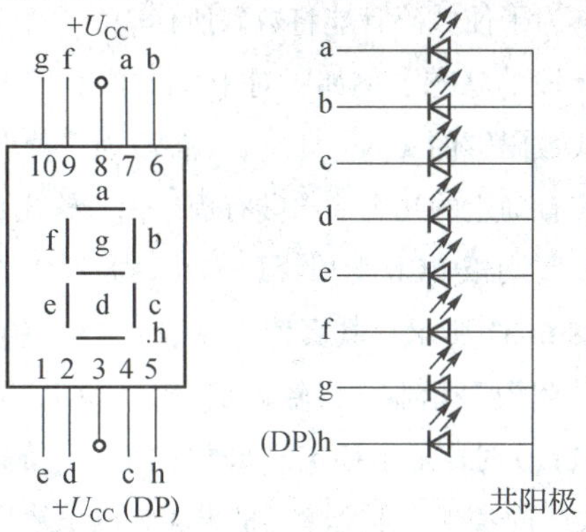

(a) 引脚排列图　(b) 内部接线图

图 6-34　共阳极 LED 数码管

各段笔画的组合能显示出十进制数 0~9 及某些英文字母，如图 6-35 所示。

图 6-35　七段显示的数字及英文字母图形

半导体数码管的优点是工作电压低（1.7~1.9 V），体积小，可靠性高，寿命长（大于 1 万小时），响应速度快（优于 10 ns），颜色丰富等，目前已有高亮度产品；其缺点是耗电较大，工作电流一般为几毫安至几十毫安。

半导体数码管的工作电流较大，可以用晶体管驱动，也可以用带负载能力比较强的译码 / 驱动器直接驱动。图 6-36 所示是两种 LED 数码管的驱动电路。较常用的方法是采用译码 / 驱动器直接驱动。

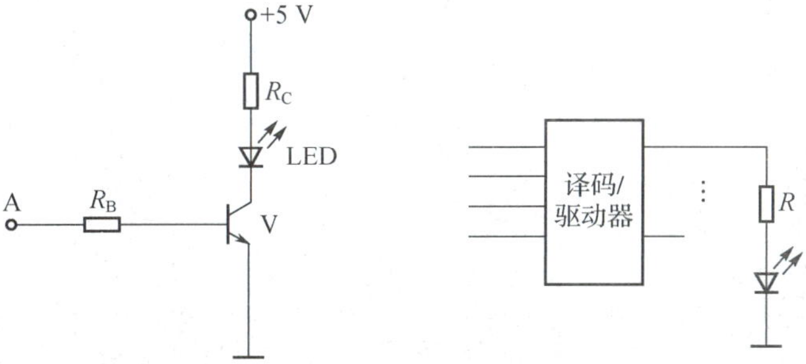

(a) 晶体管驱动　(b) 译码/驱动器驱动

图 6-36　半导体发光二极管的驱动电路

另外，液晶数码管也是一种分段式数码管，但其驱动电路比较复杂。

（2）七段显示译码器。如上所述，分段式数码管是利用不同发光段的组合来显示不同的数字，因此，为了使数码管能将数码所代表的数显示出来，必须先将数码译出，然后经驱动电路控制对应的显示段的状态。例如，对于 8421BCD 码的 0101 状态，对应的十进制数为 5，译码 / 驱动器应使分段式数码管的 a、c、d、f、g 各段为一种电平，而 b、e 两段为另一种电平。即对应某一数码，译码器应有确定的几个输出端有规定信号输出，这就是分段式数码管显示译码器电路的特点。

以共阴极 BCD 七段译码 / 驱动器 74HC48 为例说明集成译码器的使用方法。74HC48 的逻辑框图如图 6–37 所示，其真值表见表 6–18。从 74HC48 的真值表可以看出，74HC48 应用于高电平驱动的共阴极显示器。当输入信号 $A_3A_2A_1A_0$ 为 0000~1001 时，分别显示 0~9 数字信号；而当输入为 1010~1110 时，显示稳定的非数字信号；当输入为 1111 时，七个显示段全暗。可以从显示段出现非 0~9 数字符号或各段全暗，推出输入已出错，即可检查输入情况。

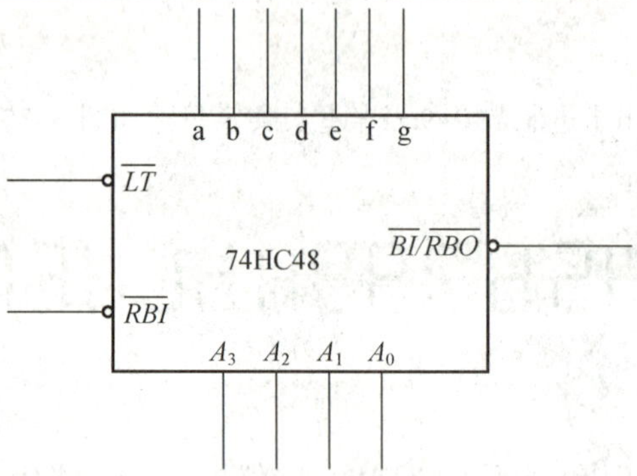

图 6–37 共阴极 BCD 七段译码 / 驱动器 74HC48 的逻辑框图

表 6–18 74HC48 真值表

数字功能	输入							输出							显示
	$\overline{LT}$	$\overline{RBI}$	A_3	A_2	A_1	A_0	$\overline{BI}/\overline{RBO}$	a	b	c	d	e	f	g	
0	1	1	0	0	0	0	1	1	1	1	1	1	1	0	0
1	1	×	0	0	0	1	1	0	1	1	0	0	0	0	1
2	1	×	0	0	1	0	1	1	1	0	1	1	0	1	2
3	1	×	0	0	1	1	1	1	1	1	1	0	0	1	3
4	1	×	0	1	0	0	1	0	1	1	0	0	1	1	4
5	1	×	0	1	0	1	1	1	0	1	1	0	1	1	5
6	1	×	0	1	1	0	1	0	0	1	1	1	1	1	6

续表

数字功能	输入							输出							显示
	$\overline{LT}$	$\overline{RBI}$	A_3	A_2	A_1	A_0	$\overline{BI}/\overline{RBO}$	a	b	c	d	e	f	g	
7	1	×	0	1	1	1	1	1	1	1	0	0	0	0	
8	1	×	1	0	0	0	1	1	1	1	1	1	1	1	
9	1	×	1	0	0	1	1	1	1	1	0	0	1	1	
10	1	×	1	0	1	0	1	0	0	0	1	1	0	1	
11	1	×	1	0	1	1	1	0	0	1	1	0	0	1	
12	1	×	1	1	0	0	1	0	1	0	0	0	1	1	
13	1	×	1	1	0	1	1	1	0	0	1	0	1	1	
14	1	×	1	1	1	0	1	0	0	0	1	1	1	1	
15	1	×	1	1	1	1	1	0	0	0	0	0	0	0	全暗
$\overline{BI}$	×	×	×	×	×	×	0	0	0	0	0	0	0	0	全暗
$\overline{RBI}$	1	0	0	0	0	0	0	0	0	0	0	0	0	0	全暗
$\overline{LT}$	0	×	×	×	×	×	1	1	1	1	1	1	1	1	

74HC48 除基本输入端和基本输出端外，还有几个辅助输入输出端：试灯输入端 $\overline{LT}$，灭零输入 $\overline{RBI}$，灭灯输入 / 灭零输出端 $\overline{BI}/\overline{RBO}$。其中，$\overline{BI}/\overline{RBO}$ 比较特殊，它既可以作输入用，又可作输出用。现根据其真值表，将它们的功能说明如下。

① 灭灯功能。只要将 $\overline{BI}/\overline{RBO}$ 端作输入用，并输入 0，即当 $\overline{BI}=0$ 时，无论 $\overline{LT}$、$\overline{RBI}$ 及 A_3、A_2、A_1、A_0 状态如何，a~g 均为 0，显示管熄灭。因此，灭灯输入端 $\overline{BI}$ 可用作显示控制。例如，用一个矩形脉冲信号来控制灭灯（消隐）输入端时，显示的数字将在数码管上间歇地闪亮。

② 试灯功能。在 $\overline{BI}/\overline{RBO}$ 作为输出端（不加输入信号）的前提下，当 $\overline{LT}=0$ 时，不论 $\overline{RBI}$、A_3、A_2、A_1、A_0 输入为何状态，$\overline{BI}/\overline{RBO}$ 为 1（此时 $\overline{BI}/\overline{RBO}$ 作输出用），a~g 全为 1，所有段全亮。可以利用试灯输入信号来测试数码管的好坏。

③ 灭零功能。在 $\overline{BI}/\overline{RBO}$ 作为输出端（不加输入信号）的前提下，当 $\overline{LT}=1$，$\overline{RBI}=0$ 时，若 $A_3A_2A_1A_0$ 为 0000，则 a~g 均为 0，实现灭零功能，此时 $\overline{BI}/\overline{RBO}$ 输出低电平（此时 $\overline{BI}/\overline{RBO}$ 作输出用），表示译码器处于灭零状态。若 $A_3A_2A_1A_0$ 不为 0000，则照常显示，$\overline{BI}/\overline{RBO}$ 输出高电平，表示译码器不处于灭零状态。因此，当输入是数字零的代码而又不需要显示零的时候，可以利用灭零输入端的功能来实现。

$\overline{RBO}$ 与 $\overline{RBI}$ 配合使用，可消去混合小数的前零和无用的尾零。例如，一个七位数显示器如要将 006.0400 显示成 6.04，可按图 6–38 连接，这样既符合人们的阅读习惯，又能减少电能的消耗。图中各片电路 $\overline{LT}$ =1，第一片电路 $\overline{RBI}$ =0，第一片 $\overline{RBO}$ 接第二片的 $\overline{RBI}$，当第一片的输入 $A_3A_2A_1A_0$ 为 0000 时，灭零且 $\overline{RBO}$ =0，使第二片也有了灭零条件。只要第二片输入零，数码管也可熄灭。第六片、第七片的原理与此相同。图中，第四片的 $\overline{RBI}$ =1 时，不处在灭零状态，因此 6 与 4 中间的 0 得以显示。

由于 74HC48 内部已设有限流电阻，所以图 6–38 中的共阴极数码管的共阴极端可以直接接地，译码器的输出端也不用接限流电阻。

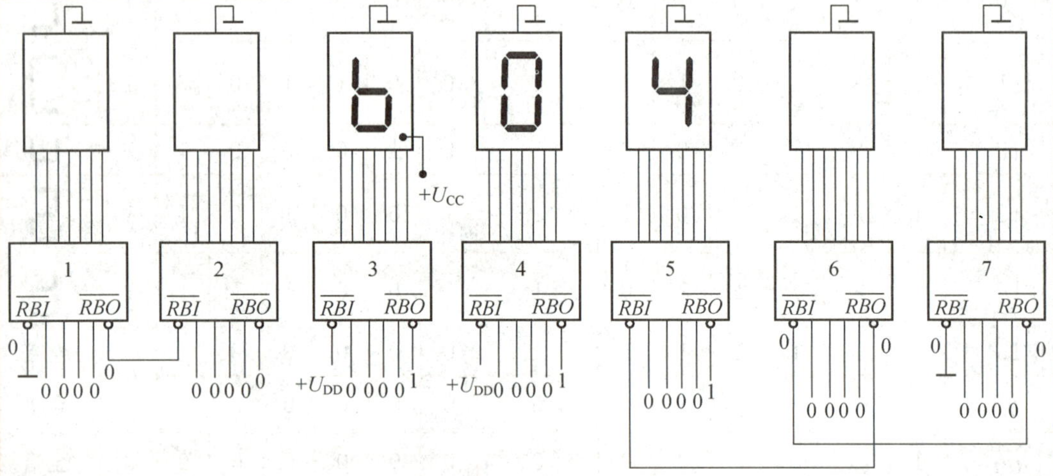

图 6–38 具有灭零控制功能的七位数码显示器

对于共阴极接法的数码管，还可以采用 CD4511 等七段锁存译码 / 驱动器。对于共阳极接法的数码管，可以采用共阳极数码管的字形译码器，如 74HC247 等，在相同的输入条件下其输出电平与 74HC48 相反，但在共阳极数码管上显示的结果一样。

另外，在为半导体数码管选择译码驱动电路时，还需要注意根据半导体数码管工作电流的要求，选择适当的限流电阻。

3. 数据选择器

能够实现从多路数据输入端中选择一路进行传输的电路称为数据选择器，又称多路选择器。

1）数据选择器的功能及工作原理

数据选择器相当于一个单刀多掷开关，如图 6–39 所示。通过开关的转换（由选择输入信号控制），在输入信号 D_3、D_2、D_1、D_0 中选择一个信号传送到输出端。

选择输入信号又称地址控制信号或地址输入信号。如果有两个地址输入信号和四个数据输入信号，就称为四选一数据选择器，其输出信号为

$$Y=(\overline{A}_1\overline{A}_0)D_0+(\overline{A}_1\overline{A}_0)D_1+(A_1\overline{A}_0)D_2+(A_1A_0)D_3$$

由上式可知，对于 A_1A_0 的不同取值，Y 只能为 D_0~D_3 中唯一的一个。例如，A_1A_0 为 00，则 D_0

信号被选通到 Y 端，A_1A_0 为 11 时，D_3 被选通。

如果有三个地址输入信号、八个数据输入信号，就称为八选一数据选择器，或八路数据选择器。

2）八路数据选择器 74HC151

八路数据选择器 74HC151 是一种有互补输出的八路数据选择器，其逻辑框图如图 6-40 所示，其真值表见表 6-19。

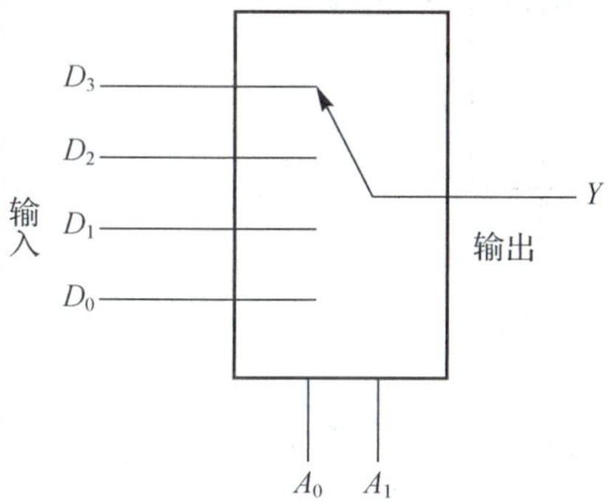

图 6-39 数据选择器原理框图

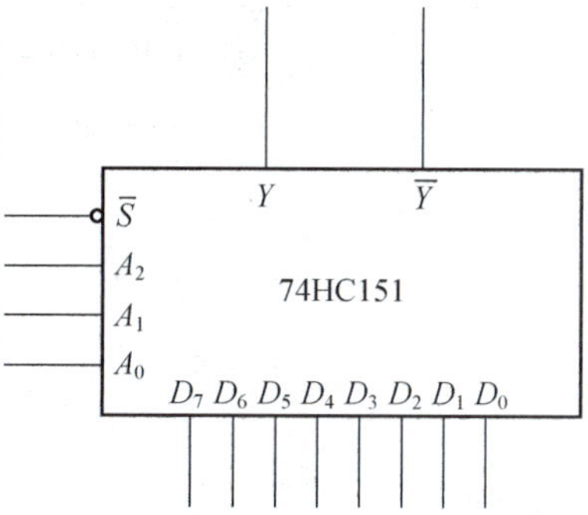

图 6-40 八路数据选择器 74HC151 的逻辑符号

表 6-19 74HC151 真值表

使能	输入			输出	
$\bar{S}$	A_2	A_1	A_0	Y	$\bar{Y}$
1	×	×	×	0	1
0	0	0	0	D_0	$\bar{D}_0$
0	0	0	1	D_1	$\bar{D}_1$
0	0	1	0	D_2	$\bar{D}_2$
0	0	1	1	D_3	$\bar{D}_3$
0	1	0	0	D_4	$\bar{D}_4$
0	1	0	1	D_5	$\bar{D}_5$
0	1	1	0	D_6	$\bar{D}_6$
0	1	1	1	D_7	$\bar{D}_7$

当 $\bar{S}$=1 时，选择器不工作，Y=0，$\bar{Y}$=1。

当 $\bar{S}$=0 时，选择器正常工作，对于地址输入信号的任何一种状态组合，都有一路输入数据被送到输出端。例如，当 $A_2A_1A_0$=000 时，$Y=D_0$；当 $A_2A_1A_0$=101 时，$Y=D_5$；等等。

3）数据选择器的应用

数据选择器的典型应用电路如图 6-41 所示。该电路是由数据选择器构成的无触点切换电路，用于切换四种频率的输入信号。图中，CD4519 是双四选一数据选择器，只利用其中的一半。四路

信号由 f_0~f_3 输入，Z 端的输出由 A、B 端来控制。例如，当 BA=11 时，f_3 被选中，f_3=1 kHz 的方波信号由 Z 端输出；当 BA=10 时，f_2=150 kHz 的方波信号由 Z 端输出。

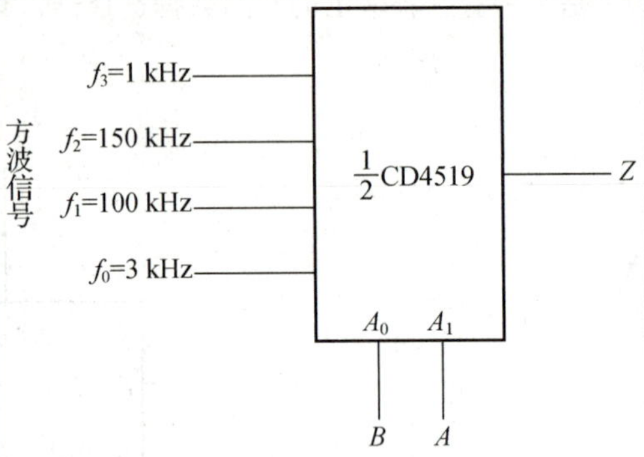

图 6-41 无触点切换电路

4. 数值比较器

在数字系统中，经常需要对两组二进制数或二十进制数进行比较，用来比较两组数字的电路称为数比较器。只比较两组数字是否相等的数字比较器称同比较器。不但比较两组数是否相等，而且比较两组数的大小的数字比较器称为大小比较器或数值比较器。下面只介绍数值比较器。

1）一位二进制数值比较器

比较两个一位二进制数很容易，其真值表见表 6-20，输入变量是 A 和 B，输出变量 $Q_{A>B}$、$Q_{A<B}$、$Q_{A=B}$ 分别表示 A>B、A<B、A=B 三种比较结果。

表 6-20 一位二进制数值比较器的真值表

输入		输出		
A	B	$Q_{A>B}$	$Q_{A=B}$	$Q_{A<B}$
0	0	0	1	0
0	1	0	0	1
1	0	1	0	0
1	1	0	1	0

2）多位数值比较器

对于多位数码的比较，应先比较最高位。如果 A 数最高位大于 B 数最高位，则不论其他各位情况如何，一定有 A>B；如果 A 数最高位小于 B 数最高位，则 A<B；如果 A 数最高位等于 B 数最高位，再比较次高位，以次类推。

多位数值比较器的种类很多，下面介绍四位数值比较器 74HC85。

74HC85 的逻辑框图如图 6-42 所示，其真值表见表 6-21。74HC85 有八个数码输入端 $A_3A_2A_1A_0$ 和 $B_3B_2B_1B_0$，三个级联输入端（也称控制端，用于增加比较的位数）$I_{A>B}$、$I_{A<B}$、$I_{A=B}$ 和三个输出端 $Q_{A>B}$、$Q_{A<B}$、$Q_{A=B}$。

从表 6-21 可知，当 $A_3A_2A_1A_0=B_3B_2B_1B_0$ 时，必须考虑级联输入端的状态。

另外，CD4585 也是四位数值比较器，其真值表和 74HC85 完全一样。

3）数值比较器的典型应用

（1）利用四位数值比较器组成四位并行比较器，如图 6-43 所示。只要把级联输入端 $I_{A>B}$、$I_{A<B}$ 接 0，$I_{A=B}$ 接 1 即可。

表 6-21　74HC85 真值表

输入							输出		
A_3B_3	A_2B_2	A_1B_1	A_0B_0	$I_{A>B}$	$I_{A<B}$	$I_{A=B}$	$Q_{A>B}$	$Q_{A<B}$	$Q_{A=B}$
$A_3>B_3$	×	×	×	×	×	×	1	0	0
$A_3<B_3$	×	×	×	×	×	×	0	1	0
$A_3=B_3$	$A_2>B_2$	×	×	×	×	×	1	0	0
$A_3=B_3$	$A_2<B_2$	×	×	×	×	×	0	1	0
$A_3=B_3$	$A_2=B_2$	$A_1>B_1$	×	×	×	×	1	0	0
$A_3=B_3$	$A_2=B_2$	$A_1<B_1$	×	×	×	×	0	1	0
$A_3=B_3$	$A_2=B_2$	$A_1=B_1$	$A_0>B_0$	×	×	×	1	0	0
$A_3=B_3$	$A_2=B_2$	$A_1=B_1$	$A_0<B_0$	×	×	×	0	1	0
$A_3=B_3$	$A_2=B_2$	$A_1=B_1$	$A_0=B_0$	1	0	0	1	0	0
$A_3=B_3$	$A_2=B_2$	$A_1=B_1$	$A_0=B_0$	0	1	0	0	1	0
$A_3=B_3$	$A_2=B_2$	$A_1=B_1$	$A_0=B_0$	0	0	1	0	0	1

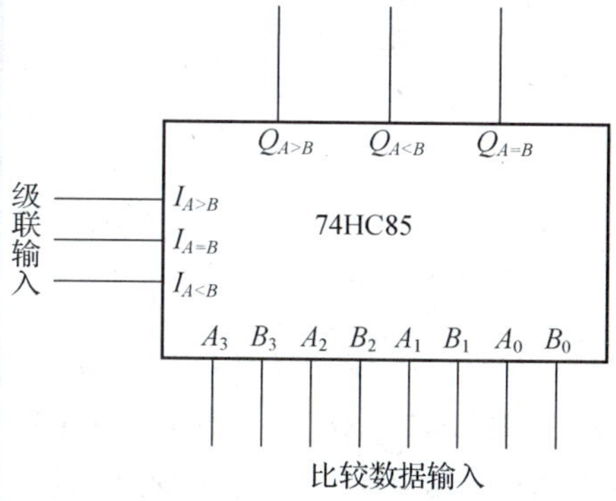

图 6-42　74HC85 的逻辑框图

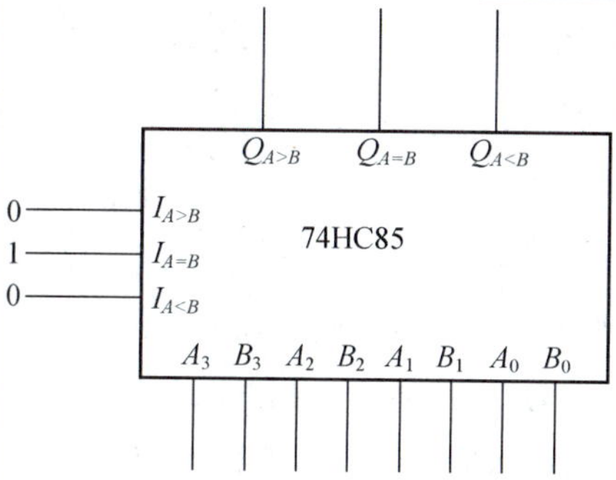

图 6-43　四位并行比较器

（2）级联输入端。数值比较器的级联输入端是供各片之间级联使用的，当需要扩大数码比较的位数时，将低位比较器片的输出端分别接到高位比较器片的级联输入端上。图 6-44 所示电路是由两片 74HC85 构成的八位数值比较器。当高四位的 A 和 B 均相等时，三个 Q 端的状态就改由三个级联输入端来决定。而三个级联输入端是与低四位的三个 Q 端相连的，它们的状态又由低四位的 A 和 B 的大小来决定。

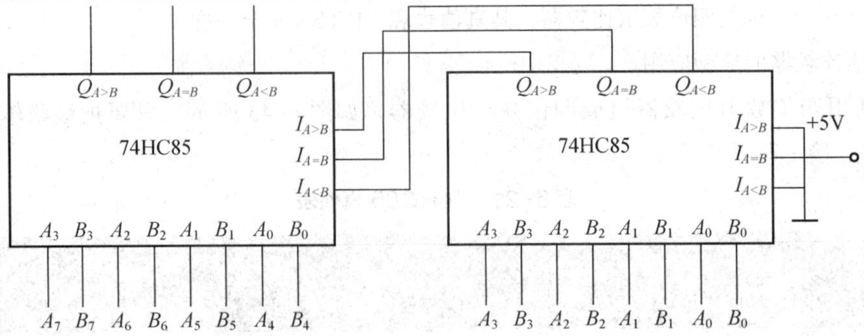

图 6-44　由两片 74HC85 构成的八位数值比较器

图 6-45 所示是由 74HC85 构成的报警电路，其功能是将输入的 BCD 码与设定的 BCD 码进行比较，当输入值大于设定值时报警。

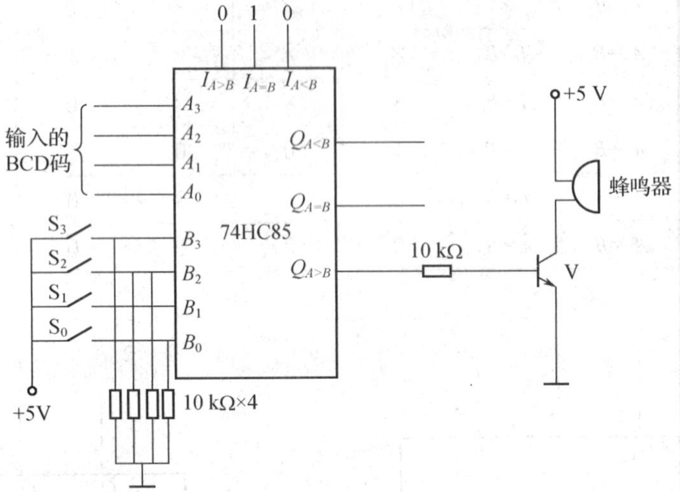

图 6-45　由 74HC85 构成的报警电路

例如，当 S_2、S_1、S_0 闭合，S_3 断开时，$B_3B_2B_1B_0$=0111，若输入值 $A_3A_2A_1A_0$=0110，$Q_{A<B}$=1，其余两输入端为 0，晶体管 V 截止，蜂鸣器不报警；若输入值 $A_3A_2A_1A_0$=0111，$Q_{A=B}$=1，其余两输入端为 0，蜂鸣器也不报警；若输入值 $A_3A_2A_1A_0$=1000，$Q_{A>B}$=1，其余两输入端为 0，晶体管 V 导通，蜂鸣器发出报警声。

改变 S_0~S_3 的状态，可以改变蜂鸣器报警的下限值。

习　题

一、填空题

6-1　用四位二进制数码表示一位十进制数码的方法，称为二－十进制编码，简称 ______ 码。

6-2 基本逻辑关系有 ______、______、______ 三种。

6-3 逻辑函数常用的表达方式有 ______、______ 和 ______ 等。

6-4 集成逻辑门电路中最常见的是 ______ 电路和 ______ 电路。

6-5 常用的组合逻辑单元电路有 ______、______、______ 和 ______。

二、选择题

6-6 在 5421 编码中，表示数字 9 的 BCD 码是（　　）。

A.1001　　B.1100　　C.1111

6-7 下面给出的是三种逻辑门电路的输出高电平 U_{OH}，其他参数相同，则性能最好的逻辑门电路的电压是（　　）。

A.3.4 V　　B.3.6 V　　C.4 V

6-8 与非门多余的输入端可以采用下列哪些方法处理？（　　）

A. 接地　　B. 接电源正极　　C. 和其他输入端并联

6-9 或非门多余的输入端可以采用下列哪些方法处理？（　　）

A. 接地　　B. 接电源正极　　C. 和其他输入端并联

6-10 用译码器 74HC48 组成数码显示系统，如果不想显示最高位的零，最高位的译码器 74HC48 的灭零输入端 $\overline{RBI}$ 的处理方法是（　　）。

A. 接电源正极　　B. 接地　　C. 接低位译码器的灭零输出端 $\overline{BI}/\overline{RBO}$

三、综合题

6-11 将下列十进制数转换为二进制数。

3、12、30、51、365、549

6-12 将下列二进制数转换成十进制数。

1001、01010、110101、10010010、10100011

6-13 将下列二进制数转换成十六进制数。

101011111001011、10101001101、100110110

6-14 试写出图 6-46 所示各逻辑图输出 Y 的逻辑表达式。

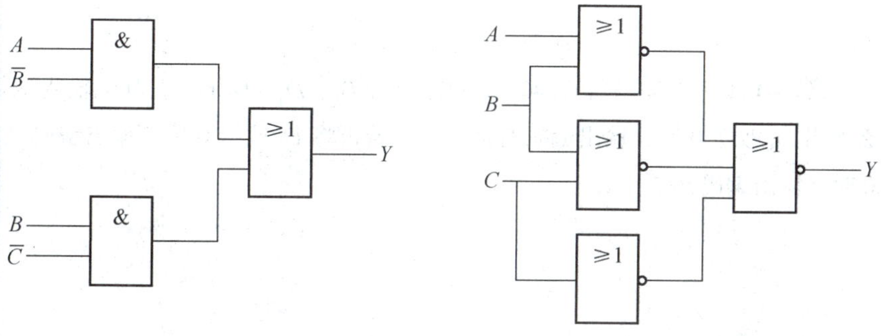

图 6-46 题 6-14 图

6–15　电路如图 6–47（a）、图 6–47（b）所示，已知 A、B、C 波形如图 6–47（c）所示，试画出相应的输出 Y_1、Y_2 的波形。

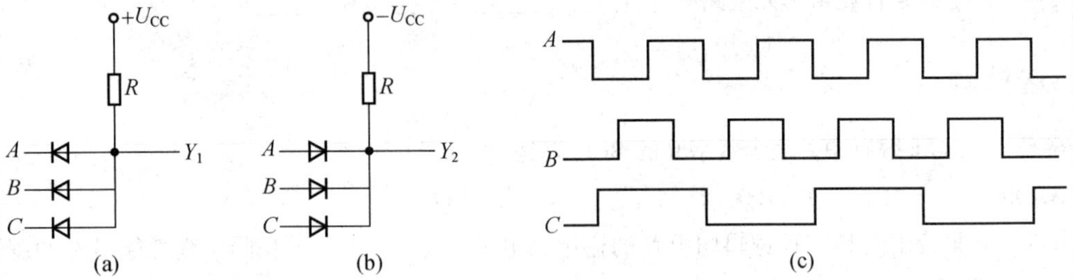

图 6–47　题 6–15 图

6–16　如图 6–48 所示 TTL 门电路，输入端 1、2、3 为多输入端，试问哪些接法是正确的？（提示 :TTL 门电路的输入端悬空时，可视为高电平）

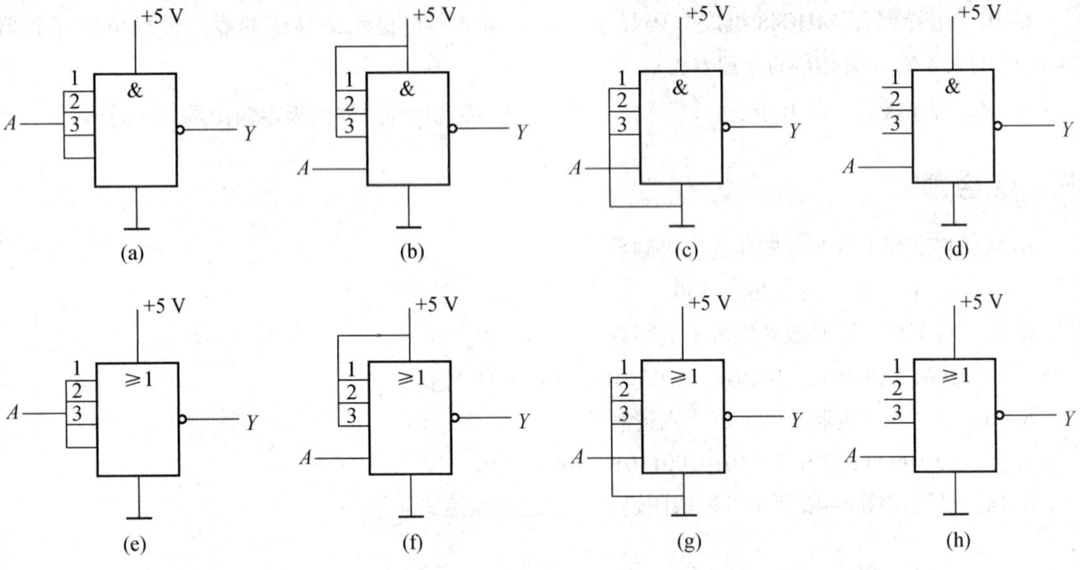

图 6–48　题 6–16 图

6–17　当 10 线 –4 线优先编码器 CD40147 的输入端 D_8、D_3、D_1 接 1，其他输入端接 0 时，输出编码是什么？当 D_3 改接 0 后，输出编码有何改变？若再将 D_8 改接 0 后，输出编码又有何变化？最后全部接 0 时，输出编码又是什么？

第七章 时序逻辑电路

本章学习要点

（1）*RS* 触发器的结构、逻辑功能及工作原理。

（2）集成 *JK* 触发器、*D* 触发器的逻辑功能及应用。

（3）常用时序逻辑电路的功能、型号及应用。

在数字电路中，除组合逻辑电路外，还有时序逻辑电路。时序逻辑电路与组合逻辑电路不同，它在任何时刻的输出不仅取决于该时刻的输入，而且取决于输入信号作用前的输出状态。时序逻辑电路一般包含组合逻辑电路和存储电路两部分，其中存储电路是由具有记忆功能的触发器组成的。

第一节 触　发　器

触发器是存储一位二进制数字信号的基本逻辑单元电路。触发器具有两个稳定状态，分别用逻辑 1 和逻辑 0 表示。在触发信号的作用下，两个稳定状态可以相互转换（称为翻转）。当触发信号消失后，电路能将新建立的状态保持下来。因此，这种电路也称为双稳态电路。计算机中的寄存器就是用触发器构成的。

触发器的逻辑功能常用状态转换特性表和时序图（波形图）描述。

一、基本 *RS* 触发器

基本 *RS* 触发器又称 *RS* 锁存器，在各种触发器中，它的结构最简单，是各种复杂结构触发器的基本组成部分。

1. 与非门组成的基本 *RS* 触发器

1）电路组成

图 7-1（a）所示电路是由两个与非门交叉反馈连接成的基本 *RS* 触发器。$\bar{S}$、$\bar{R}$ 是两个触发信号输入端，字母上的非号表示触发信号是低电平（称为低电平有效），也就是说，该两端没有加触发信号时处于高电平，加触发信号时变为低电平。Q、$\bar{Q}$ 为触发器的两个互补信号输出端，通常规定以 Q 端的状态作为触发器的状态。当输出端 Q=1 时，称为触发器的 1 态，简称 1 态；当 Q=0 时，称为触发器的 0 态，简称 0 态。

基本 *RS* 触发器的逻辑符号如图 7-1（b）所示，$\bar{S}$、$\bar{R}$ 端的小圆圈表示该触发器的触发信号为低电平有效。

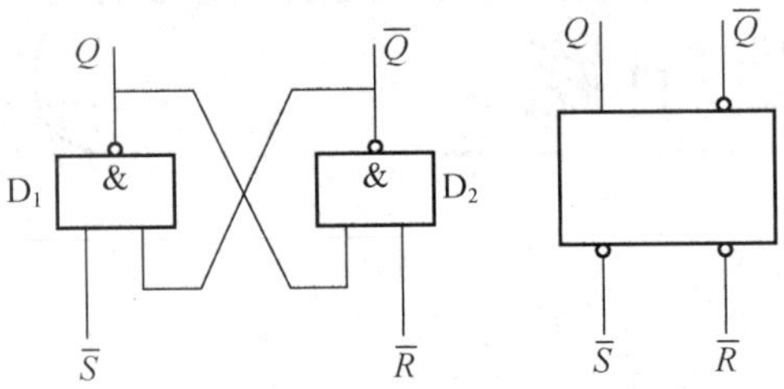

(a) 逻辑图　　(b) 逻辑符号

图 7-1　基本 *RS* 触发器

2）逻辑功能分析

在基本 *RS* 触发器中，触发器的输出不仅由触发信号决定，而且当触发信号消失后，电路能依靠自身的正反馈作用，将输出状态保持下去，即具备记忆功能。其工作情况分析如下。

（1）当 $\bar{S}=\bar{R}=1$ 时，电路有两个稳定状态：$Q=1$，$\bar{Q}=0$ 和 $Q=0$，$\bar{Q}=1$，把前者称为 1 状态或置位状态，把后者称为 0 状态或复位状态。若 $\bar{S}=\bar{R}=1$，这两种稳定状态将保持不变。例如，当 $Q=1$，$\bar{Q}=0$ 时，$\bar{Q}$ 反馈到 D_1，输入端 Q 为高电平 1，Q 反馈到 D_2，由于 $\bar{R}=1$，$\bar{Q}$ 恒为低电平 0。因此，又把触发器称为双稳态电路。

（2）当 $\bar{R}=1$，$\bar{S}=0$（即在 $\bar{S}$ 端加有低电平触发信号）时，$Q=1$，D_2 门输入全为 1，$\bar{Q}=0$，触发器被置为 1 状态。把 $\bar{S}$ 端称为置 1 输入端，又称置位端，这时，即使 $\bar{S}$ 端恢复到高电平，$Q=1$，$\bar{Q}=0$ 的状态仍将保持下去，这就是触发器的记忆功能。

（3）当 $\bar{R}=0$，$\bar{S}=1$（即在 $\bar{R}$ 端加有低电平触发信号）时，$\bar{Q}=1$，D_1 门输入全为 1，$Q=0$，触发器被置为 0 状态。把 $\bar{R}$ 端称为置 0 输入端，又称复位端，这时，即使 $\bar{R}$ 端恢复到高电平，$Q=0$，$\bar{Q}=1$ 的状态也将继续保持下去。

（4）当 $\bar{R}=0$，$\bar{S}=0$（即在 $\bar{R}$、$\bar{S}$ 端同时加有低电平触发信号）时，D_1 和 D_2 门输出都为高电平，即 $Q=\bar{Q}=1$。这是一种未定义的状态，既不是 1 状态，也不是 0 状态，在 *RS* 触发器中属于不正常状态，这种状态是不稳定的，称之为不定状态。在这种情况下，当 $\bar{R}=\bar{S}=0$ 的信号同时消失变为高电平后，触发器转换到什么状态将不能确定，可能为 1 状态，也可能为 0 状态。对于这种不定状态，在使用中是不允许出现的，应予以避免。

3）逻辑功能的描述

在描述触发器的逻辑功能时，为了便于分析，我们规定：触发器在接收触发信号之前的原稳定状态称为初态，用 Q^n 表示；触发器在接收触发信号之后建立的新稳定状态称为次态，用 Q^{n+1} 表示。触发器的次态 Q^{n+1} 是由触发信号和初态 Q^n 的值共同决定的。例如，当 $Q^n=1$ 时，若 $\bar{S}=0$，$\bar{R}=1$，则 $Q^{n+1}=1$，触发器的状态将维持不变；若 $\bar{S}=1$，$\bar{R}=0$，则 $Q^{n+1}=0$，即触发器由 1 状态翻转到 0 状态。

在数字电路中，常采用下述两种方法描述触发器的逻辑功能。

（1）状态转换特性表。由上一章内容可知，描述逻辑电路输出与输入之间逻辑关系的表格称为真值表。由于触发器次态 Q^{n+1} 不仅与输入的触发信号有关，而且与初态 Q^n 有关，所以应把 Q^n 也作为一个逻辑变量（称为状态变量）列入真值表，把这种含有状态变量的真值表称为触发器的状态转换特性表，简称特性表。基本 *RS* 触发器的特性表见表 7-1。表中，Q^{n+1} 与 Q^n、$\bar{R}$、$\bar{S}$ 之间的关系直观表达了 *RS* 触发器的逻辑功能。表 7-2 为简化的特性表。

表 7-1 基本 *RS* 触发器的特性表

$\overline{S}$	$\overline{R}$	Q^n	Q^{n+1}
1	1	0	0
1	1	1	1
1	0	0	0
1	0	1	0
0	1	0	1
0	1	1	1
0	0	0	不定
0	0	1	不定

表 7-2 简化的 *RS* 触发器特性表

$\overline{S}$	$\overline{R}$	Q^{n+1}
1	1	Q^n
1	0	0
0	1	1
0	0	不定

（2）时序图。时序图又称波形图，是以波形图的方式描述触发器的逻辑功能的。在图 7-1（a）所示电路中，假设触发器的初态为 Q=0，$\overline{Q}$=1，触发信号 $\overline{R}$、$\overline{S}$ 的波形已知，则根据表 7-1 可画出 Q 和 $\overline{Q}$ 波形，如图 7-2 所示。

在正常工作条件下，当触发信号到来时（低电平有效），触发器翻转成相应的状态，当触发信号过后（恢复到高电平），触发器的状态将维持不变。因此，基本 *RS* 触发器具有记忆功能。

2. 或非门组成的基本 *RS* 触发器

或非门组成的基本 *RS* 触发器的逻辑图和逻辑符号如图 7-3 所示。

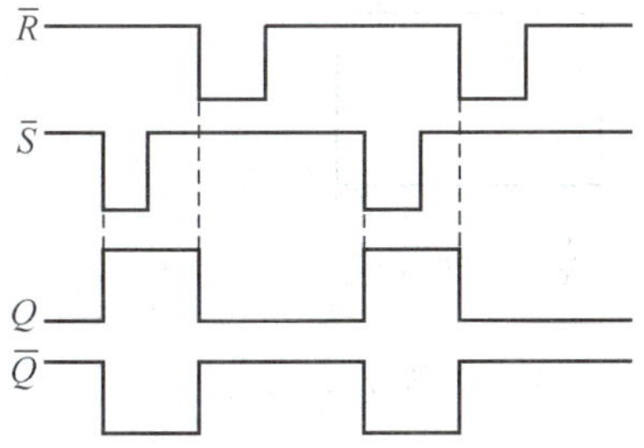

图 7-2 基本 *RS* 触发器时序图

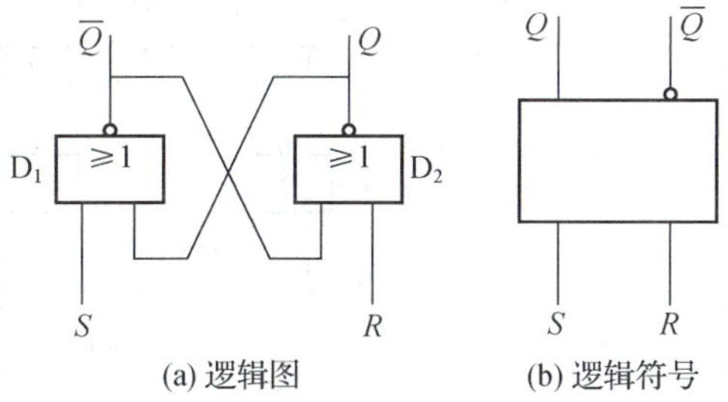

图 7-3 或非门组成的基本 *RS* 触发器

触发信号输入端 R、S 在没有加触发信号时应处于低电平状态，当加触发信号时变为高电平（称为高电平有效）。例如，当 R=1，S=0 时，D_2 输出低电平，D_1 输入全为 0 而使输出 $\bar{Q}$ =1，即触发器被置为 0 状态。其特性表见表 7-3，时序图如图 7-4 所示。

表 7-3 或非门组成的 *RS* 触发器的特性表

R	S	Q^{n+1}
0	0	Q^n
0	1	1
1	0	0
1	1	不定

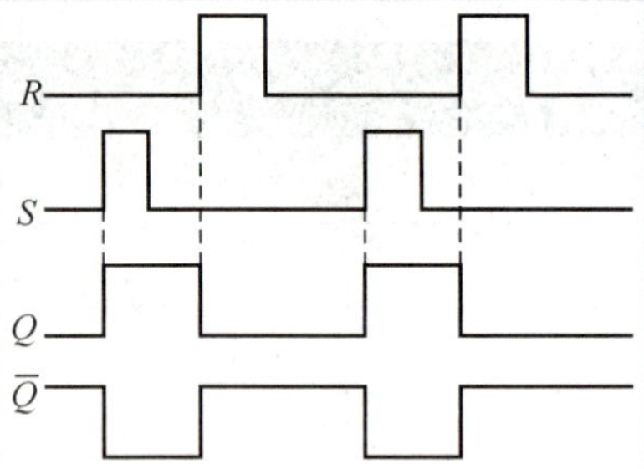

图 7-4 或非门组成的 *RS* 触发器的时序图

二、同步触发器

前面介绍的基本 *RS* 触发器的触发信号直接控制着输出端的状态，而实际应用时，常常要求触发器的状态只在某一指定时刻变化，这个时刻可由外加时钟脉冲（简称 *CP*）来决定。由时钟脉冲控制的触发器称为同步触发器。同步触发器的时钟脉冲触发方式分为高电平有效和低电平有效两种类型。

1. 同步 *RS* 触发器

1）电路组成

同步 *RS* 触发器是同步触发器中最简单的一种，其逻辑图和逻辑符号如图 7-5 所示。图中，D_1 和 D_2 组成基本 *RS* 触发器，D_3 和 D_4 组成输入控制门电路。*CP* 是时钟脉冲信号，高电平有效，即 *CP* 为高电平时，输出状态可以改变，*CP* 为低电平时，触发器保持原状态不变。

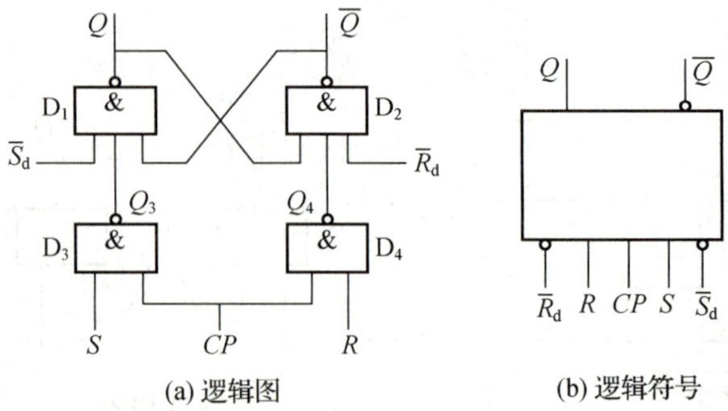

图 7-5 同步 *RS* 触发器

2）逻辑功能分析

（1）当 CP=0 时，Q_3=Q_4=1，此时触发器持原状态不变。

（2）当 CP=1 时，Q_3=S，Q_4=R，触发器将按基本 RS 触发器的规律发生变化。此时同步 RS 触发器的状态转换特性表与表 7–3 相同。

3）初始状态的预置

在实际应用中，有时需要在时钟脉冲 CP 到来之前，预先将触发器设置成某种状态，为此，在同步 RS 触发器电路中设置了直接置位端 $\overline{S}_d$ 和直接复位端 $\overline{R}_d$（均为低电平有效）。如果在 $\overline{S}_d$ 或 $\overline{R}_d$ 端加低电平，则可以直接作用于基本 RS 触发器，使其置 1 或置 0，不受 CP 脉冲限制，故 $\overline{S}_d$ 和 $\overline{R}_d$ 也称为异步置位端和异步复位端。初始状态预置完毕后，S 和 R 应处于高电平，触发器才能进入正常的同步工作状态。其工作情况可用图 7–6 所示的波形图来描述。

2. 同步 *D* 触发器

1）电路组成

同步 D 触发器又称 D 锁存器，其逻辑图和逻辑符号如图 7–7 所示。

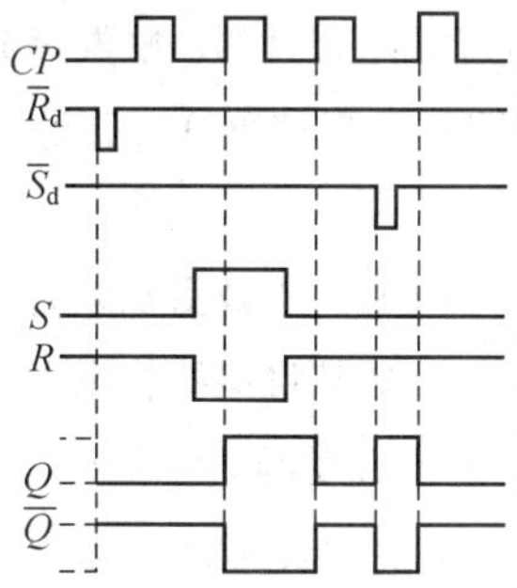

图 7–6　同步 RS 触发器的波形图

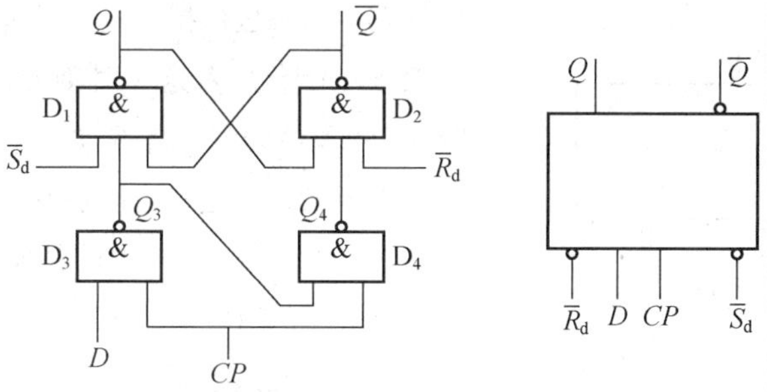

(a) 逻辑图　　(b) 逻辑符号

图 7–7　同步 D 触发器

与同步 RS 触发器相比，同步 D 触发器只有一个触发信号输入端 D 和一个同步信号输入端 CP，也可以设置直接置位端和直接复位端。

2）逻辑功能分析

当 CP=0 时，触发器状态保持不变。当 CP=1 时，若 D=0，则触发器被置 0，Q=0；若 D=1，则触发器被置 1，Q=1。直接置位端和直接复位端的作用不受 CP 脉冲的控制。同步 D 触发器的特性表和时序图不再给出，可自行分析。

3. 同步触发器的应用问题

同步脉冲（时钟脉冲）高电平有效的同步触发器，其状态在 CP=1 时才可能变化；同步脉冲低电平有效的同步触发器，其状态在 CP=0 时才可能变化。

同步触发器要求在 CP 有效期间，R、S 的状态或 D 的状态应保持不变，否则可能会引起触发器状态的相应变化，使触发器的状态不能严格地同步变化，从而失去同步的意义。因此，这种工作方式的触发器在应用中受到一定的限制，现已逐渐被边沿触发器所代替。

三、边沿触发器

边沿触发器的状态变化由时钟脉冲 *CP* 控制，且只在某一特定的时刻（*CP* 上升沿或下降沿所对应的时刻）发生变化，而在 *CP* 持续期间触发器的状态保持不变。与同步触发器相比，边沿触发器的抗干扰能力和工作可靠性有了较大提高。

按触发器状态变化所对应的 *CP* 时刻的不同，可把边沿触发器分为 *CP* 上升沿触发方式和 *CP* 下降沿触发方式，也称 *CP* 正边沿触发方式和 *CP* 负边沿触发方式。按实现的逻辑功能不同，可把边沿触发器分为边沿 *D* 触发器和边沿 *JK* 触发器。

1. 边沿 *D* 触发器

1）逻辑符号

边沿 *D* 触发器的逻辑符号如图 7-8 所示，图中 $\overline{R}_d$ 为异步直接复位端，$\overline{S}_d$ 为异步直接置位端，*D* 为数据信号输入端，符号图中 $\overline{R}_d$、$\overline{S}_d$ 端的小圆圈表示低电平有效。该触发器为 *CP* 上升沿触发（*CP* 端若有小圆圈表示触发器为 *CP* 下降沿触发）。

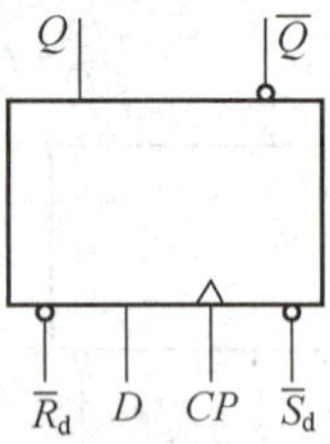

图 7-8 边沿 *D* 触发器的逻辑符号

2）逻辑功能

当 *CP*=0 或 *CP*=1 时，触发器的状态保持不变。当 *CP* 下降沿到来时，触发器的状态也保持不变。只有在 *CP* 上升沿到来的时刻，触发器的状态才会发生变化。若这一时刻 *D*=0，触发器的状态将被置 0；若这一时刻 *D*=1，触发器的状态将被置 1。

综上所述，这种边沿触发器的状态只有在 *CP* 的上升沿到来时才可能改变，除此之外，在 *CP* 的其他任何时刻，触发器都将保持状态不变，故把这种类型的触发器称为正边沿触发器或上升沿触发器。

除上述正边沿触发的 *D* 触发器之外，还有在时钟脉冲下降沿触发的负边沿 *D* 触发器，与正边沿 *D* 触发器相比较，只是触发器翻转时所对应的时钟脉冲 *CP* 的触发沿不同，其所实现的逻辑功能均相同，在此不再赘述。

3）逻辑功能描述

根据以上分析，可以归纳出边沿 *D* 触发器在 *CP* 上升沿到来时的特性表，见表 7-4，简化的 *D* 触发器特性表见表 7-5，时序图如图 7-9 所示。

表 7-4 边沿 *D* 触发器的特性表

CP	*D*	Q^n	Q^{n+1}
↑	0	0	0
↑	0	1	0
↑	1	0	1
↑	1	1	1

表 7-5　简化的边沿 *D* 触发器特性表

CP	*D*	Q^{n+1}
↑	0	0
↑	1	1

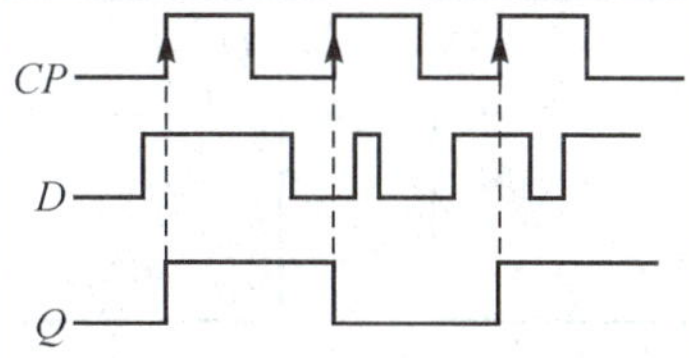

图 7-9　边沿 *D* 触发器的时序图

另外，因为构成逻辑门电路的晶体管在进行状态转换时需要一定的时间，所以逻辑门在进行状态转换的过程中，输出状态的转换不可避免地滞后于输入触发信号，会产生一定的延迟。在触发器电路中，要保证触发器工作可靠，触发器时钟脉冲的工作频率应有限制，不能超过其最高工作频率。

4）边沿 *D* 触发器的应用实例

74HC74 是一种集成正边沿双 *D* 触发器，内含两个上升沿触发的 *D* 触发器。图 7-10 是利用 74HC74 构成的单按钮电子转换开关电路，该电路只利用一个按钮即可实现电路的接通与断开。

图 7-10 所示电路中，74HC74 的 *D* 端和 $\bar{Q}$ 相连，即 *D* 的状态总是和 $\bar{Q}$ 的状态相同，和 *Q* 的状态相反。每按一次按钮 S，相当于为触发器提供一个时钟脉冲上升沿，触发器状态翻转一次。假设触发器原来处于 0 状态，即 Q=0，$D=\bar{Q}$=1，当按下 S 时，触发器的状态由 0 翻转为 1，即 Q=1，$D=\bar{Q}$=0。当再次按下 S 时，触发器的状态又由 1 翻转到 0。*Q* 端经晶体管 VT 驱动继电器 KA，利用 KA 控制的开关即可控制其他电路。

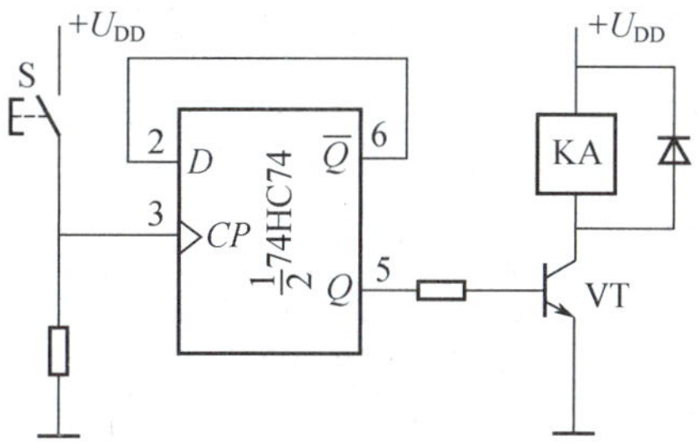

图 7-10　74HC74 应用电路

第一章 第二章 第三章 第四章 第五章 第六章 第七章 第八章

2. 边沿 *JK* 触发器

1）逻辑符号

边沿 *JK* 触发器的逻辑符号如图 7–11 所示，其中，图 7–11（a）为 *CP* 上升沿触发，图 7–11（b）为 *CP* 下降沿触发，除此之外，二者的逻辑功能完全相同。图中，*J*、*K* 为触发信号输入端，$\bar{R}_d$、$\bar{S}_d$ 为直接复位端和直接置位端，二者均为低电平有效。

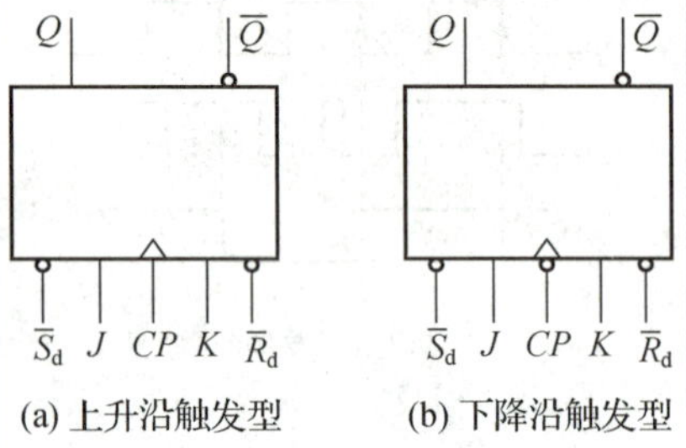

图 7–11　边沿 *JK* 触发器的逻辑符号

2）逻辑功能

下降沿触发的 *JK* 触发器的功能见表 7–6，表 7–7 为 *JK* 触发器简化的功能表，时序图如图 7–12 所示。从表中可以看出，当直接复位端和直接置位端不起作用（都为高电平）时，*JK* 触发器有四种功能：当 *CP* 脉冲的触发沿到来时，若 *J*、*K* 同时为 0，则触发器的状态保持不变；若 *J*=0，*K*=1，则触发器被置 0；若 *J*=1，*K*=1，则触发器的状态和原状态相反，即 $Q^{n+1}=\bar{Q}^n$，触发器的状态翻转。

表 7–6　*JK* 触发器的功能表

CP	$\bar{S}_d$	$\bar{R}_d$	*J*	*K*	Q^n	Q^{n+1}	功能名称
×	0	1	×	×	×	1	直接置 1
×	1	0	×	×	×	0	直接置 0
↓	1	1	0	0	0	0	保持
↓	1	1	0	0	1	1	保持
↓	1	1	0	1	0	0	置 0
↓	1	1	0	1	1	0	置 0
↓	1	1	1	0	0	1	置 1
↓	1	1	1	0	1	1	置 1
↓	1	1	1	1	0	1	翻转
↓	1	1	1	1	1	0	翻转

表 7-7　*JK* 触发器的简化功能表

J	K	Q^{n+1}
0	0	Q^n
0	1	0
1	0	1
1	1	$\overline{Q^n}$

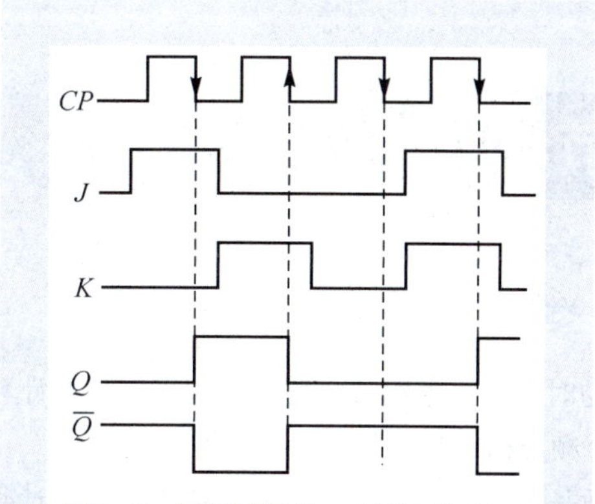

图 7-12　下降沿触发的 *JK* 触发器的时序图

3）边沿 *JK* 触发器的应用实例

74HC112 内含两个下降沿 *JK* 触发器，图 7-13（a）是利用 74HC112 组成的二分频和四分频电路。分频是指电路输出信号的频率是输入信号频率的 1/*N*（其中 *N* 为整数，即分频次数），也就是说，输出信号的周期等于输入信号周期的 *N* 倍。

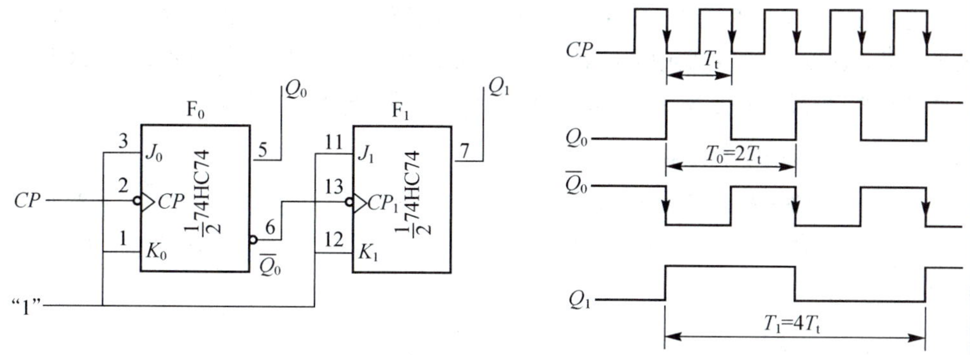

(a) 电路图　　(b) 波形图

图 7-13　74HC112 构成的分频电路

图 7-13（a）所示电路中，两个 *JK* 触发器的输入端均接高电平 1，由 *JK* 触发器的功能表可知，两个触发器在相应的时钟脉冲下降沿到来时均翻转。这里，F_0 触发器的时钟脉冲输入端接时钟脉冲信号 *CP*，其输出端 $\overline{Q}_0$ 接 F_1 触发器的时钟端，作为 F_1 的时钟信号，因此，F_1 只有在 $\overline{Q}_0$ 的下降沿到来

时才翻转。

假设电路开始工作时，各级触发器的起始状态均为 0，即 $Q_0=Q_1=0$，$\bar{Q}_0=\bar{Q}_1=1$。在第一个 *CP* 的下降沿到来时，F_0 发生翻转，Q_0 由 0 状态变为 1 状态，$\bar{Q}_0$ 由 1 状态变为 0 状态，$\bar{Q}_0$ 的下降沿又使 F_1 发生翻转，Q_1 由 0 状态变为 1 状态。在第二个 *CP* 的下降沿到来时，F_0 又由 1 状态变为 0 状态，此时，由于 $\bar{Q}_0$ 为上升沿，所以 F_1 不翻转，Q_1 的状态不变。同理，在第三个 *CP* 的下降沿到来时，F_0、F_1 又同时发生翻转。这样，当不断输入 *CP* 脉冲时，就可以从 Q_0、Q_1 端分别得到相对于 *CP* 频率的二分频和四分频信号输出。其波形图如图 7-13（b）所示。

第二节 计 数 器

一、计数器的功能和分类

计数器是一种应用广泛的时序逻辑电路，它不仅可用来对脉冲计数，而且常用于数字系统的定时、延时、分频及构成节拍脉冲发生器等。

微课
二进制计数器

计数器种类繁多，按计数长度可分为二进制、十进制及 *N* 进制计数器，按计数脉冲的引入方式可分为异步计数器和同步计数器两类，按计数的增减趋势可分为加法、减法及可逆计数器。

无论是哪种计数器，其组成和其他时序电路类似，都含有存储单元（这里通称为计数单元），有时还增加一些组合逻辑门电路，其中存储单元是由触发器构成的。

二、异步计数器

异步计数器的计数脉冲没有同时加到所有触发器的 *CP* 端。当计数脉冲到来时，各触发器的翻转时刻不同，所以，在分析异步计数器时，要特别注意各触发器翻转所对应的有效时钟条件。

异步二进制计数器是计数器中最基本、最简单的，由多个触发器连接而成，计数脉冲一般加到最低位触发器的 *CP* 端，其他各级触发器由相邻低位触发器的输出信号来触发。

1. 异步二进制加法计数器

图 7-14 所示电路是利用三个下降沿 *JK* 触发器构成的异步二进制加法计数器。计数脉冲 *CP* 加至最低位触发器 F_0 时钟端，低位触发器的 *Q* 端依次接到相邻高位触发器的时钟端，因此，它是异步计数器。

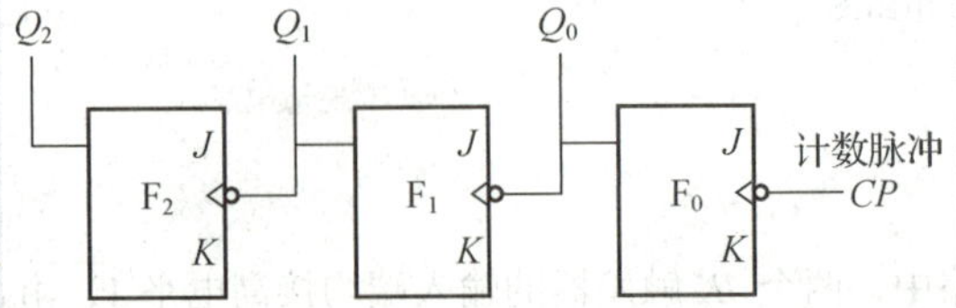

图 7-14 异步二进制加法计数器

图 7-14 中，*JK* 触发器的 *J*、*K* 输入端为高电平，根据 *JK* 触发器的逻辑功能可知，当 *JK* 触发器的 *J*、*K* 端同时为 1 时，每来一个时钟脉冲，对应着时钟脉冲的触发沿，触发器的状态都将翻转一次，具有这种功能的触发器也称为计数工作方式的触发器，简称 T′ 触发器。电路工作时，每输入一个计数脉冲，F_0 的状态翻转计数一次，而高位触发器在其相邻的低位触发器从 1 状态变为 0 状态时才进行翻转计数，如 F_1 是在 Q_0 由 1 状态变为 0 状态时翻转，F_2 是在 Q_1 由 1 状态变为 0 状态时翻转，除此之外，F_1、F_2 都保持原来状态。该计数器的状态转换特性表见表 7-8，时序图如图 7-15 所示。

表 7-8　异步二进制加法计数器的状态转换特性表

计数脉冲 CP 序号	计数器状态			计数脉冲 CP 序号	计数器状态		
	Q_2	Q_1	Q_0		Q_2	Q_1	Q_0
0	0	0	0	5	1	0	1
1	0	0	1	6	1	1	0
2	0	1	0	7	1	1	1
3	0	1	1	8	0	0	0
4	1	0	0				

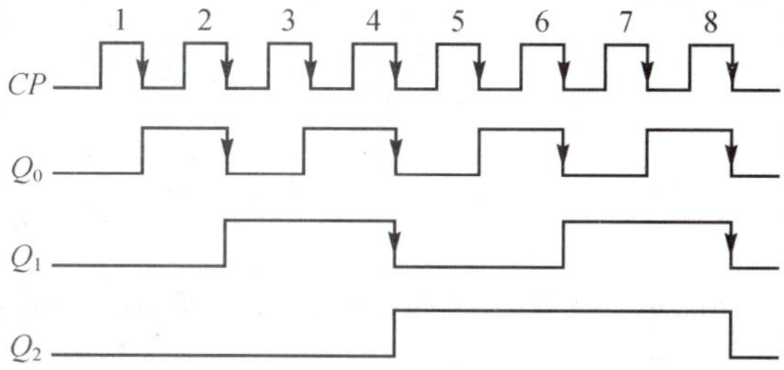

图 7-15　异步二进制加法计数器的时序图

计数器的状态转换规律也可以用图 7-16 所示的状态转换图来表示。状态转换图是用图形的方式描述各触发器的状态转换关系。图中，各圆圈内的数字表示三个触发器 $Q_2Q_1Q_0$ 的状态，箭头表示计数脉冲 *CP* 到来后各触发器的状态转换方向。可以看出，若把三个触发器 $Q_2Q_1Q_0$ 的状态看成是一个二进制数，则每来一个计数脉冲，计数器的状态加 1，所以它是一个异步 3 位二进制加法计数器。

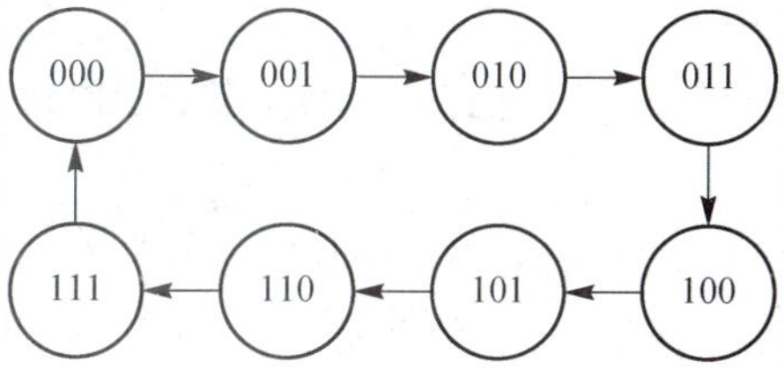

图 7-16　异步二进制加法计数器的状态转换图

另外，通过图 7-15 所示的时序图还可看出：Q_0 的频率只有 CP 的 1/2，Q_1 的频率只有 CP 的 1/4（$1/2^2$），Q_2 的频率为 CP 的 1/8（$1/2^3$），即计数脉冲每经过一级触发器，输出脉冲的频率就减小 1/2，因此，计数器还具有分频功能。由 n 个触发器构成的二进制计数器，其末级触发器输出脉冲的频率为 CP 的 $1/2^n$，即可以对 CP 进行 2^n 分频。

异步 3 位二进制加法计数器也可采用上升沿 D 触发器来构成，如图 7-17（a）所示。图中，各 D 触发器连接成 T′ 触发器，高位触发器的时钟端接相邻低位触发器的 $\bar{Q}$ 端，其时序图如图 7-17（b）所示。

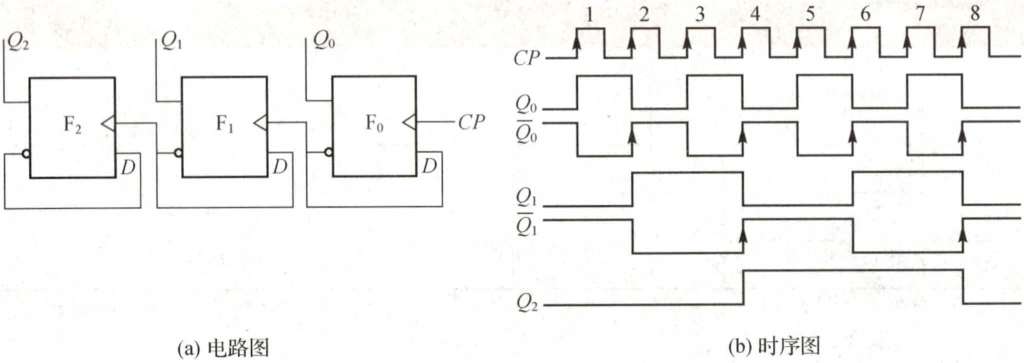

图 7-17 上升沿触发的异步 3 位二进制加法计数器

2. 异步十进制加法计数器

虽然二进制计数器有电路简单、运算方便等优点，但人们常用的毕竟是十进制数，因此，在数字系统中还经常用到十进制计数器。

一位十进制数有 0~9 共十个数码，即一位十进制计数器应该有 10 种不同的状态。由于一个触发器可以表示两种状态，组成一位十进制计数器需要 4 个触发器。4 个触发器共有 2^4=16 种不同的状态，可以从 16 种状态中选取 10 种状态（称为有效状态）分别表示为 0、1、2、3、4、5、6、7、8、9 这十个数码，其余的 6 种多余状态（称为无效状态）不用，使计数器的状态按十进制计数规律变化，这样就得到一位十进制计数器。十进制计数器的编码方法有多种，常用的是 8421BCD 码。

异步十进制计数器通常是在二进制计数器基础上，通过一定的方法消除多余的无效状态后实现的，并且一旦电路误入多余的无效状态后，它应具有自启动功能。自启动是指计数器由于某种原因进入无效状态时，在时钟脉冲连续作用下，能自动从无效状态返回到有效状态，正常工作后，重新在有效状态中循环。

图 7-18 所示是由 4 个 JK 触发器构成的 8421BCD 码异步十进制加法计数器，该电路具有自启动和向高位计数器进位的功能。下面分析其计数原理。

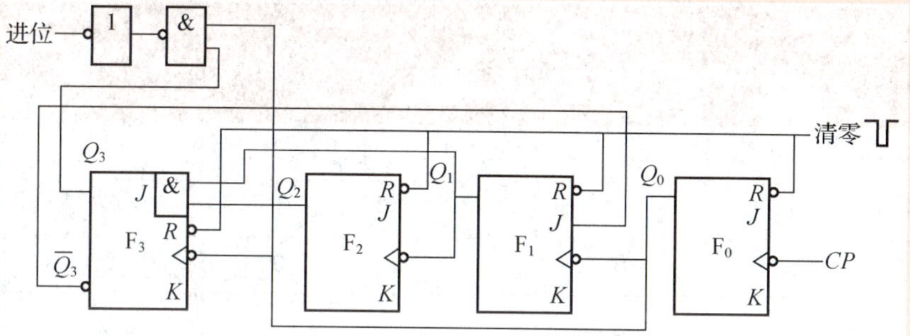

图 7-18　异步十进制加法计数器

由图可知，F_0~F_2 中除 F_1 的 J_1 端与 F_3 的 $\bar{Q}_3$ 端连接外，其他输入端均为高电平（图中使用的触发器假定为 TTL 电路，输入端悬空，相当于高电平），由此可知，在 F_3 触发器翻转前，即从 0000 起到 0111 为止 Q_3=1，F_0~F_2 的翻转情况与 3 位二进制加法计数器相同。当经过 7 个计数脉冲 CP 后，F_3~F_0 的状态为 0111 时，$Q_2=Q_1=1$，使 F_3 的两个 J 输入端均为 1（$J=Q_1Q_2$），为 F_3 由 0 状态变为 1 状态准备了条件。当第 8 个计数脉冲 CP 输入后，F_0 ~ F_2 均由 1 状态变为 0 状态，F_3 由 0 状态变为 1 状态，即 4 个触发器的状态变为 1000，此时 Q_3=1，$\bar{Q}_3$ =0，因 $\bar{Q}_3$ 与 J_1 端相连，所以 J_1=0，而 K_1=1，使下一次由 F_0 来的负脉冲（Q_0 由 1 变为 0 时）只能使 F_1 置 0，F_1 将保持不变。

第 9 个计数脉冲到来后，计数器的状态为 1001，同时进位端由 0 变为 1。

当第 10 个计数脉冲到来后，Q_0 产生负跳变（由 1 变为 0），由于 $\bar{Q}_3$ =0，F_1 不翻转，Q_0 能直接触发 F_3，使 Q_3 由 1 变 0，从而使 4 个触发器跳过 1010~1111 六个状态而复位到初始状态 0000，同时进位端 C 由 1 变为 0，产生一个负跳变，向高位计数器发出进位信号。这样便实现了十进制加法计数功能。

异步十进制加法计数器的状态转换特性表见表 7-9，时序图如图 7-19 所示。

表 7-9　异步十进制加法计数器的状态转换特性表

计数脉冲 CP 序号	计数器状态				进　位	对应十进制数
	Q_3	Q_2	Q_1	Q_0		
0	0	0	0	0	0	0
1	0	0	0	1	0	1
2	0	0	1	0	0	2
3	0	0	1	1	0	3
4	0	1	0	0	0	4
5	0	1	0	1	0	5
6	0	1	1	0	0	6
7	0	1	1	1	0	7

续表

计数脉冲 CP 序号	计数器状态				进　位	对应十进制数
	Q_3	Q_2	Q_1	Q_0		
8	1	0	0	0	0	8
9	1	0	0	1	1	9
10	0	0	0	0	0	0

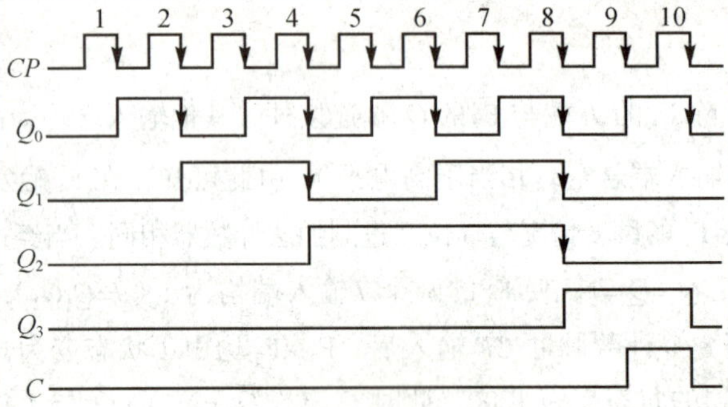

图 7-19　异步十进制加法计数器时序图

3. 异步 N 进制计数器

除了二进制和十进制计数器之外，在实际工作中，往往还需要其他不同进制的计数器，如时钟秒、分、小时之间的关系或工业生产线上产品包装个数的控制等，把这些计数器统称为 N 进制计数器。异步 N 进制计数器的构成方式和异步十进制计数器基本相同，也是在二进制计数器的基础上利用一定的方法跳过多余的状态后实现的。例如，五进制计数器可以用三个触发器组成，其状态转换规律可以按图 7-20 所示的状态转换图进行。

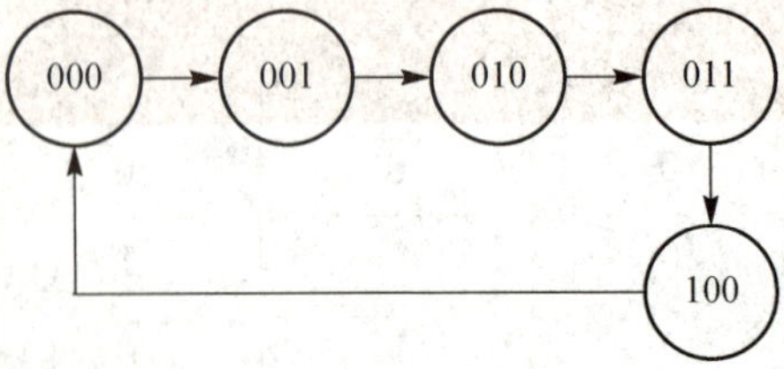

图 7-20　五进制计数器的状态转换图

从图中可以看出，每经过 5 个时钟脉冲，计数器的状态循环变化一次，故计数容量为 5，为五进制计数器。

由于组成异步计数器的各触发器翻转时刻不同，因而工作速度低。为提高计数器的工作速度，建议采用同步工作方式的计数器，即同步计数器。

三、同步计数器

同步计数器就是将计数脉冲同时加到各触发器的时钟输入端，使各触发器在计数脉冲到来时同时翻转。

1. 同步二进制加法计数器

由三个 *K* 触发器构成的同步 3 位二进制加法计数器的逻辑图如图 7–21（a）所示，*CP* 是输入的计数脉冲。由图可以看出，对于最低位的 F_0 触发器，每输入一个计数脉冲，其输出状态翻转一次；对于 F_1 触发器，只有当 F_0 为 1 态时，在下一个计数脉冲到来时才翻转；对于触发器 F_2，只有在 F_0、F_1 全为 1 态时，在计数脉冲的作用下才翻转。其时序图如图 7–21（b）所示，与异步二进制加法计数器的时序图完全相同。不过，异步工作方式的计数器各触发器的状态转换不是由同一个触发脉冲触发的，通常是低位触发器的状态先翻转，其输出再去触发高位触发器，各触发器状态的翻转不在同一时刻进行，但同步工作方式的计数器触发器的状态是由同一个触发脉冲触发的。同步二进制计数器的状态转换特性表与异步二进制计数器也完全相同，见表 7–8。

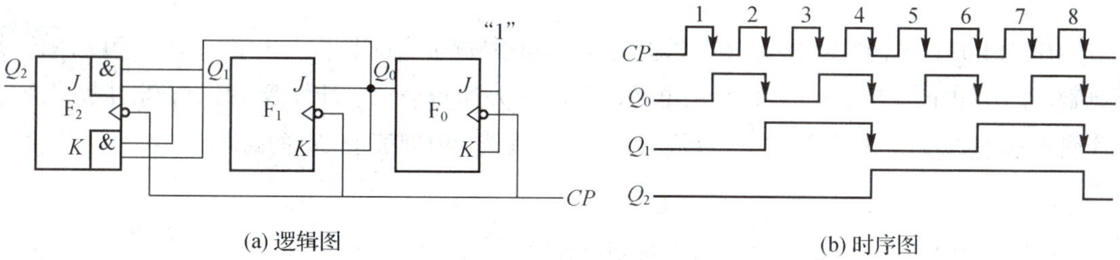

图 7–21　同步 3 位二进制计数器

2. 同步十进制计数器

和异步十进制计数器的构成一样，若在同步二进制计数器的基础上通过一定的方法跳过多余的无效状态后，也可构成同步十进制计数器，其电路不再给出。同步十进制计数器的时序图和状态转换特性表与异步十进制计数器的完全相同。

通过上述分析可以看出，由于异步计数器的触发信号通常是逐级传递的，触发信号要被延时，因而其计数速度受到限制，工作频率不能太高；而同步计数器的计数脉冲是同时触发计数器中的全部触发器，各触发器的翻转与 *CP* 同步，所以工作速度较快，工作频率较高。

四、通用集成计数器

目前使用的计数器通常是集成计数器。为了增强集成计数器的功能，通常在集成计数器上附加一些功能，这种带有附加功能的集成计数器称为通用集成计数器，这样就可以用通用集成计数器组成各种进制的计数器。下面介绍典型的集成计数器 74HC161。

1. 主要功能

74HC161 是一种可预置数的同步计数器，在计数脉冲上升沿作用下进行加法计数，其主要功能如下。

1）清零

74HC161 有一个低电平有效的异步（直接）清零端 $\bar{R}$，当异步清零端 $\bar{R}$ 为低电平时，计数器直接清零。

2）预置数

在实际工作中，有时在开始计数前，需将某一设定数据预先写入计数器，然后在计数脉冲 CP 的作用下，从该数值开始做加法或减法计数，这种过程称为预置数。74HC161 有 4 个并行预置数数据输入端 D_0~D_3 和一个低电平有效的预置数控制端 $\overline{LD}$。当预置数控制端 $\overline{LD}$ 为低电平时，在计数脉冲 CP 上升沿的作用下，并行预置数数据输入端 D_0~D_3 所输入的数据被送入计数器，使计数器的状态和并行预置数数据输入端的状态相同，这种预置数方式称为同步预置数。当 $\overline{LD}$ 为高电平时，预置数数据输入端不起作用。

3）计数控制

74HC161 有两个计数控制端 ET 和 EP，当计数控制端 ET 和 EP 均为高电平时，在 CP 上升沿作用下计数器进行计数，Q_0~Q_3 同时变化；当 ET 或 EP 有一个为低电平时，则禁止计数。

4）进位

74HC161 有一个进位输出端 CO，该输出端在其他情况下为低电平，只有当计数器的 ET=1，并且计数器的输出全部为 1 时,CO 才为高电平，即 $CO=Q_3Q_2Q_1Q_0 \cdot ET$。计数器计数时，当计数到最大，四个输出端 $Q_3Q_2Q_1Q_0$ 为 1111 时，CO 输出高电平，其持续时间等于 CO 的高电平持续时间。

2. 应用实例

1）应用实例 1：将 74HC161 接成六进制计数器

利用 74HC161 和一个与非门构成的六进制计数器如图 7-22 所示。电路中，4 个预置数数据输入端 D_0~D_3 均接低电平，清零端 $\bar{R}$ 接高电平，Q_2、Q_0 经与非门与预置数控制端 $\overline{LD}$ 相连。不难分析，当计数器计到 $Q_3Q_2Q_1Q_0$=0101（对应十进制数 5）时，$\overline{LD}$ 为低电平，在第 6 个 CP 上升沿到来后将 $D_3D_2D_1D_0$=0000 的数据置入计数器，使 $Q_3Q_2Q_1Q_0$=0000，所以计数器的输出只有 0000~0101 六种有效状态，为六进制计数器。

2）应用实例 2：74HC161 的级联

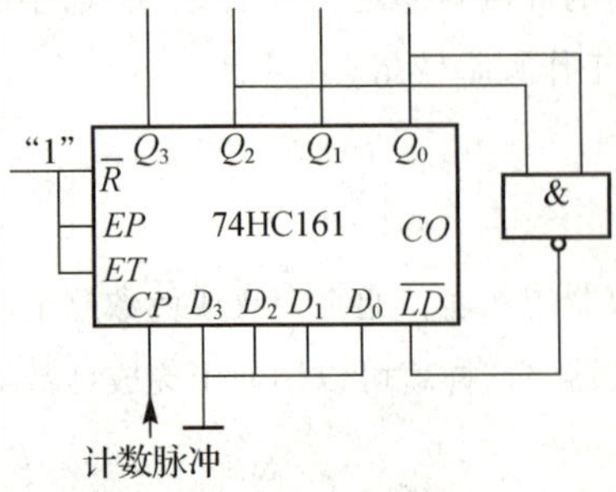

图 7-22 74HC161 构成的六进制计数器

当需要位数更多的计数器时，可按图 7-23 所示电路进行级联。图中，同步清零端 $\bar{R}$、预置数控制端 $\overline{LD}$ 及计数脉冲端 CP 均分别并接在一起。第一级（最低位）的计数控制端 EP 和 ET 接 $+U_{DD}$，使它处于计数状态。第一级的进位输出端 CO 接第二级的 ET，第二级的进位输出端 CO 接第三级的 ET；第二级和第三级的 EP 接 $+U_{DD}$。这样，只有当第一级的输出状态 $Q_3Q_2Q_1Q_0$=1111，进位输出端 CO 为高电平时，第二级才能计数。只有当第一级和第二级的 8 个输出状态为 11111111（都为 1）时，第一级的进位输出端 CO（第二级的 ET 端）为高电平，第二级的 CO 也为高电平，第三级才能计数。三级的 EP 端也可以接在一起，作为整个计数器的计数控制端，为1时计数器计数，为0时计数器状态保持不变。

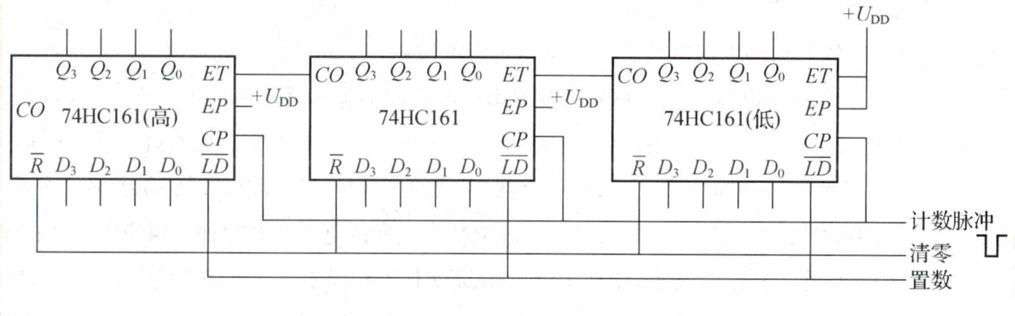

图 7-23　74HC161 的级联电路

第三节　寄　存　器

一、寄存器的功能和分类

在数字系统中，常常需要将一些数码存放起来，以便随时调用，这种存放数码的逻辑部件称为寄存器。寄存器必须具有记忆单元——触发器。因为触发器具有 0 和 1 两个稳定状态，所以一个触发器只能存放一位二进制数码，存放 N 位数码就应具备 N 个触发器。

一般寄存器都是在时钟脉冲的作用下把数据存放或送出触发器的，故寄存器还必须具有起控制作用的电路，以保证信号的接收和清除。

寄存器按所具备的功能不同可分为数码寄存器和移位寄存器两大类。

二、数码寄存器

数码寄存器只具有接收数码和清除原有数码的功能，在数字电路系统中，常用于暂时存放某些数据。

1. 数码寄存器的原理

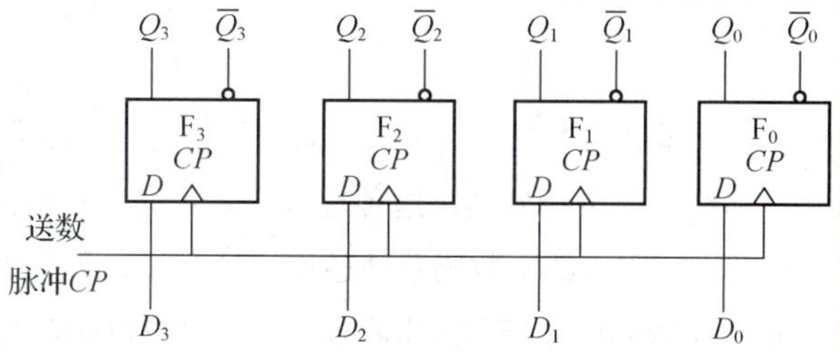

图 7-24　4 位数码寄存器

图 7-24 所示为一个由 4 个 D 触发器构成的 4 位数码寄存器。4 个触发器的数据输入端 D_3~D_0 作为寄存器的数码输入端；时钟脉冲输入端 CP 接在一起，作为送数脉冲

控制端。这样在 CP 上升沿的作用下，就可以将 4 位数码寄存到 4 个触发器中。

在上述数码寄存器中要特别注意，由于触发器为边沿触发，在送数脉冲 CP 的触发沿到来之前，输入的数码一定要预先准备好，以保证触发器的正常寄存。

2. 集成数码寄存器

将构成寄存器的各个触发器以及有关控制逻辑门集成在一个芯片上，就可以得到集成数码寄存器。集成数码寄存器种类较多，常见的由触发器构成的有四 D 触发器（如 74HC175）、六 D 触发器（如 74HC174）及八 D 触发器（如 74HC374、74HC37）等。由锁存器（同步 D 触发器）组成的寄存器，常见的有八 D 型锁存器（如 74HC373）。锁存器与触发器的区别是：锁存器的时钟脉冲触发方式为电平触发，此时时钟脉冲信号又称为使能信号，分高电平有效和低电平有效两种。当使能信号有效时，由锁存器组成的寄存器，其输出跟随输入数码的变化而变化（相当于输入直接接到输出端）；当使能信号结束时，输出保持使能信号跳变时的状态不变，因此，这类寄存器有时也称为“透明”寄存器。

三、移位寄存器

移位寄存器除具有存储数码的功能外，还具有使存储的数码移位的功能。移位功能是指寄存器中所存的数据可以在移位脉冲作用下逐次左移或右移。根据数码在寄存器中移动情况的不同，又可把移位寄存器分为单向移位型和双向移位型。从输入数码和输出数码的方式来看，又可分为串入、并入，串出、并出等。

1. 单向移位寄存器

图 7-25 所示是用 D 触发器组成的单向移位寄存器。其中每个触发器的输出端 Q 依次接到高一位触发器的 D 端，只有第一个触发器 F_0 的 D 端接收数据。所有触发器的复位端 R 并联在一起作为清零端，时钟端并联在一起作为移位脉冲输入端 CP，所以它是同步时序电路。

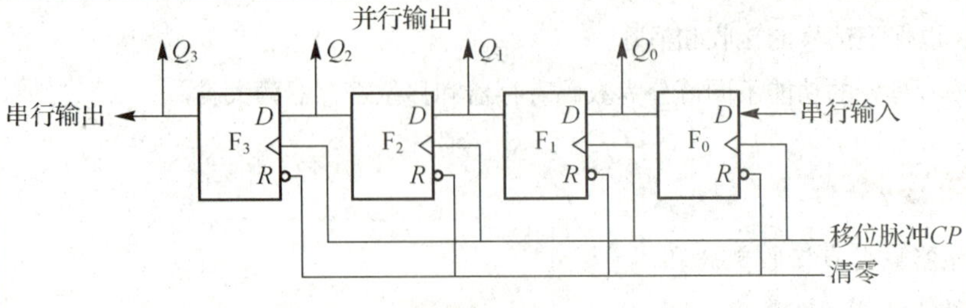

图 7-25 单向移位寄存器

每当移位脉冲上升沿到来时，输入数据便一个接一个地依次移入 F_0，同时每个触发器的状态也依次转移给高一位触发器，这种输入方式称为串行输入。假设输入的数码为 1011，那么在移位脉冲的作用下，寄存器中数码移动过程的时序图如图 7-26 所示。可以看到，当经过 4 个 CP 脉冲后，1011 这 4 位数码就全部移入寄存器中，$Q_3Q_2Q_1Q_0$=1011，这时可以从 4 个触发器的 Q 端同时输出数码 1011，这种输出方式称为并行输出。

若需要将寄存的数据从 Q_3 端依次输出（即串行输出），则只需要再输入几个移位脉冲即可，如

图 7-26 所示。因此，可以把图 7-25 所示电路称为串行输入、并行输出、串行输出单向移位寄存器，简称串入/并出（串出）移位寄存器。

移位寄存器的输入也可以采用并行输入方式。图 7-27 所示是一个串行或并行输入、串行输出的移位寄存器电路。在并行输入时，采用了两步工作方式：第一步先用清零负脉冲把所有触发器清零；第二步利用送数正脉冲，打开与非门，通过触发器的直接置位端 S 输入数据，然后在移位脉冲作用下进行数码移位。

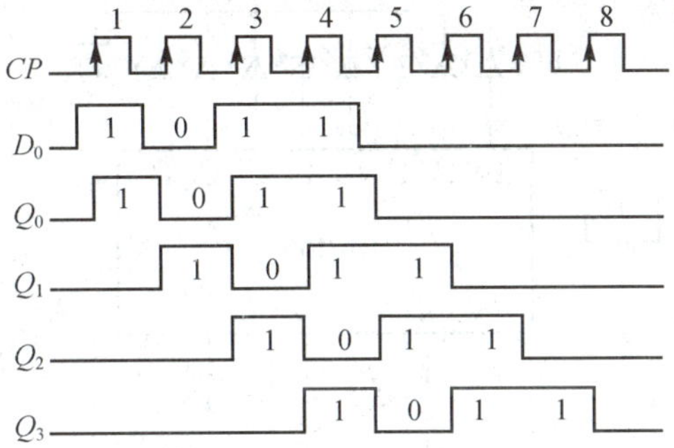

图 7-26 单向移位寄存器数码移位过程时序图

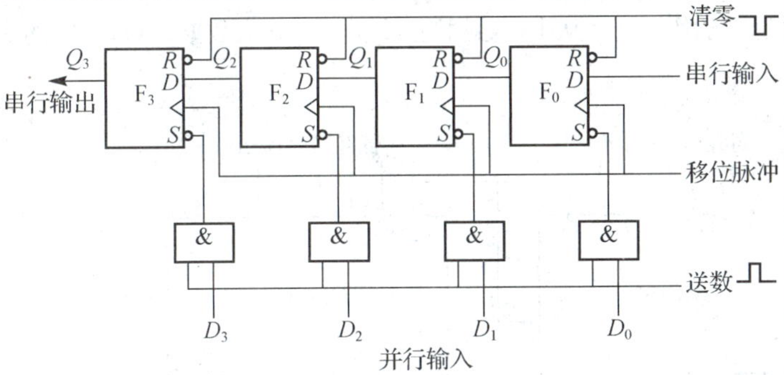

图 7-27 串行或并行输入、串行输出的移位寄存器

在上述各单向移位寄存器中，数码的移动情况是自右向左，完成自低位至高位的移动功能，所以又称为左移位寄存器。若将各触发器连接的顺序调换一下，让左边触发器的输出作为右边触发器的数据输入，也可构成右移位寄存器。

另外，若在单向移位寄存器中再添加一些控制门，可以构成在控制信号作用下既能左移又能右移的双向移位寄存器。

2. 集成移位寄存器

集成移位寄存器的种类较多，应用广泛，下面介绍 74HC164 的功能和应用。

74HC164 为串行输入、并行输出 8 位移位寄存器。它有两个可控串行数据输入端 A 和 B，串行输入的数据等于二者的与逻辑。当 A 或 B 任意一个为低电平时，相当于输入的数据为 0，在时钟端 CP 脉冲上升沿作用下 Q_0 为低电平；当 A 或 B 中有一个为高电平时，相当于从另一个串行数据输入端输入数据，并在 CP 脉冲上升沿作用下决定 Q_0 的状态。

图 7-28 所示电路是利用 74HC164 构成的发光二极管循环点亮、熄灭控制电路。电路中 Q_7 经反相器与串行输入端 A 相连，B 接高电平。R、C 构成上电复位电路。当电路的直流电源接通时，电容 C 两端的电压为零，直接清零端 $\bar{R}$ 为低电平，使 74HC164 的输出全部清零，随后电容 C 被充

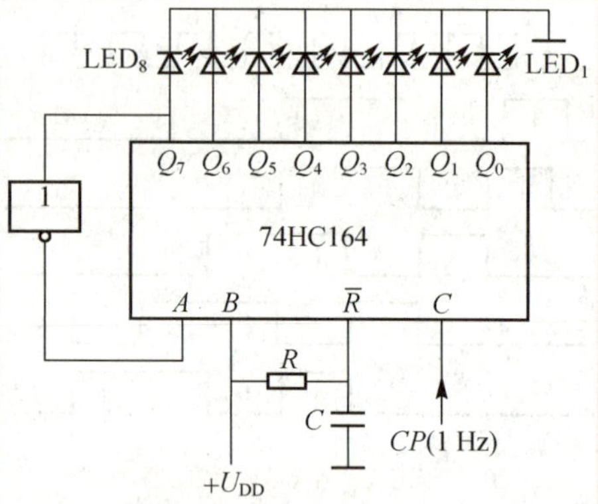

图 7-28　发光二极管循环点亮、熄灭控制电路

电到高电平，清零端 $\bar{R}$ 就不起作用了。

电路接通电源后，Q_0~Q_7 均为低电平，发光二极管 LED_1~LED_8 不亮，这时 A 为高电平。当第一个秒脉冲 CP 的上升沿到来后，Q_0 变为高电平，LED_1 被点亮，第二个秒脉冲 CP 上升沿到来后，Q_1 也变为高电平，LED_2 被点亮。这样依次进行下去，经过 8 个 CP 上升沿后，Q_0~Q_7 均变为高电平，LED_1~LED_8 均被点亮，这时 A 为低电平。同理，再来 8 个 CP 后，Q_0~Q_7 又依次变为低电平，LED_1~LED_8 又依次熄灭。

当需要位数更多的移位寄存器时，可利用多片 74HC164 进行级联。图 7-29 所示是利用两片 74HC164 级联组成的 16 位移位寄存器。电路中各级采用公用的时钟脉冲和清零脉冲，低位的 A、B 并联在一起作为串行数据输入端，Q_7 与高位的 A、B 端相连。在移位脉冲的作用下，从串行数据输入端向 IC_1 输入数据，同时 IC_1 的 Q 状态又送入 IC_2。

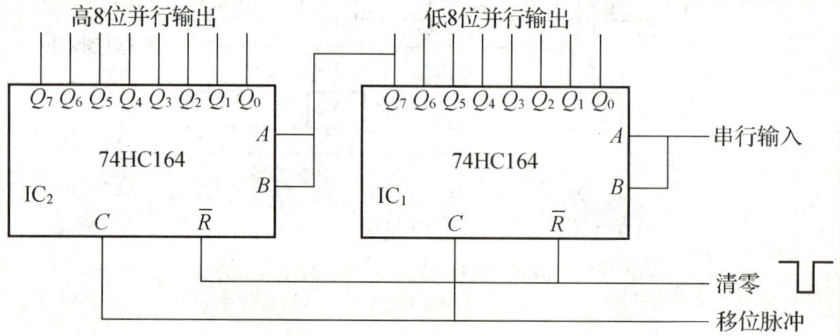

图 7-29　74HC164 的级联

习　题

一、填空题

7-1　时序逻辑电路的输出不仅取决于该时刻的输入，而且和电路 ______ 有关。

7-2　时序逻辑电路中的存储电路一般由 ______ 构成。

7-3　边沿触发器分为 ______ 触发和 ______ 触发两种工作方式。

7-4　触发器有两种稳定状态，分别为 ______ 状态和 ______ 状态。

7-5　寄存器可分为 ______ 寄存器和 ______ 寄存器。

二、选择题

7-6　D 锁存器是指（　　）。

A. 同步 D 触发器　　B. 上升沿 D 触发器　　C. 下降沿 D 触发器

7-7 正边沿触发器的状态只在（ ）可能改变。

A.CP 由 1 到 0 时　B.CP 等于 1 时　C.CP 由 0 到 1 时

7-8 要组成六进制计数器，最少需要（ ）个触发器。

A.2　B.3　C.4

7-9 计数器除用于对脉冲计数外，还具有（ ）功能。

A. 分频　B. 译码　C. 逻辑运算

7-10 触发器中逻辑功能最完善的是（ ）。

A.RS 触发器　B.D 触发器　C.JK 触发器

三、综合题

7-11 设同步 RS 触发器的初始状态为 0，R、S 端的波形如图 7-30 所示。试画出其输出端 Q、$\bar{Q}$ 的波形。

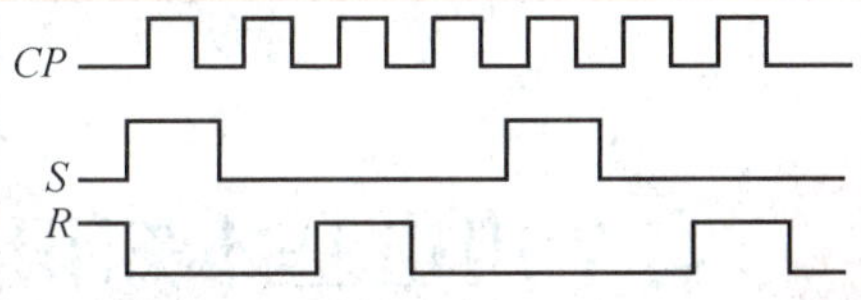

图 7-30 题 7-11 图

7-12 电路如图 7-31（a）所示，B 端输入的波形如图 7-31（b）所示。设触发器的初态为 0，试画出该电路输出端 G 的波形。

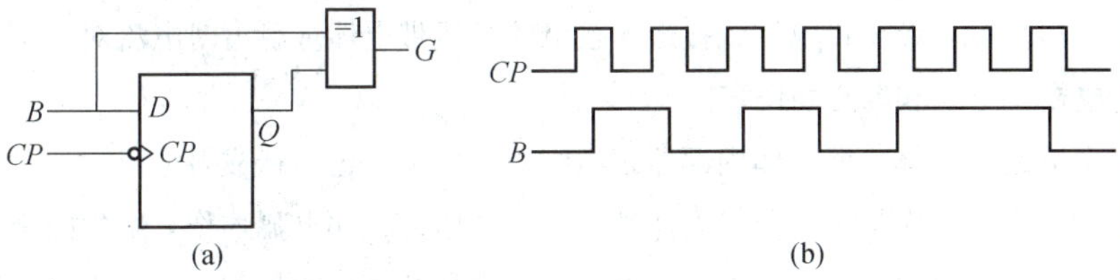

图 7-31 题 7-12 图

7-13 JK 触发器如图 7-32（a）所示，波形如图 7-32（b）所示。设触发器的初始状态为 0，试画出触发器输出端 Q 的波形。

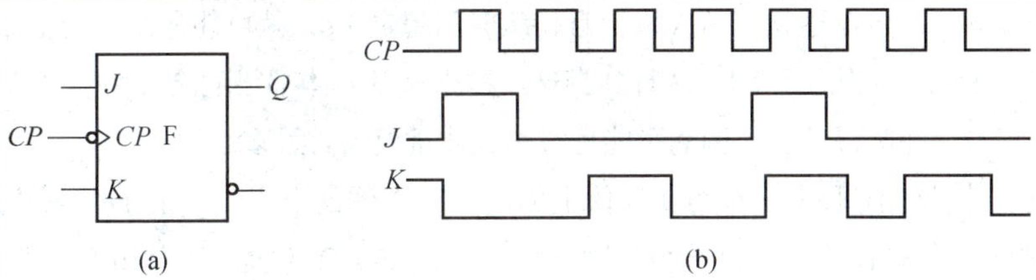

图 7-32 题 7-13 图

第八章

安全用电

本章学习要点

（1）触电与安全电压。

（2）安全用电的措施。

（3）电气事故的急救处理。

第一节 安全用电基本知识

微课
人体触电原因

一、触电与安全电压

1. 触电的概念与分类

触电是指人体接触到低压带电体或接近、接触了高压带电体。触电时电流对人体的伤害分为电击、电伤和电磁场伤害。

电击是指电流通过人体，使人体内部器官组织受到伤害。这是造成触电死亡的主要原因，也是经常遇到的一种伤害。电伤是指电流对人体外部造成的伤害，如电弧灼伤、熔化的金属沫溅入皮肤造成伤害等。电伤严重时也可致命。电磁场伤害是指在高频磁场的作用下，人出现头晕、乏力、记忆力减退、失眠、多梦等神经系统的症状。

2. 电流对人体的伤害

电流是危害人体的直接因素，它对人体的伤害主要有以下几点。

（1）50 Hz 的工频交流电流对人体的伤害最大，当 10 mA 电流通过人体时，人就会感到麻痹或剧痛，难以摆脱电源；电流达到 50 mA 以上且持续时间超过 1 s，就可能危及人的生命。

（2）电流从手到手、从手到脚、从脚到脚这三种路径对人体都很危险，特别是从左手经前胸到脚、从一侧手到另一侧脚最危险，因为可能通过的人体重要器官最多。

（3）通过人体的电流取决于作用在人体上的电压和人体的电阻。一般干燥皮肤的人体电阻约 2 kΩ，若皮肤潮湿或有损伤，电阻就会急剧下降，只有 800 Ω 左右。人体电阻减少，同样的电压下的电流就会增大，造成的伤害也更大。

3. 常见的触电方式

1）单相触电

在低压电力系统中，若人站在地上接触到一根火线，即为单相触电或称单线触电，如图 8–1 所示。人体接触漏电的设备外壳，也属于单相触电。

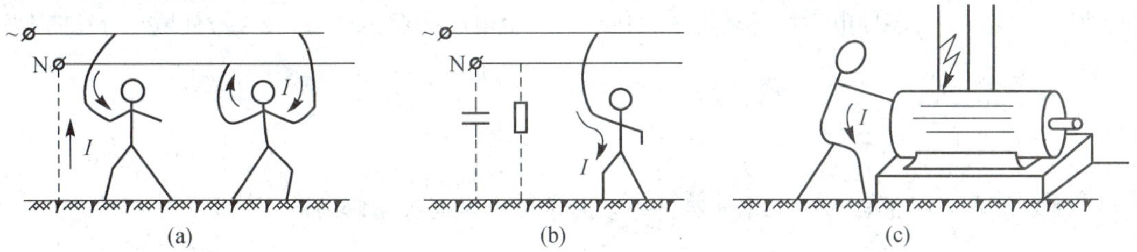

图 8–1 单相触电

2）两相触电

人体不同部位同时接触两相电源带电体而引起的触电称为两相触电，如图 8–2 所示。

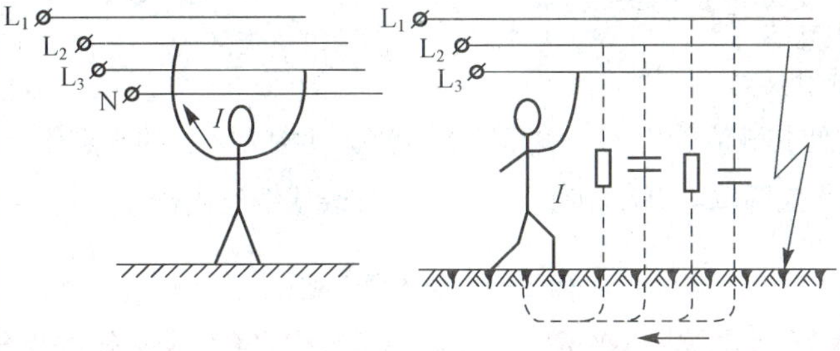

图 8–2 两相触电

3）跨步电压触电

高压电线因故障接触地面时，在接触点周围 15~20 m 的范围内将产生电压。当人体接近此区域时，两脚之间承受一定的电压，这个电压称为跨步电压。由跨步电压引起的触电称为跨步电压触电，如图 8–3 所示。

图 8–3 跨步电压触电

4. 安全电压

当通过人体心脏的电流达 1 mA 时，就会引起人的感觉；如达到 50 mA 以上，就会有生命危险；而达到 100 mA 时，只要很短时间就足以致命。

人体电阻通常为 1~100 kΩ，在潮湿或出汗的情况下会降低到 800 Ω。由 $I=U/R$ 可知，通过人体的电流有 I=36/800=0.045 A=45 mA，小于 50 mA，所以我国规定安全电压为 36 V 以下。若在潮湿场所、金属构架、多导电尘埃等环境中工作时，安全电压降至 24 V 或 12 V，环境十分恶劣时降至 6 V。

【试一试】

用万用表测一下自己的人体电阻，每名同学的人体电阻相同吗？

二、安全用电的基本方针和措施

1. 安全用电的基本方针

安全用电的基本方针是“安全第一，预防为主”。

2. 安全用电的基本措施

1）合理选用导线和熔丝

在选用导线时应使其载流能力大于实际输电电流，并按表 8-1 的规定依电路选择导线的颜色。熔丝额定电流应与最大实际输电电流相符，切不可用导线或铜丝代替。

表 8-1 导线颜色规定

电路及导线名称		标记		颜色
		电源导线	电器端子	
三相交流电路	1 相	L1	U	黄色
	2 相	L2	V	绿色
	3 相	L3	W	红色
	零线或中性线	N		淡蓝色
直流电路	正极	L+		棕色
	负极	L−		蓝色
	接地中间线	M		淡蓝色
接地线		E		黄和绿双色
保护接地线		PE		
保护接地线和中性线共用一线		PEN		
整个装置及设备的内部布线				黑色（推荐）

2）正确使用和安装电气设备

安装电气设备时严禁带电部分外露，注意保护绝缘层，防止绝缘电阻降低而产生漏电，按规定进行接地保护。

3）开关必须接相线

单相电器的开关应接在相线上，切不可接在零线上，以便在开关关断时维修及更换电器，降低触电的可能。

4）合理选择照明灯电压

在不同的环境下按规定选用安全电压。在工矿企业，一般机床照明灯电压为 36 V，移动灯具等电源的电压为 24 V，特殊环境下照明灯电压为 12 V 或 6 V。

5）防止跨步电压触电

不得随意触摸高压电气设备，应远离断落地面的高压线 8~10 m。

3. 防止触电的技术措施

1）绝缘、屏护和间距

绝缘、屏护和间距是防止人体触及或过分接近带电体造成触电事故以及防止短路、故障接地等电气事故的主要安全措施。

（1）绝缘。绝缘就是用绝缘物把带电体封闭起来。瓷、玻璃、云母、橡胶、木材、胶木、塑料、布、纸和矿物油等都是常用的绝缘材料。应当注意，很多绝缘材料受潮后会丧失绝缘性能或在强电场作用下会遭到破坏，丧失绝缘性能。

（2）屏护。屏护即采用遮栏、护罩、护盖箱匣等把带电体同外界隔绝开来。电器开关的可动部分一般不能使用绝缘，而需要屏护。高压设备不论是否有绝缘，均应采取屏护，这样不仅可防止触电，还可防止电弧伤人。

（3）间距。间距就是保证必要的安全距离。间距除用于防止触电或过分接近带电体外，还能起到防止火灾、防止混线、方便操作的作用。在低压工作中，检修距离不应小于 0.1 m。

2）接地和接零

（1）接地。接地是指与大地的直接连接，电气装置或电气线路带电部分的某点与大地连接，电气装置或其他装置正常时不带电部分某点与大地的人为连接。

（2）保护接地。为了防止电气设备外露的不带电导体意外带电造成危险，将该电气设备经保护接地线与深埋在地下的接地体紧密连接起来的做法称为保护接地。如图 8-4（a）所示。当电气设备的绝缘损坏使设备外壳带电时，若人接触到金属外壳，就有短路电流流过人体。由于人体与接地装置的接地电阻并联，只要接地电阻远小于人体电阻（接地电阻应低于 4 Ω），短路电流就大部分流经接地电阻，从而对人体不会产生伤害。

由于绝缘破坏或其他原因而可能呈现危险电压的金属部分，都应采用保护接地的措施。如电动机、变压器、开关设备、照明灯具及其他电气设备的金属外壳都应接地。保护接地适用于中性点不接地的低压电网。

微课
安全接地、安全接零的方法

（3）保护接零。保护接零就是把电气设备在正常情况下不带电的金属部分与电网的零线紧密地连接起来，如图 8-4（b）所示。当电气设备发生一相碰壳时，该相就通过金属外壳对零线发生单相对地短路，短路电流使保护线路上的保护装置动作，切除故障部分的电流，消除人体触及外壳时的触电危险。

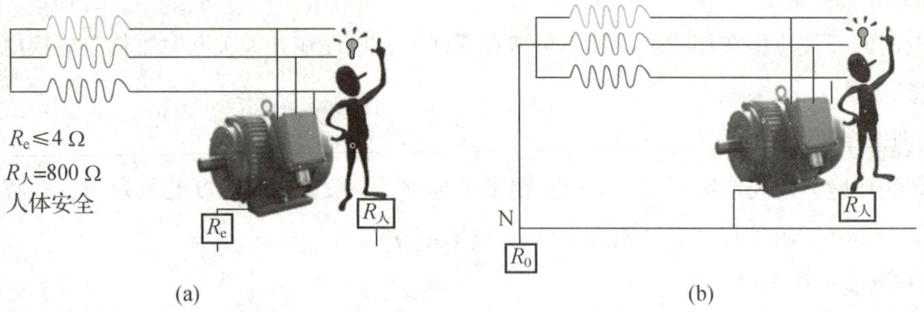

图 8-4 保护接地和保护接零

保护接零适用于中性点直接接地的三相四线制系统。

注意：单相电路的接零线不允许装设开关和熔断器，如要在零线上装设开关和熔断器，则该零线只能用作工作零线，绝不能再用作保护零线。在同一供电系统中，不允许设备接零、接地并存。

3）装设漏电保护装置

为了保证在故障情况下人身和设备的安全，应装设漏电流动作保护器。它可以在设备及线路漏电时通过保护装置的检测机构取得异常信号，经中间机构转换和传递，然后促使执行机构动作，自动切断电源来起保护作用。

4）采用安全电压供电

根据用电场合的要求，按国家安全用电标准供电。

5）加强绝缘

加强绝缘就是采用双重绝缘或另加总体绝缘，即保护绝缘体以防止通常绝缘损坏后的触电。

【看一看】

（1）观察家里的家用电器有无安全用电的措施。

（2）检查教室、实验室、寝室或其他公共场所存在哪些电气安全隐患，并以口头或书面形式报告给老师。看看谁发现的问题多。

三、安全色与安全标志

1. 安全色的种类和含义

（1）红色：一般用来标志禁止和停止。如信号灯、紧急按钮均用红色，分别表示“禁止通行”“禁止触动”等禁止信息。

（2）黄色：一般用来标志注意、警告、危险。如“当心触电”“注意安全”等。

（3）绿色：一般用来标志安全无事。如“在此工作”“已接地”。

（4）蓝色：一般用来标志强制执行。如“必须戴安全帽”。

（5）黑色：一般用来标志图形、文字符号和警告标志的几何图形。

（6）白色：一般用于安全标志红、蓝、绿色的背景色，也可用于安全标志的文字和图形符号。

（7）黄色与黑色间隔条纹：一般用来标志警告危险。如防护栏杆。

（8）红色与白色间隔条纹：一般用来标志禁止通过等。

在使用安全色时，为了提高安全色的辨认率，使其更醒目，常使用对比色作为背景。红、蓝、绿的对比色为白色，黄的对比色为黑色，黑与白互为对比色。

2. 安全标志的种类和含义

（1）禁止类标志：圆形，背景为白色，红色圆边，中间为一红色斜杆，图像用黑色。常用的有“禁止启动”“禁止烟火”等。

（2）警告类标志：等边三角形，背景为黄色，边和图像都用黑色。常用的有“注意安全”“当心触电”等。

（3）指令类标志：圆形，背景为蓝色，图像及文字用白色。常用的有“必须戴安全帽”等。

（4）提示类标志：矩形，背景用绿色，图像和文字用白色。常用的有“由此上下”等。

电工常用的标志牌样式和用途见表 8–2。

表 8–2　电工常用的标志牌样式和用途

序号	名　称	悬挂处所	样　式		
			尺寸 /mm	颜　色	字　样
1	禁止合闸，有人工作！	施工设备的开关和刀开关操作把手上	200×100 和 80×50	白底	红字
2	禁止合闸，线路有人工作！	线路开关和刀开关操作把手上	200×100 和 80×50	红底	白字
3	在此工作！	室内和室外工作地点或施工设备上	250×250	绿底，中有直径 210 mm 的白圆圈	黑字，写于白圆圈中
4	止步，高压危险！	施工地点邻近带电设备的遮栏上；室外工作地点的围栏上；禁止通行的过道上；高压试验地点；工作地点邻近带电设备的横梁上	250×200	白底红边	黑字，有红箭头
5	由此上下！	工作人员上下的铁架、梯子上	250×250	绿底，中有直径 210 mm 的白圆圈	黑字，写于白圆圈中

续表

序号	名　称	悬挂处所	样　式		
			尺寸 /mm	颜　色	字　样
6	禁止攀登，高压危险！	工作人员上下的铁架邻近可能上下的另外铁架上；运行中变压器的梯子上	250×200	白底红边	黑字
7	已接地	悬挂在已接地的隔离开关操作手柄上	240×130	绿底	黑字

【比一比】

你还能说出其他的一些安全标志吗？

知识拓展

一、触电事故的原因

触电事故发生的原因主要有以下五个方面。

1. 缺乏电气安全知识

高压方面有在高压线附近放风筝、上高压电杆掏鸟窝等。低压方面有架空线路折断后不停电用手拾火线，黑夜带电接线手摸带电体，用手摸破损的胶盖、刀闸等。

2. 违反操作规程

高压方面有带电拉隔离开关，在高低压共杆架设的线路上检查低压线或广播线，在高压线路下修造房屋接触高压线，修剪高压线附近树木接触高压线等。低压方面有带电换电杆架线路，带电拉临时照明线，修电动工具，换行灯变压器，搬用电设备，火线误接在电动机的外壳上，用湿手拧灯泡等。

3. 设备不合格

高压方面有高压架空线架设高度离房屋建筑距离不符合规定的安全距离，高压线和附近树木间隔距离太近，高低压交叉线路低压线误架设在高压线上面，电力线与广播线共杆且线距太近。低压方面有用电设备进出线未包扎好而裸露在外，自制的台灯、收音机漏电碰壳等。

4. 维修不善

大风刮断的低压线路和刮倒的电线杆未及时处理，胶盖、刀闸、胶木盖破损长期不维修，瓷瓶破损后火线与拉线长期相碰，电动机接线破损使外壳长期带电。

5. 偶然因素

大风刮断电力线路落到人体上等。

二、接地装置

1. 接地体

接地装置包括接地体和接地线。保护接地线是与接地体可靠连接的导线。接地体有自然接地体和人工接地体两类。

1）自然接地体

自然接地体包括直接与大地可靠接触的金属构件、钢筋混凝土建筑物的基础等。若接地电阻符合要求，一般不另设人工接地体。但可燃液体、气体、供暖系统等金属管道禁止用作保护接地体。利用自然接地体时，应用不少于两根保护接地线在不同地点分别与自然接地体相连。

2）人工接地体

人工接地体一般应符合下列要求：

（1）垂直接地体的钢管壁厚不应小于 3.5 mm，角钢厚度不应小于 4.0 mm，垂直接地体不宜少于 2 根（架空线路接地装置除外），每根长度不宜小于 2.0 m，极间距离不宜小于其长度的 2 倍，末端入地 0.6 m。

（2）水平接地体的扁钢厚度不应小于 4 mm，截面积不小于 48 mm^2，圆钢直径不应小于 8 mm，接地体相互间距不宜小于 5.0 m，埋入深度必须使土壤的干燥及冻结程度不会增加接地体的接地电阻值，但不应小于 0.6 m。

（3）接地体应做防腐处理。

（4）在高土壤电阻率的地带，为能降低接地电阻，宜采用如下措施：

① 延伸水平接地体，扩大接地网面积。

② 在接地坑内填充长效化学降阻剂。

③ 如近旁有低土壤电阻率区，可引外接地。

2. 对保护接地线的要求

电源侧的接地称为系统接地，负载侧的接地称为保护接地。

TT 系统：电源变压器中性点接地，电气设备的金属外壳直接接地的系统。

IT 系统：电源变压器中性点不接地或通过高阻抗接地，电气设备外露可导电部分直接接地或通过保护线接到电源的接地体上的系统。

（1）在 TT 系统中，保护接地线的截面应满足在短路电流作用下热稳定的要求。

（2）在 IT 系统中，保护接地线应满足两相在不同地点产生接地故障时，在短路电流作用下热稳定的要求，如果满足了下述条件，即满足了本条要求：

① 接地干线的允许载流量不应小于该供电网中容量最大线路的相线允许载流量的 1/2。

② 单台受电设备保护接地线的允许载流量，不应小于供电分支相线允许载流量的 1/3。

（3）采用钢质材料做保护接地线时，在 TT 系统中和 IT 系统中，其最小截面应符合表 8-3 的要求。

（4）采用铜、铝线做保护接地线时，在 TT 系统中和 IT 系统中，其最小截面应符合表 8-4 的要求。不得用铝线在地下做接地体的引上线。

（5）钢质保护接地线与铜、铝导线的等效导电截面按表 8-5 确定。

表 8-3　钢质保护接地线的最小规格

类　别	室　内	室　外	类　别	室　内	室　外
圆钢直径 /mm	5	6	扁钢厚度 /mm	3	4
扁钢截面 /mm^2	24	48	角钢厚度 /mm	2	2.5

表 8-4　铜、铝保护接地线的最小截面　　单位：mm^2

类　别	铜	铝	类　别	铜	铝
明设裸导线	4.0	6.0	电缆的保护接地芯线	1.0	1.5
绝缘电线	1.5	2.5			

表 8-5　钢质保护接地线与铜、铝导线的等效导电截面

扁钢 / mm	铝 /mm^2	铜 /mm^2	扁钢 /mm	铝 /mm^2	铜 /mm^2
15×2		1.3~2.0	40×4	25	12.5
15×3	6	3	60×5	35	17.5~25
20×4	8	5	80×8	50	35
30×4 或 40×3	16	8	100×8	75	47.5~50

3. 接地装置的连接

（1）接地装置的地下部分应采用焊接，其搭接长度：扁钢为宽度的 2 倍，圆钢为直径的 6 倍。

（2）地下接地体应有引上地面的接线端子。

（3）保护接地线与受电设备应采用螺栓连接，与接地体端子可采用焊接或螺栓连接。采用螺栓连接时，应加装防松垫片。

（4）每一受电设备应用单独的保护接地线与接地体端子或接地干线连接，该接地干线至少应有两处在不同地点与接地体相连。禁止用一根保护接地线串接几个需要接地的受电设备。

（5）携带式、移动式电器的外露可导电部分必须用电缆芯线作保护接地线或作保护线。该芯线严禁通过工作电流。

第二节 电气事故的急救处理

一、触电急救

触电急救最重要的是要迅速、快速、正确地使触电者脱离电源，因为电流通过人体的时间越长，伤害就越重。一般情况下，人触电后，由于痉挛或失去知觉等原因反而紧抓带电体，不能自主摆脱电源，所以尽快脱离电源是抢救触电者的首要因素。但不可用手直接拉触电者，以防再触电。

1. 使触电者脱离电源的方法

1）在低压触电事故中脱离电源的方法

（1）如果触电现场远离开关或不具备关断电源的条件，救护者可站在干燥木板上，用一只手抓住其衣服将其拉离电源，如图 8–5 所示；也可用干燥木棒、竹竿等将电线从触电者身上挑开，如图 8–6 所示。

图 8–5 拉离电源

图 8–6 挑开电线

（2）如触电发生在火线与大地间，可用干燥绳索将触电者身体拉离地面，或用干燥木板将人体与地面隔开，再设法关断电源。

（3）如手边有绝缘导线，可先将一端良好接地，另一端与触电者所接触的带电体相接，将该相电源对地短路。

（4）也可用手头的刀、斧、锄等带绝缘柄的工具，将电线砍断或撬断。

2）在高压触电事故中脱离电源的方法

若发生高压触电，应立即通知有关部门停电，不能及时停电的，也可抛掷裸金属线，使线路短路接地，迫使保护装置动作，断开电源。注意抛掷金属线前，应将金属线的一端可靠接地，然后抛掷另一端。

2. 触电现场急救

当触电者脱离电源后，应根据触电者的具体情况，迅速对症救护。如果触电者受伤不太严重，应保持空气畅通，解开其衣服以利呼吸，静卧休息，不要走动，同时请医生或送医院。如果触电者失去知觉，呼吸和心跳不正常，甚至出现呼吸中断、心脏停止跳动等假死征象，应立即进行人工呼吸和胸外心脏按压，直到医生前来救治为止，在送医院途中也不能中断。

1）触电急救口诀

见触电，要镇静，脱离电源最要紧。高处触电防摔伤，及时急救往下运。心不跳，呼吸停，假死抢救分秒争。现场抢救不能停，一面赶快找医生。进行人工呼吸法，绝不注射强心针。

2）急救措施

触电急救现场应用的主要救护方法是口对口人工呼吸法和胸外心脏按压法。

（1）口对口人工呼吸法。

① 口对口人工呼吸法适用情况。适用于无呼吸但有心跳的触电者。

② 口对口人工呼吸法的方法。口对口人工呼吸法如图 8–7 所示。在实施救护时，救护者将触电者鼻孔捏紧，深吸一口气后紧贴触电者向口内吹气，时间约为 2 s。吹气完毕后，立即离开触电者的口，并松开触电者的鼻孔，让其自主呼气，时间约 3 s。如此以每分钟约 12 次的速度进行。

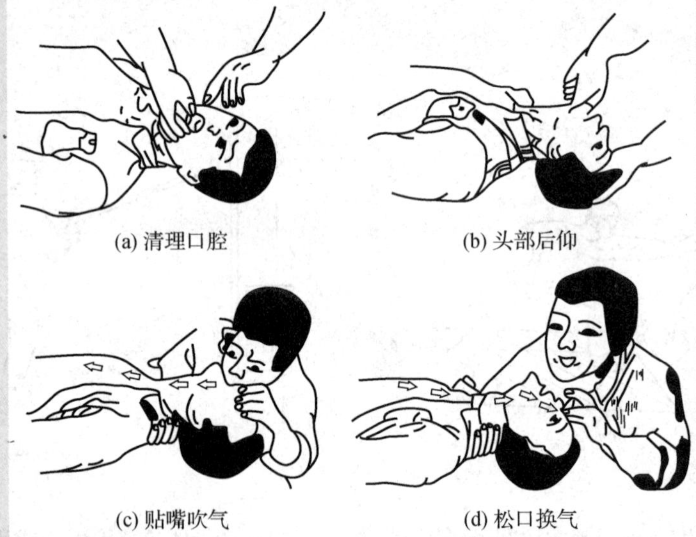

图 8–7　口对口人工呼吸法

③ 口对口人工呼吸口诀。呼吸停，人缺氧。松领扣，解衣裳。清理口腔防阻塞，鼻孔朝天头后仰。捏紧鼻孔掰开嘴，贴嘴吹气胸扩展。吹气量，看对象，小孩肺小少量吹。吹两秒，放三秒，五秒一次最恰当。

（2）胸外心脏按压法。

① 胸外心脏按压法适用情况。胸外心脏按压法适用于有呼吸但无心跳的触电者。

② 胸外心脏按压法的方法。胸外心脏按压法如图 8–8 所示。救护时救护者跪在触电者一侧或骑跪在其腰部两侧，两手相叠，手掌根部放在伤者心窝上方、胸骨下，掌根用力垂直向下按压，压出心脏里的血液。按压后迅速松开，胸部自动复原，血液充满心脏，以每分钟 60 次速度进行。

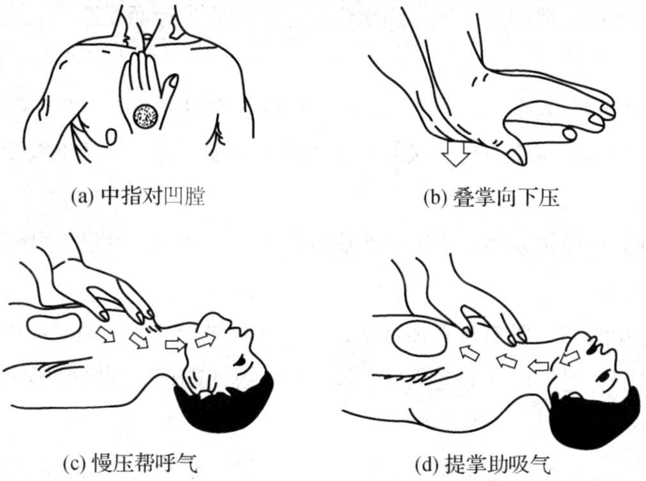

图 8-8 胸外心脏按压法

如果呼吸和心脏跳动都停止了，则应当同时进行口对口人工呼吸和胸外按压。如现场仅一人抢救，可以两种方法交替使用，每吹气 2~3 次，再按压 10~15 次。单人抢救，每按压 15 次后，吹气 2 次；双人抢救，每按压 5 次后，由另一人吹气 1 次。

③ 胸外心脏按压法口诀。松领扣，解衣裳，跨腰跪，双手叠。按压位置要正确，心口窝的稍上方。掌根用力压胸膛，力量轻重看对象。用力轻，效果差，过分用力会压伤。慢点压，快点放，掌根不要离胸膛。每分钟 80 次向下压。

【想一想】

（1）当身边的人意外触电时，你首先应采取什么措施？

（2）你对用电存在危险有过亲身经历或耳闻吗？

二、电气火灾的紧急处理

1. 产生电气火灾的主要原因

1）相间短路

（1）安装、接线疏忽引起相间短路，如断路器进线接线端子的连接螺钉钮短或未达到国家标准规定值、连接松弛（特别是有振动的场所），使接触电阻增大，时间过长便爆出火花，进而引起相间短路。因为电流短路发生在断路器前面，不流过断路器，故断路器无法保护；而有些短路电流值又未达到上一级保护断路器的动作整定值，上一级断路器不动作（如仅为上一级断路器额定电流的 7 倍，属于延时范围，动作时间为 7 s 左右），即在上一级断路器跳闸之前导线已被烧毁，导致电气火灾。

（2）裸电线安装太低，金属物不慎碰在电线上；线路上有金属物件或小动物跌落，发生电线之间的跨接。

第一章 第二章 第三章 第四章 第五章 第六章 第七章 第八章

（3）安装断路器的场所严重潮湿，断路器虽未合闸，但其上的刀开关因疏忽被合上，则在断路器电源端的相间（如连接为裸铜排）因布满水汽，引起相间击穿而短路，致使配电箱被烧，楼房建筑物起火。

（4）架空线路电线间距太小、挡距过大、电线松弛，有可能发生两线相碰；架空电线与建筑物、树木距离太近，使电线与建筑物或树木接触；电线机械强度不够，导致电线断落接触大地，或断落在另一根电线上。

（5）安装、修理人员接错线路，或带电作业时造成人为碰线，引起相间短路。

2）电线绝缘层失效

使用绝缘电线、电缆时，没有按具体环境选用，使绝缘受高温、潮湿或腐蚀等影响，失去了绝缘能力；线路年久失修，绝缘层陈旧老化或受损，使线芯裸露；电源过电压使电线绝缘被击穿。

3）单相接地故障

对于 TT 系统，相线碰外壳或金属管道等引起的短路，通常受接地电阻的限制，短路的电流约为 15.7 A，多数熔断器或断路器无法在如此小的电流下熔断或跳闸，就会引起打火或接弧；TN 系统的 PE 线端子和接头发生接触不良，不易察觉，一旦发生磁壳等接地故障，将引发高阻抗的电火花或拉电弧，限制了短路电流，使保护电器不能及时动作，而电弧、电火花的局部高温将使易燃物起火。

4）过载（超负荷）

如导线截面积选择不当，实际负载超过了导线的安全载流量；在线路中接入过多功率过大的电气设备，超过了配电线路的负载能力；由于设计时选择的断路器（熔断器）额定电流比线路的允许持续载流量、配电保护整定值大很多，当发生过载时，断路器在规定的时间内不动作，线路就长期处于过载状态，对绝缘、接线端子和周围物体形成损害；线路实际载流量超过设计载流量，其断路器频繁跳闸，无法用电。如强行使用（如用铜丝代替熔丝或拆除断路器），就会因过载引起火灾；对于大量的单相设备，由于三相负载不平衡，引起某相电压升高，严重时将烧毁单相用电设备，导致起火。

5）接触电阻过大

如安装质量差，造成导线与导线、导线与电气设备连接点连接不牢；导线的连接处沾有杂质，如氧化层、泥土、油污等；接点由于长期震动或冷热变化，使接头松动；铜铝混接时，由于接头处理不当，在电腐蚀作用下接触电阻会很快增大。线路接通电源之后，电流通过电线、接头和设备就会发热，如果接头接得不好，接触电阻就会增大，同时产生的热量也就多。在一定电流下，电阻越大，发热量就越多，因此有较大接触电阻的线段就会强烈发热，使温度急剧升高引起导线绝缘层燃烧并引燃附近电线上的粉尘、纤维等物质，造成火灾。

6）泄漏电流

当用电器或电源插座内部的灰尘增多并遇到雷雨天气或气候潮湿时，因绝缘受损或线路对地电容大，相对地产生泄漏电流，时间略长，将引起火花放电，酿成火灾。

2. 电气火灾的预防措施

（1）严格按照规范要求设计，提高安装施工质量。

（2）选用合格产品。

（3）经常检查电气设备的运行情况，看接头是否松动、有无电火花发生、过载和短路保护装置是否可靠、设备绝缘是否良好、接地是否可靠。

（4）对易燃易爆场所按规定等级选用防爆电气设备，保持良好通风以降低爆炸性混合物浓度。

（5）在能产生电火花和危险高温设备周围不应堆放易燃易爆物品。

3. 电气火灾的紧急处理

1）立即切断电源，同时拨打火警电话报警

电气设备发生火灾时，着火的电器、线路可能带电，必须防止火情蔓延和灭火时发生的触电事故。电气火灾发生后，切断电源时应遵守如下规定：

（1）对于火势较小、火灾面积不大，用附近消防器材可熄灭的火灾，应断开距火源较近的电源；对于火势较猛、火灾面积较大，用附近消防器材难以熄灭的火灾，应断开距火源较远的电源。

（2）断开电源时，必须先断开断路器，然后再切断隔离开关或刀开关。切断距火源较近的开关时必须戴绝缘手套，持绝缘工具。

（3）当火势很猛，来不及用开关切断电源时，可用绝缘钳剪断电线。不同相的电线应在不同部位剪断，以免造成相间短路；在剪断架空线时，断开点要选在电源方向的支持物的后面，这样剪断的电线不会带电。

（4）剪断电线时，必须单根剪断，并用绝缘工具且站在绝缘台（垫）上；剪断高压线必须有安全防护措施和绝缘措施，并戴护目镜。

（5）剪断电线时，应先将着火处的负荷断开，在没有负荷的情况下方可剪断电线。

（6）在紧急情况下，可用有干燥木柄的铁铲、斧子等有绝缘手柄的工具切断电线，同时要遵守上述（3）~（5）条的规定。

（7）切断电源时必须有第二人监护，只有在情况特别紧急或将要发生重大危险时可一人操作，但必须遵守上述（1）~（6）条的规定。

（8）切断电源时应考虑回路上其他负载的级别，避免切断后造成更大损失。

（9）切断电源时必须考虑在场其他人员的安全。

2）切断电源后不能用水或普通灭火器灭火

若必须带电灭火，应当注意以下事项：

（1）救火人员须穿绝缘靴、戴绝缘手套，选用不导电的灭火器，如干粉二氧化碳或 1211 等灭火器灭火，也可用干燥的黄沙灭火。

（2）带电灭火时，人与带电体之间要保持一定距离，且带电体上应有明显的标志。

（3）对架空线路及空中电气设备灭火时，人体位置与灭火点的仰角不应超过 45°，以防导线断落而发生触电。

（4）如有电线断落在地面或出现跨步电压，应划出相应的安全区，并派专人看护。带电灭火应由有经验的人进行，并有人监护。

【做一做】

在相关专业人员的指导下，学会使用灭火器。

知识拓展

一、雷电的形成与防护

雷电产生的强电流、高电压、高温热具有很大的破坏力和多方面的破坏作用，给电力系统、给人类造成严重灾害。

1. 雷电的形成、活动规律及危害

1）雷电的形成

雷鸣与闪电是大气层中强烈的放电现象。雷云在形成过程中，由于摩擦、冻结等原因，积累起大量的正电荷或负电荷，产生很高的电位。当带有异性电荷的雷云达到一定程度时，就会击穿空气而发生强烈的放电，这就是雷电。

2）雷电活动规律

在我国，雷电活动南方比北方多，山区比平原多，陆地比海洋多，热而潮湿的地方比冷而干燥的地方多，夏季比其他季节多。

一般来说，下列物体或地点容易受到雷击：

（1）空旷地区的孤立物体、高于 20 m 的建筑物，如水塔、宝塔、尖形屋顶、烟囱、旗杆、天线、输电线路杆塔等。在山顶行走的人畜也易遭受雷击。

（2）金属结构的屋面、砖木结构的建筑物或构筑物。

（3）特别潮湿的建筑物、露天放置的金属物。

（4）排放导电尘埃的厂房、排废气的管道和地下水出口、烟囱冒出的热气（含有大量导电质点、游离态分子）。

（5）金属矿床、河岸、山谷风口处、山坡与稻田接壤的地段、土壤电阻率小或电阻率变化大的地区。

3）雷电的危害

雷击的危害主要是电磁性质的破坏、机械性质的破坏、热性质的破坏、跨步电压破坏。

2. 常用的避雷装置及其工作原理

常用的避雷装置有避雷针、避雷线、避雷网、避雷带和避雷器等。

1）避雷针

避雷针是一种尖形金属导体，装设在高大、凸出、孤立的建筑物或室外电力设施的凸出部位。其基本结构如图 8-9 所示，利用尖端放电原理，将雷云感应电荷积聚在避雷针的顶部，与接近的雷云不断放电，实现地电荷与雷云电荷的中和。单支避雷针的保护范围是从空间到地面的一个折线圆锥形，如图 8-10 所示。

第一章 第二章 第三章 第四章 第五章 第六章 第七章 第八章

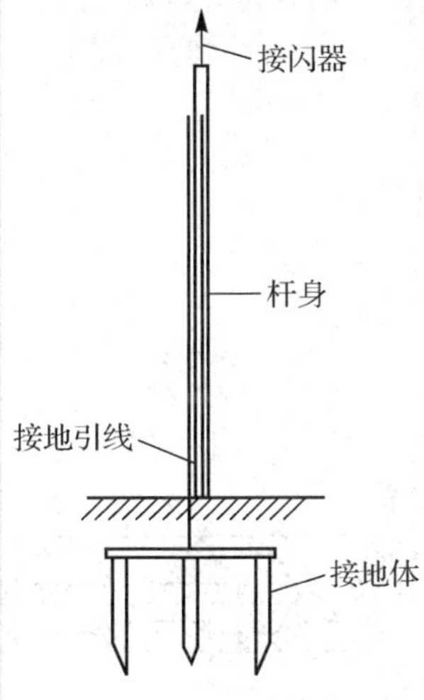

图 8-9 避雷针的基本结构

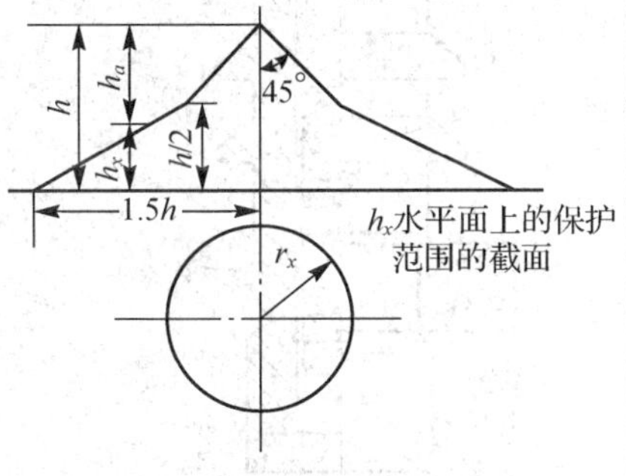

图 8-10 单支避雷针的保护范围

2）避雷线、避雷网和避雷带

三者的保护原理与避雷针相同。避雷线主要用于电力线路的防雷保护，避雷网和避雷带主要用于工业建筑和民用建筑的保护。

3）避雷器

避雷器有保护间隙、管形避雷器和阀形避雷器三种，其基本原理类似。

天气正常时，避雷器处于断路状态。出现雷电过电压时发生击穿放电，将过电压引入大地。过电压终止后，迅速恢复阻断状态。

三种避雷器中，保护间隙是一种最简单的避雷器，性能较差。管形避雷器的保护性能稍好，主要用于变电所的进线段或线路的绝缘弱点。工业变配电设备普遍采用阀形避雷器，通常安装在线路进户点。其结构如图 8-11 所示，主要由火花间隙和阀性电阻组成。火花间隙由铜片冲制而成，用云母片隔开，如图 8-12 所示。

3. 防雷常识

（1）为防止感应雷和雷电侵入波沿架空线进入室内，应将进户线最后一根支承物上的绝缘子铁脚可靠接地。

（2）雷雨时，应关好室内门窗，以防球形雷飘入；不要站在窗前或阳台上、有烟囱的灶前；应离开电力线、电话线、无线电天线 1.5 m 以上距离。

（3）雷雨时，不要洗澡、洗头，不要待在厨房、浴室等潮湿的场所。

（4）雷雨时，不要使用家用电器，应将电器的电源插头拔下。

（5）雷雨时，不要停留在山顶、湖泊、河边、沼泽地、游泳池等易受雷击的地方；最好不用带金属柄的雨伞。

（6）雷雨时，不能站在孤立的大树、电杆、烟囱和高墙下，不要乘坐敞篷车或骑自行车。避雨应选择有屏蔽作用的建筑或物体，如汽车、电车、混凝土房屋等。

（7）如果有人遭到雷击，应立刻进行口对口人工呼吸和胸外心脏按压，并送医院抢救。

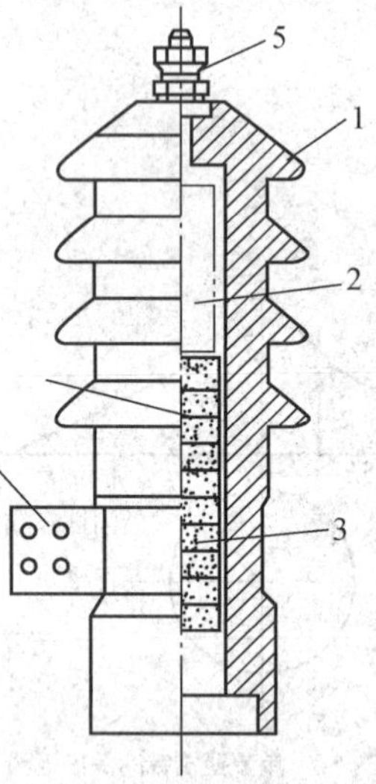

1—瓷套；2—火花间隙；3—阀形电阻；4—抱箍；5—接线鼻。

图 8-11　阀形避雷器的结构

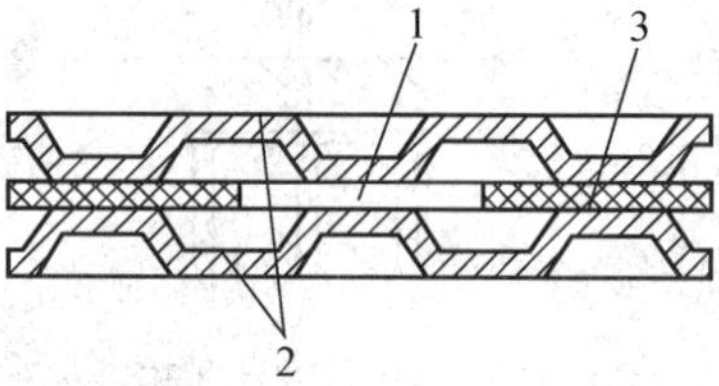

1—空气间隙；2—黄铜电极；3—云母垫圈。

图 8-12　火花间隙

二、电气火灾消防常识

1. 电气火灾发生后工作人员的职责及电气火灾消防灭火的程序和内容

电气火灾发生后，工作人员要立即进行灭火，根据火灾的特点及灭火程序，选择合适的灭火方法及灭火器，迅速灭火。任何退缩、逃离火场、推卸责任都是错误的，情节严重的要负刑事责任。电气火灾发生后应立即切断电源，拨打“119”火警电话，利用现场的消防器材灭火。电气负责人应按平时演习的布置和现场火警情况指挥工作人员抢救，处理火场有关事宜。组织并引导在场的妇女、儿童、老人和其他无关人员疏散。组织有关人员抢救、疏散物资。工作人员要配合公安消防人员灭火、担任警戒，并向扑救人员讲明火场哪里有电、哪里无电、电压等级和其他现场情况。火扑灭后，清理现场，修复电气装置，迅速恢复供电。

2. 常用灭火器的主要性能及使用方法

任何灭火器的使用都应按其产品使用说明书的要求进行，由于产品的更新换代，使用方法和注意事项也略有不同，这里介绍的是一般常用方法。

1）CO_2 灭火器

如图 8-13 所示，CO_2 灭火器使用时，先拔出保险销，然后用手紧握喷射喇叭上的木柄，另一只手按动鸭舌开关或旋动转动开关，提握器身，喇叭口指向火焰，即可灭火。当 CO_2 喷射时，人要站在上风口。灭火器尽量接近火源，因为它的喷射距离很近，一般为 3~5 m。灭火时，先从火势蔓延最危险的一边喷起，然后向前移动，不留下火星。室内灭火要保证通风。灭火时一定要握住喇叭口的木柄，以免将手冻伤。

2）CCl_4 灭火器

如图 8-14 所示，泵浦式 CCl_4 灭火器使用方法极为简单，旋开手柄，推动活塞，CCl_4 就能从喷嘴处喷射出来；打气式 CCl_4 灭火器使用时，一手握住器身下端，并用手指按住喷嘴，另一只手旋动手柄，前后抽动打气，气足后放开手指，CCl_4 就会喷出，然后边喷边打气可继续使用；贮压式 CCl_4 灭火器的使用极为简单，只要旋动气压开关，CCl_4 立即喷出。CCl_4 有毒，使用时注意通风。

图 8-13　CO_2 灭火器使用方法

图 8-14　CCl_4 灭火器使用方法

3）泡沫灭火器

如图 8-15 所示，一手握住提环，一手握住底边，然后将其倒置，轻轻摇动几下，泡沫就会喷射出来。

4）干粉灭火器

如图 8-16 所示，使用干粉灭火器时，先把灭火器竖立在地上，一手握紧喷嘴胶管，另一手拉住提环，用力向上一拉并向火源移动（一般保持 5 m 左右），喷射出的白色粉末气即可灭火。

图 8-15　泡沫灭火器使用方法

图 8-16　干粉灭火器

5）1211 灭火器

1211 灭火器是用加压的方法将二氟一氯一溴甲烷液化罐装在容器里，使用时只要将开关打开，

第一章 第二章 第三章 第四章 第五章 第六章 第七章 第八章

1211 立即呈雾状喷出，遇到火焰迅速成为气体将火灭掉。

3. 几种常用灭火器的比较

几种常用灭火器的比较见表 8-6。

表 8-6 几种常用灭火器的比较

比较项目	CO_2 灭火器	CCl_4 灭火器	干粉灭火器	1211 灭火器	泡沫灭火器
规格	2 kg 以下 2~3 kg 5~7 kg	2 kg 2~3 kg 5~8 kg	8 kg 50 kg	1 kg 2 kg 3 kg	10 L 65~130 L
药剂	瓶内装有压缩成液态的 CO_2	瓶内装有 CCl_4 液体，并加有一定压力	钢筒内装有钾盐或钾盐干粉，并备有盛装压缩气体的小钢瓶	钢筒内装有二氟一氯一溴甲烷，并充填压缩气体	筒内装有碳酸氢钠、泡沫剂和硫酸铝溶液
用途	不导电，扑救电气、精密仪表、油类和酸类火灾。不能扑救钾、钠、镁、铝等物质火灾	不导电，扑救电气设备火灾。不能扑救钾、钠、镁、铝、乙炔、二硫化碳等火灾	不导电，扑救电气设备火灾，扑救石油、石油产品、油漆、有机溶剂、天然气和天然气设备火灾。不宜扑救旋转电机火灾	不导电，扑救油类、化工化纤原料等的火灾	有一定导电性，扑救油类或其他易燃液体火灾。不能扑救忌水和带电物体火灾
效能	接近着火点，保持 3 m 远	3 kg 喷射时间 30 s，射程 7 m	8 kg 喷射时间 14~18 s，射程 4.5 m。50 kg 喷射时间 50~55 s，射程 6~8 m	1 kg 喷射时间 6~8 s，射程 2~3 m	10 L 喷射时间 60 s，射程 8 m。65 L 喷射时间 170 s，射程 13.5 m
使用方法	一手拿好喇叭口对着火源，另一只手打开开关即可	只要打开开关，液体就可喷出	提起提环，干粉即可喷出	拔下铅封或横锁，用力下压	倒过来稍加摇动，打开开关，药剂即喷出
保管和检查方法	置于取用方便的地方；注意使用期限；防止喷嘴堵塞；冬季防冻、夏季防晒 CO_2 灭火器，每月测量一次，当低于原重量的 1/10 时，应充气；CCl_4 灭火器，应检查压力情况，少于规定压力时应充气		置于干燥通风处，防受潮日晒。每年抽查一次干粉是否受潮或结块。小钢瓶内的气体压力，每半年检查一次，如重量减少 1/10，应换气	置于干燥处，勿摔碰。每年检查一次重量	每年检查一次，泡沫发生倍数低于 4 倍时，应换药

习 题

一、填空题

8-1 常见的触电方式有____________、____________、____________。

8-2 预防触电的基本措施有________、________、________、________、________。

8-3 安全标志的种类有__________、__________、__________、__________。

8-4 触电时电流对人体的伤害分为__________、__________和__________。

8-5 触电急救现场应用的主要救护方法是__________法和_____________法。

二、选择题

8-6 由电气故障引起火灾时应该使用（　　）灭火。

A. CO_2 灭火器　　B. 水　　C. 酸性泡沫灭火器

8-7 发现有人触电时应该（　　）。

A. 马上报警　　B. 迅速通知医院　　C. 使触电者尽快脱离电源

三、综合题

8-8 鸟站在一根裸露的高压输电线上会不会触电？为什么？

8-9 家庭用电中，应如何注意安全用电与节约用电？

8-10 保护接零与保护接地的区别是什么？两者有何相同之处？

8-11 小容量用电器的单相交流电源，为什么经常使用三孔插座？第三插孔应如何接线？

8-12 什么是电气火灾？在电气火灾的紧急处理中应注意哪些事项？

参考文献

. 电工基础 [M]. 2 版 . 北京：化学工业出版社，2016.

. 电工技术一问一答 [M]. 北京：中国电力出版社，2016.

. 电工基础 [M]. 3 版 . 北京：人民邮电出版社，2017.